UOWU SHIFEI
U SHUIFEI
TIHUA JISHU

ZUOWU SHIFEI
YU SHUIFEI
YITIHUA JISHU

作物施肥与水肥一体化技术

郭 伟 王 磊 李永安 主编

甘肃科学技术出版社

图书在版编目(CIP)数据库

作物施肥与水肥一体化技术 / 郭伟，王磊，李永安主编. -- 兰州 ：甘肃科学技术出版社，2024.12.
ISBN 978-7-5424-3254-4

Ⅰ. S365

中国国家版本馆CIP数据核字第2024EL6858号

作物施肥与水肥一体化技术

郭伟　王磊　李永安　主编

责任编辑　杨丽丽
封面设计　陈妮娜

出　　版　甘肃科学技术出版社
社　　址　兰州市城关区曹家巷1号　730030
电　　话　0931-2131576　（编辑部）0931-8773237　（发行部）

发　　行　甘肃科学技术出版社　　印刷　甘肃兴业印务有限公司
开　　本　880毫米×1230毫米　1/32　　印张　13.5　　字数　350千
版　　次　2024年12月第1版
印　　次　2024年12月第1次印刷
印　　数　1～2100
书　　号　ISBN 978-7-5424-3254-4　　定价　80.00元

序

肥料作为作物的“粮食”，对作物产量贡献率高达40%~60%。合理使用肥料对提高农业综合生产能力，保障粮食安全，促进农业增效和农民增收，改善生态环境等都具有十分重要的意义。但化肥不合理施用引发的农产品品质下降、土壤酸化、环境污染、能源和资源浪费等问题不容忽视。

中共中央、国务院连续多年在中央1号文件中明确提到，加强耕地质量建设，推广测土配方施肥，推行有机肥综合利用，发展新型肥料，优化肥料结构，加快专用肥和缓释肥应用等有关科学施肥的内容，高度重视土壤肥料在农业中的基础作用。十多年来，农业农村部在全国积极实施测土配方施肥和耕地质量提升、高标准农田建设，提出“一控、两减、三基本”的农业面源污染控制方案，为化肥合理施用和“零增长”奠定了扎实的基础。

近年来，国家高度重视肥料技术的创新和科学合理施用，启动了“化肥减施增效技术”“果菜茶有机肥替代化肥技术”“绿色种养循环”等一系列重点研发和示范推广项目，对作物减肥增效、提高肥料利用率、确保粮食安全和减轻化肥对环境的负面影响都将发挥重要作用。

科学合理施肥是以土壤测试和肥料田间试验为基础，根据作物需肥规律、土壤供肥性能和肥料效应，在合理施用有机肥料的基础上，提出氮、磷、钾及中微量元素等肥料的施用品种、数量、施肥时期和施用方法，达到高产、优质、高效、改土、保证农产品质量安全和保护生态环境的目标。

现代农业的快速发展，使肥料生产、营销和使用形成了一个密不可分的系统，系统的核心是肥料的制造者和应用者。作物需要因地制宜的优质肥料，农民用户需要科学的施肥技术，肥料营销者更需要掌握各种肥料性能、营养作用和施肥方法等农化服务知识。因此本书从肥料制造者、肥料营销者、肥料施用的角度出发，收集大量资料，精心汇编而成，有很强的适用性、针对性和很好的参考价值。

本书的作者都是长期从事沼气工程设计、建设、运营和肥料产品技术设计以及农化服务的人员，积累了丰富的实战经验。本书内容文风淳朴，文献和资料信息量大，针对性强，适用性广，通俗易懂，便于查阅，适合于肥料企业产品研发、营销、农化服务人员学习使用，也适合广大农技推广人员、农业种植公司、种田大户和农民技术员参考。

甘肃省土壤肥料学会理事长

农业农村部甘肃耕地保育与农业环境科学实验站站长

原甘肃省农业科学院土壤肥料与节水农业研究所所长、研究员

2024年9月16日

前　言

作物施肥与水肥一体化技术是一个系统复杂的工程，首先要对耕地土壤属性和土壤基础养分含量有一个基本了解，清楚土壤供肥能力，土壤缺什么，缺多少，做到心中有数。其次，种什么作物，需要什么肥料，需要多少，怎样选购肥料，要有详细的计划和精准的计算。针对种植作物不同生育生长时期怎样施肥要有科学的技术指导。

每一个农业生产者都要念好“减、转、改、治、保”五字诀：

减：就是要把过量使用的农业投入品尽快减下来。化肥、农药等用得太多，既有危害又多花钱。要大力推广节肥、节药、节水和清洁生产技术，逐步减少化肥、农药和农业用水总量。

转：就是要把农业废弃物转化成为资源和财富，化害为利、变废为宝。农业废弃物，处理不好是污染源，利用好了就是资源。利用畜禽粪便生产沼气、有机肥料、沼液、有机液体肥料既有经济效益又有生态环保效益。

改：就是要把土壤改好，实施耕地质量保护与提升行动，增施有机肥，推广粪肥还田、秸秆还田培肥地力。加快建设旱涝保收、高产稳产的高标准农田。

治：就是要把受损的生态环境逐步修复治理好，发展绿色农业、绿色经济。

保 就是要把耕地、水资源等农业发展的根基和命脉保住。

为了帮助肥料营销人员、土地流转种植企业、农民专业合作社、广大农民朋友学习肥料知识，掌握施肥技术，我们参考有关国家标准、行业标准，有关文献、专著、工作报告等资料，根据甘肃省主要作物栽培品种节选编著了这本《作物施肥与水肥一体化技术》，供大家学习参考。

本书初稿完成后，中国农业大学资源与环境学院教授、博士生导师李国学，甘肃省耕地质量保护总站站长、正高级农艺师郭世乾，甘肃省土壤肥料学会理事长、原甘肃省农业科学院土壤肥料与节水农业研究所所长、研究员车宗贤，甘肃农业大学资源与环境学院教授、博士生导师陈年来对书稿做了技术审查并提出了非常宝贵的修改意见。谨此致以衷心感谢！

本书得到车宗贤专家指导并亲自为本书作序，在此深表感谢！

由于编者水平所限，错误和疏漏之处难免存在，敬请各位读者批评指正。

编者

2024年9月

目　录

第一章　肥料及施肥

第一节　肥料标识术语和定义

1.肥料

提供、保持或改善植物营养和土壤物理、化学性能以及生物活性，能提高农产品产量或改善农产品品质，增强植物抗逆能力的有机、无机、微生物及其混合物料。

2.标识

用于识别肥料产品及其质量、数量、特征、特性和使用方法所做的各种表示。

标识可用文字、符号、图案以及其他说明物等表示。标识的形式包括外包装标识、合格证、质量证明书、使用说明、标签或电子标签等。

3.容器

直接与肥料相接触并可按其单位量运输或贮存的密闭贮器。

容器通常为袋、瓶、槽、桶等。个别国家把超大尺寸包装的产品称为散装。

4.标签

提供识别肥料和了解其主要性能而附以必要资料的纸片、塑料片、包装袋、容器等的印刷部分以及相关信息。

5. 有机肥料

主要来源于植物和（或）动物，经过发酵腐熟的含碳有机物料。其功能是改善土壤肥力、提供植物营养、提高作物品质。

6. 生物有机肥

指特定功能微生物与主要以动植物残体（如畜禽粪便、农作物秸秆等）为来源并经无害化处理、腐熟的有机物料复合而成的一类兼具微生物肥料和有机肥效应的肥料。

7. 复合微生物肥料

指特定微生物与营养物质复合而成，能提供、保持或改善植物营养，提高农产品产量或改善农产品品质的活体微生物制品。

8. 农用沼液

以畜禽粪污、农作物秸秆等农业有机废弃物为主要原料，通过沼气工程充分厌氧发酵产生，经无害化和稳定化处理，以有机液肥、水肥和灌溉水等方式用于农田生产的液态发酵残余物。

9. 沼液浓缩液体肥料

对沼液进行分离加工和浓缩，可用于叶面施用和土壤冲施用的水溶性肥料。

10. 沼肥

以畜禽粪便、秸秆等有机废弃物为原料，经充分厌氧发酵产生的固体和液体肥，即沼渣肥和沼液肥。

11. 沼液肥

以畜禽粪便、秸秆等有机废弃物为原料，经充分厌氧发酵产生的液体肥。

12. 沼渣肥

以畜禽粪便、秸秆等有机废弃物为原料，经充分厌氧发酵产生的固体肥。

13.有机无机复混肥料

含有一定量有机肥料的复混肥料（有机无机复混肥料包括有机无机掺混肥料）。

14.单一肥料

氮、磷、钾三种养分中，仅具有一种养分标明量的氮肥、磷肥或钾肥。

15.氮肥

具有氮（N）标明量，以提供植物氮养分为其主要功效的单一肥料。

16.磷肥

具有磷（P_2O_5）标明量，以提供植物磷养分为其主要功效的单一肥料。

17.钾肥

具有钾（K_2O）标明量，以提供植物钾养分为其主要功效的单一肥料。

18.复合肥料

氮、磷、钾三种养分中，至少有两种养分标明量的由化学方法和（或）掺混方法制成的肥料。

19.掺混肥料（BB肥）

氮、磷、钾三种养分中，至少有两种养分标明量的由干混方法制成的颗粒状肥料。

20.中量元素肥料

标明了钙、镁、硫中的至少一种元素的含量，未标明氮、磷、钾含量的肥料。

21.微量元素肥料

含有一种或多种微量元素，未标明氮、磷、钾、钙、镁或硫含量的肥料。

22. 配方肥料

根据不同作物的营养需要、土壤养分含量及供肥特点，以各种化肥为主要原料，有针对性地添加适量中、微量元素或有机肥料，采用掺混或造粒等工艺加工而成的，具有作物针对性和地域性的专用肥料。

23. 农用微生物产品

是指在农业上应用的含有目标微生物的一类活体产品。

24. 无机（矿质）肥料

标明养分呈无机盐形式的肥料，由提取、物理和（或）化学工业方法制成。

25. 肥料养分

肥料提供的植物生长发育所需要的营养元素。

26. 大量元素（主要养分）

对元素氮、磷、钾的统称。

27. 中量元素（次要养分）

对元素钙、镁、硫的统称。

28. 微量元素（微量养分）

植物生长所必需的，但相对来说是少量的元素，包括硼、锰、铁、锌、铜、钼、氯。

29. 有益元素

不是所有植物生长必需的，但对某些植物生长有益的元素，如钠、硅、钴、硒、铝、钛、碘等。

30. 配合式

按总氮—有效五氧化二磷—氧化钾（$N-P_2O_5-K_2O$）顺序排列，用阿拉伯数字分别表示其在二元/三元肥料中所占百分比含量

的一种方式。（“0”表示肥料中不含该元素）

31.标明量（标明值）

在产品标签或质量证明书上标明的对各技术项目的承诺值。

32.总养分

总氮、有效五氧化二磷和氧化钾含量之和，以质量分数计。

第二节　施肥术语和定义

一、施肥术语

1.平衡施肥

合理供应和调节植物需要的各种营养元素，使其能均衡满足植物生长发育的科学施肥技术。

2.测土配方施肥

测土配方施肥是以土壤测试和肥料田间试验为基础，根据作物需肥规律、土壤供肥性能和肥料效应，在合理施用有机肥料的基础上，提出氮、磷、钾及中、微量元素等肥料的施用品种、数量、施肥时期和施用方法。

3.肥料效应

肥料效应，简称肥效，是肥料对作物产量或品质的作用效果，通常以肥料单位养分的施用量所能获得的作物增产量和效益表示。

4.施肥量

施于单位面积耕地或单位质量生长介质中的肥料或养分的质量或体积。

5.常规施肥

亦称习惯施肥，指当地有代表性的农户前三年平均施肥量

(主要指氮、磷、钾肥)、施肥品种、施肥方法和施肥时期。可通过农户调查确定。

6. 优化施肥

指针对当地（一定区域）的土壤肥力水平、作物需肥特点、肥料利用效率和相关配套栽培技术而建立的作物高产高效或优质适产施肥种类、时期、数量、比例和方法。

7. 地力

指在当前管理水平下，由土壤本身特性、自然背景条件和农田基础设施等要素综合构成的耕地生产能力。

8. 耕地地力评价

耕地地力是指根据耕地所在地的气候、地形地貌、成土母质、土壤理化性状、农田基础设施等要素相互作用表现出的综合特征。耕地地力评价是对耕地生态环境优劣、农作物种植适宜性、耕地潜在生物生产力高低进行评价。

二、肥料合理使用通用准则

1. 施肥目标

合理施肥应达到高产、优质、高效、改土配肥、保证农产品质量安全和保护生态环境等目标。

2. 施肥原理

矿质营养理论：植物生长发育需要碳、氢、氧、氮、磷、钾、钙、镁、硫、锰、锌、硼、铁、铜、钼、氯、镍17种必需营养元素和一些有益元素。碳、氢、氧主要来自空气和水，其他营养元素主要以矿物形态从土壤中吸收。每种必需元素均有其特定的生理功能，相互之间同等重要、不可替代。有益元素也能对某些植物生长发育起到促进作用。

养分归还学说：植物收获从土壤中带走大量养分，使土壤中的养分越来越少，地力逐渐下降。为了维持地力和提高产量，应将植物带走的养分适当归还土壤。

最小养分律：植物对必需营养元素的需要量有多有少，决定产量的是相对于植物需要、土壤中含量最少的有效养分。只有针对性地补充最小养分才能获得高产。最小养分随产量和施肥水平等条件的改变而变化。

报酬递减律：在其他技术条件相对稳定的条件下，在一定施肥量范围内，产量随着施肥量的逐渐增加而增加，但单位施肥量的增产量却呈递减趋势。施肥量超过一定限度后将不再增产，甚至造成减产。

因子综合作用律：植物生长受水分、养分、光照、温度、空气、品种以及土壤、耕作条件等多种因子制约，施肥仅是增产的措施之一，应与其他增产措施结合才能取得更好的效果。

3．施肥原则

在养分需求与供应平衡的基础上，坚持有机肥料与无机肥料相结合；坚持大量元素与中量元素、微量元素相结合；坚持基肥与追肥相结合；坚持施肥与其他措施相结合。

4．施肥依据

植物营养特性：不同植物种类、品种，同一植物品种不同生育期、不同产量水平对养分需求数量和比例不同；不同植物对养分种类反应不同；不同植物对养分吸收利用的能力不同。

土壤性状：土壤类型、土壤物理、化学和生物性状等因素影响土壤保肥和供肥能力，从而影响肥料效应。

肥料性质：不同肥料种类和品种的特性，决定该肥料适宜的土壤类型、植物种类和施用方法。

其他条件：合理施肥还应考虑气候、灌溉、耕作、栽培、植物生长状况等其他条件。

5.施肥技术

施肥技术内容主要包括肥料种类、施肥量、养分配比、施肥时期、施肥方法和施肥位置等。施肥量是施肥技术的核心，肥料效应是上述施肥技术的综合反应。

6.肥料种类

根据土壤性状、植物营养特性和肥料性质等因素确定肥料种类。

7.施肥量

确定施肥量的方法主要有肥料效应函数法、测土施肥法和植物营养诊断法等。

8.养分配比

根据植物营养特性和土壤性状等因素调整肥料养分配比，实行平衡施肥。

9.施肥时期

根据肥料性质和植物营养特性等因素适时施肥，植物生长旺盛和吸收养分的关键时期应重点施肥。

10.施肥方法

根据土壤、作物和肥料性质等因素选择施肥方法，注意氮肥深施、磷肥和钾肥集中施用等，以发挥肥料效应，减少养分损失。

11.施肥位置

根据植物根系生长特性等因素选择适宜的施肥位置，提高养分空间有效性。

三、施肥评价指标

1.增产率

合理施肥产量与常规施肥或无肥区产量的差值占常规施肥或

无肥区产量的百分数。

2. 肥料利用率（养分回收率）

指施用的肥料养分被作物吸收的百分数，是评价肥料施用效果的一个重要指标。肥料利用率包括当季利用率和累计利用率。氮肥常用的是当季利用率，磷肥由于有后效，常用累计（叠加）利用率。

3. 肥料农学效率

指特定施肥条件下，单位施肥量所增加的作物经济产量，是施肥增产效应的综合体现。

4. 肥料经济效益

纯收益：施肥增加的产值与施肥成本的差值，正值表示获得了经济效益，数额越大，获利愈多。

投入产出比：简称投产比，是施肥成本与施肥增加产值之比。

附录：

中华人民共和国国家标准
肥料标识　内容和要求

GB 18382—2021

1 范围

本标准规定了肥料标识的术语和定义、原理、基本原则、一般要求、标识内容及要求、标签、质量证明书或合格证、标识印刷。

本标准适用于国内销售的肥料，不适用于生产者按照合同为用户特制的不在市场流通的产品。

2 规范性引用文件

下列文件对于本文件的应用是必不可少的。凡是注日期的引用文件，仅注日期的版本适用于本文件。凡是不注日期的引用文件，其最新版本（包括所有的修改单）适用于本文件。

GB 190 危险货物包装标志

GB/T 191 包装储运图示标志

GB/T 6274—2016肥料和土壤调理剂　术语

GB/T 18455包装回收标志

GB/T 32741—2016 肥料和土壤调理剂　分类

定量包装商品计量监督管理办法（国家质量监督检验检疫总局2005年第75号令）

3 术语和定义

GB/T 6274界定的以及下列术语和定义适用于本文件。

3.1 肥料

提供、保持或改善植物营养和土壤物理、化学性能以及生物活性，提高农产品产量，或改善农产品品质，增强植物抗逆能力的有机、无机、微生物及其混合物料。

3.2 标识

用于识别肥料产品及其质量、数量、特征、特性和使用方法所做的各种表示。

注：标识可以用文字、符号、图案以及其他说明物等表示。标识的形式包括外包装标识、合格证、质量证明书、使用说明、标签或电子标签等。

3.3 容器

直接与肥料相接触并可按其单位量运输或贮存的密闭容器。

注：容器通常为袋、瓶、槽、桶等。个别国家把超大尺寸包装的产品称为散装。

3.4 标签

供识别肥料和了解其主要性能而附以必要资料的纸片、塑料片、包装袋、容器等的印刷部分以及相关信息。

3.5 单一肥料

氮、磷、钾三种养分中，仅具有一种养分标明量的氮肥、磷肥或钾肥。

3.6 复合肥料

氮、磷、钾三种养分中，至少有两种养分标明量的由化学方法和（或）掺混方法制成的肥料。

3.7 掺混肥料

BB肥：氮、磷、钾三种养分中，至少有两种养分标明量的由干混方法制成的颗粒状肥料。

3.8 中量元素肥料

标明了钙、镁、硫中的至少一种元素的含量，未标明氮、磷、钾含量的肥料。

3.9 微量元素肥料

含有一种或多种微量元素，未标明氮、磷、钾、钙、镁或硫含量的肥料。

3.10 有机肥料

主要来源于植物和（或）动物，经过发酵腐熟的含碳有机物料。

注：有机肥料的功能是改善土壤肥力、提供植物营养、提高作物品质。

3.11 肥料养分

肥料提供的植物生长发育所需要的营养元素。

3.12 大量元素

主要养分：对元素氮、磷、钾的统称。

3.13 中量元素

次要养分：对元素钙、镁、硫的统称。

3.14 微量元素

微量养分：植物生长所必需的、但相对来说是少量的元素，包括硼、锰、铁、锌、铜、钼或氯等。

3.15 配合式

按N-P_2O_5-K_2O（总氮-有效五氧化二磷-氧化钾）顺序，用阿拉伯数字分别表示其在二元/三元肥料中所占百分比含量的一种方式。

注：“0”表示肥料中不含该元素。

3.16 标明量

标明值：在产品标签或质量证明书上标明的对各技术项目的承诺值。

3.17 总养分

总氮、有效五氧化二磷和氧化钾含量之和，以质量分数计。

4 原理

规定标识的主要内容及定出肥料包装容器上的标识尺寸、位置、文字、图形等大小，以使用户鉴别肥料并确定其特性。这些规定因所用的容器不同而异。

——装大于或等于25kg（或25L）肥料的；

——装大于或等于5kg且小于25kg（或大于5L且小于25L）肥料的；

——装小于5kg（或5L）肥料的。

5 基本原理

5.1 标识所标注的所有内容，应符合相关标准规定。

5.2 标识所标注的所有内容，应遵循真实原则，准确、科学并通俗易懂。

5.3 标识所标注的所有内容，不应以错误的、欺骗性的、夸大的、不实的或引起误解的方式描述或介绍肥料。若声明除提供养分外的其他作用，应有充分可信的证据。

5.4 标识所标注的所有内容，不应以直接或间接暗示性的语言、图形、符号导致用户将肥料或肥料的某一性质与另一肥料相混淆，不应含有导致用户将不同公司产品混淆的标识内容。

6 一般要求

6.1 总体要求

标识所标注的所有内容，应清晰、牢固、与基底反差大、易于识别。

6.2 文字

标识中的文字应使用规范汉字（养分名称可以用化学元素符号或分子式表示），可以同时使用同义的少数民族文字、外文，外文字体应小于相应汉字和少数民族文字。

应使用法定计量单位。

6.3 图示

应符合GB 190和GB/T 191的规定。

6.4 颜色

肥料标识使用的颜色应醒目、突出、易于迅速识别。图案的颜色应不妨碍对标识文字快速识别。

6.5 耐久性和可用性

标识内容应保证在产品的可预计流通及使用期内的耐久性，并保持清晰可见。

7 标识内容及要求

7.1 肥料名称及商标

7.1.1 通用名称（标准名称）

标明执行国家标准、行业标准、地方标准的产品按相应标准的规定标注通用名称。标明执行团体标准、企业标准的产品，通用名称应使用GB/T 32741—2016的“4.1按养分分类”中相对应的类别名称，或使用GB/T 6274—2016的“2.2产品术语”中相对应的产品名称。需要肥料登记管理的产品按已取得的有效登记的名称标注。

7.1.2 商品名称

如标注商品名称（或者特殊用途的肥料名称），不应引起用户、消费者误解和混淆。已获登记的肥料产品，按有效登记批准的名称标注。商品名称仅可在通用名称（标准名称）下以小于通用名称的字体（见10.1.3）予以标注。商品名称应以文字标注，不应以图案标注，如含有修饰性词语，应符合相应国家标准、行业标准、地方标准要求。

7.1.3 名称中的禁用语

肥料名称（包括商品名称）中不应带有不实、夸大性质的词语及谐音，包括但不限于：高效、特效、全元、多元、高产、双效、多效、增长、促长、高肥力、霸、王、神、灵、宝、圣、活性、活力、强力、激活、抗逆、抗害、高能、多能、全营养、保绿、保花、保果等。与肥料名称标注在同一行的内容（包括文字和图案）也应符合本条要求。

7.1.4 商标

所标注的带标记的商标应为经注册登记的合法商标。

7.2 肥料规格、等级和净含量

7.2.1 肥料产品标准中已规定规格、等级、类别的，应标明相应的规格、等级、类别。若仅标明养分含量，则视为产品质量全项技术指标符合养分含量所对应的产品最高等级要求。

7.2.2 肥料产品单件包装上应标明净含量。净含量标注应符合《定量包装商品计量监督管理办法》的要求。

7.2.3 一个包装容器上只能标注一个净含量。

7.3 养分含量

7.3.1 通用规定

7.3.1.1 应以单一数值标明养分的含量，固体产品用质量分数（%）计、液体产品用质量分数（%）或质量浓度（g/L）计。

7.3.1.2 氮含量以N计，磷含量以P_2O_5计，钾含量以K_2O计，中量元素和微量元素以元素单质计。

7.3.1.3 养分含量应以单一包装声明净含量的总物料为基础计算并标明，不应将包装容器内的物料拆分标注养分含量（如黑粒中有机质20%，灰粒中总养分25%）。

7.3.1.4 不应以“总有效成分”“总含量”“总指标值”等与总养分相混淆。

7.3.2 单一肥料

7.3.2.1 应标明单一养分的含量（以质量分数计）。

7.3.2.2 若加入中量元素、微量元素，可标明中量元素、微量元素（以元素单质的质量分数计，下同），应按中量元素、微量元素两种类型分别标明各单养分含量及各自相应的总含量，不得将中量元素、微量元素含量与主要养分相加。微量元素的质量分数低于0.02%或（和）中量元素的质量分数低于2.0%的不得标明（产品的国家标准或行业标准中另行规定的除外）。

7.3.3 复合肥料和掺混肥料

7.3.3.1 应标明总养分的含量（以质量分数计），总养分标明值应不低于配合式中单养分标明值之和，不得将其他元素或化合物计入总养分。

7.3.3.2 应以配合式分别标明总氮、有效五氧化二磷、氧化钾的质量分数，如氮磷钾复合肥料15−15−15。二元肥料应在不含单养分的位置标以“0”，如氮钾复合肥料15−0−10。

7.3.3.3 若加入中量元素、微量元素，可标明中量元素、微量元素，标注的要求见7.3.2.2。

7.3.4 中量元素肥料

7.3.4.1 应分别单独标明各中量元素养分含量及标明的中量元素养分含量之和。含量小于4.0%的单一中量元素不得标明。

7.3.4.2 若加入微量元素，可标明微量元素，应分别标明各微量元素的含量及标明的微量元素总含量，不得将微量元素含量与中量元素相加。微量元素的质量分数低于0.02%的不得标明。标识中标明或暗示含有某一微量元素的，视为此微量元素的质量分数不低于0.02%。

7.3.5 微量元素肥料

应分别标明各种微量元素的单一含量及微量元素养分含量之和。

7.3.6 有机肥料

应标明有机质含量、总养分含量。

7.3.7 其他肥料

标明执行国家标准或行业标准的产品按照7.3.1~7.3.6标注；标明执行团体标准或企业标准的产品按肥料登记批准的养分指标标注。

7.4 其他添加物含量

7.4.1 若加入其他添加物，生产者应有足够证据证明添加物安全有效。

7.4.2 可标明其他添加物的名称和含量，应分别标明各添加物的含量，不得将添加物含量与养分相加。

7.5 限量物质及指标

7.5.1 产品标准中规定需要限制并标明的物质或元素等应单独标明。

7.5.2 不应标注元素敏感或忌用作物的图案。

7.5.3 警示语应按规定字号以显著方式标明。示例1~示例3给出了警示语的具体例子。

示例1：氯含量较高，使用不当会对作物造成伤害。

示例2：含缩二脲，使用不当会对作物造成伤害。

示例3：氯含量较高，含缩二脲，使用不当会对作物造成伤害。

7.6 生产许可证编号、肥料登记证编号

实行生产许可、肥料登记管理的产品，应根据有关规定标明相应有效的标记和编号。

7.7 生产者和/或经销者的名称、地址

7.7.1 应标明经依法登记注册并能承担产品质量责任的生产者和/或经销者和/或进口商的名称、地址。

7.7.2 生产者和/或经销者和/或进口商的名称中不得含有其他肥料企业的名称或合法商标的字样，地址的标注不应与有关法律法规相矛盾。

7.7.3 进口产品还应标注原产国/地区名称，进口商名称和地址均不应使用简称。

7.8 生产日期或批号、进口合同号

7.8.1 国产产品应在产品合格证、质量证明书、产品外包装上或用易于识别的电子信息（二维码、条形码）的方式标明肥料产品的生产日期或批号。

7.8.2 进口产品应标注进口合同号。

7.8.3 通过国产产品的生产日期或批号，或进口产品的进口合同号，应可追溯产品质量检验的结果。

7.8.4 仅在产品标准中要求标明有效期或保质期，应标明有效期或保质期。限期使用的产品应同时标注生产日期和有效期（保质期）。

注：绝大多数肥料产品，包括但不限于复合肥料、掺混肥料、磷酸一铵、磷酸二铵、硝酸磷肥、过磷酸钙、富过磷酸钙、重过磷酸钙、钙镁磷肥、硫酸钾镁肥、尿素、硫酸钾、氯化钾、硝酸

钾、硫酸镁、农业用硝酸钙、硅钙钾镁肥，均不属于限期使用的产品，在适当的运输、贮存条件下不会变质，无须标注保质期或有效期。

7.9 执行标准

7.9.1 应标明肥料产品所执行的标准编号。有强制性国家标准的肥料产品，应标明强制性标准编号。

7.9.2 已有国家标准或行业标准的肥料产品，如标明国家标准或行业标准中未包括的其他元素或添加物，除应标明国家标准或行业标准外，还应同时标明含有添加物检测方法的有效团体标准或企业标准，团体标准或企业标准中方法应是国内、国外文献中对该添加物的权威检测方法。

7.10 使用说明

7.10.1 产品外包装容器上应采用适宜的方法（含二维码、条形码等电子标签）标注使用说明，包括但不限于以下内容：使用方法、适宜作物或不适宜作物、建议使用量、注意事项等。

7.10.2 若标注肥料功效以外的其他功效，应能提供有资质的机构出具的充分证据。更详细的信息可在企业网站、产品宣传册等处标明。

7.11 安全说明或警示说明

运输、贮存、使用不当，容易造成财产损害或可能危害人体健康和安全的产品，应以显著方式标注安全说明或警示说明。

7.12 其他

7.12.1 企业认为必要的符合GB/T 18455的包装回收标志，以及符合国家法律、法规要求的其他标识。

7.12.2 不应标注原料产地为某国家、某地区或某知名品牌等会引起用户将该产品误解为进口产品或知名品牌产品。引进国外技术或部分使用进口原料的产品，不应标注含有引进方的国外企业名称。

8 标签

8.1 粘贴标签及其他相应标签

如果容器的尺寸及形状允许，标签的标识区最小应为120mm×70mm，最小文字高度至少为3mm，其余应符合第10章的规定。

8.2 系挂标签

标识区最小应为120mm×70mm，最小文字高度至少为3mm，其余应符合第10章的规定。

9 质量证明书或合格证

外包装袋上的标识内容可作为合格证所需标识内容的一部分。合格证的内容可以用喷码或易于识别的电子标签等形式直接标注于外包装袋上（即外包装上的合格标记），包括但不限于以下内容：生产日期或批号、质检员代号、检验结论。

10 标识印刷

10.1 装大于或等于25kg（或25L）肥料的容器

10.1.1 标识区位置及区面积

一块上下左右均居中的矩形区间，矩形区间的长和宽应分别为包装容器长和宽的65%~80%，该选用面应为容器的主要面之一，7.1~7.9的标识内容应在该面积内。区间的各边应与容器的各边相平行。

区内所有标识，除生产日期或批号、合格标记外，均应水平方向按汉字顺序印刷，不得垂直或斜向印刷标识内容。图案应不妨碍对标识文字的快速辨识。

包装袋上的侧边仅可横向（以包装袋平放为准）标明产品类

型、等级、配合式或养分含量。

10.1.2 主要项目标识尺寸

根据打印标识区的面积（见10.1.1），应采用三种标识尺寸，以使标识标注内容能清楚地布置排列，这三种尺寸应为X/Y/Z比例（见表1），它仅能在如表1所示范围内变化，最小字体的高度（指按正常比例印刷的字体）至少应为10mm。

表1　三种标识尺寸比例

最小字体尺寸（mm）	尺寸比例 小（X）/中（Y）/大（Z）	
	最小比例	最大比例
≤20	1/2/4	1/3/9
>20	1/1.5/3	1/2.5/7

10.1.3 标识区主要项目和文字尺寸

标识标注内容应用印刷文字，标识项目的尺寸应符合表2要求。同一项目应使用相同的字号。净含量不应与养分在同一行标注。

表2　标识区内主要项目和文字尺寸

<table>
<tr><th rowspan="2">序号</th><th rowspan="2" colspan="2">标识标注主要内容</th><th colspan="3">文字</th></tr>
<tr><th>小（X）</th><th>中（Y）</th><th>大（Z）</th></tr>
<tr><td>1</td><td colspan="2">肥料名称及商标</td><td></td><td>●</td><td>●</td></tr>
<tr><td>2</td><td colspan="2">规格、等级及类别</td><td></td><td>●</td><td>●</td></tr>
<tr><td rowspan="3">3</td><td rowspan="3">组成</td><td>作为主要标识内容的养分或总养分</td><td></td><td>●</td><td>●</td></tr>
<tr><td>配合式（单养分标明值）</td><td>●</td><td>●</td><td></td></tr>
<tr><td>产品标准规定应单独标明的项目，如氯含量、枸溶性磷等</td><td>●</td><td>●</td><td></td></tr>
</table>

续表

序号	标识标注主要内容	文字		
		小（X）	中（Y）	大（Z）
	作为附加标识内容的元素、养分或其他添加物	●		
4	产品标准编号[a]	●	●	
5	生产许可证号、肥料登记证号（适用时）[a]	●	●	
6	净含量		●	●
7	生产或经销单位名称	●	●	
8	生产或经销单位地址	●	●	
9	其他	●	●	

注：●表示标识区内主要项目对应的文字尺寸。
[a]进口肥料的第4、5项执行相应的法规或规定。进口肥料应标明原产国或地区。

10.2 装大于或等于5kg且小于25kg（或大于等于5L且小于25L）肥料的容器

最小文字高度至少为5mm，其余应符合10.1的规定。

10.3 装小于5kg（或5L）肥料的容器

如容器尺寸及形状允许，标识区最小尺寸应为120mm×70mm，最小文字高度至少为3mm，其余应符合10.1的规定。

第二章　常见肥料分类、品种及技术指标

第一节　有机肥料类

一、畜禽粪便堆肥 NY/T 3442—2019

表2-1　堆肥产物质量要求

项目	指标
有机质含量（以干基计），%	≥30
水分含量，%	≤45
种子发芽指数（GI），%	≥70
蛔虫卵死亡率，%	≥95
粪大肠菌群数，个/g	≤100
总砷（As）（以干基计），mg/kg	≤15
总汞（Hg）（以干基计），mg/kg	≤2
总铅（Pb）（以干基计），mg/kg	≤50
总镉（Cd）（以干基计），mg/kg	≤3
总铬（Cr）（以干基计），mg/kg	≤150

二、有机肥料 NY/T 525—2021

外观：外观均匀，粉状和颗粒状，无恶臭。目视、鼻嗅测定。

表2-2 有机肥料技术指标要求

项目	指标
有机质的质量分数（以烘干基计），%	≥30
总养分（$N-P_2O_5-K_2O$）的质量分数（以烘干基计），%	≥4.0
水分（鲜样）的质量分数，%	≤30
酸碱度（pH）	5.5~8.5
种子发芽指数（GI），%	≥70
机械杂质的质量分数，%	≤0.5

表2-3 有机肥料限量指标要求

项目	指标
总砷（As），mg/kg	≤15
总汞（Hg），mg/kg	≤2
总铅（Pb），mg/kg	≤50
总镉（Cd），mg/kg	≤3
总铬（Cr），mg/kg	≤150
粪大肠菌群数，个/g	≤100
蛔虫卵死亡率，%	≥95

三、生物有机肥NY 884—2012

外观（感官）：粉剂产品应松散、无恶臭味；颗粒产品应无明显机械杂质。

表2-4　生物有机肥产品技术指标要求

项目	技术指标
有效活菌数（cfu），亿/g	≥0.20
有机质（以干基计），%	≥40.0
水分，%	≤30.0
酸碱度（pH）	5.5~8.5
粪大肠菌群数，个/g	≤100
蛔虫卵死亡率，%	≥95
有效期，月	≥6

表2-5　生物有机肥产品5种重金属限量技术要求

项目	指标
总砷（As）（以干基计），mg/kg	≤15
总汞（Hg）（以干基计），mg/kg	≤2
总铅（Pb）（以干基计），mg/kg	≤50
总镉（Cd）（以干基计），mg/kg	≤3
总铬（Cr）（以干基计），mg/kg	≤150

四、复合微生物肥料NY/T 798—2015

外观（感官）：均匀的液体或固体。悬浮型液体产品应无大量沉淀，沉淀轻摇后分散均匀；粉状产品应松散；粒状产品应无明显机械杂质、大小均匀。

表2-6　复合微生物肥料产品技术指标要求

项目	剂型	
	液体	固体
有效活菌数（cfu）[a]，亿/g（mL）	≥0.50	≥0.20
总养分（$N-P_2O_5-K_2O$）[b]，%	6.0~20.0	8.0~25.0
有机质（以烘干基计），%	—	≥20.0
杂菌率，%	≤15.0	≤30.0
水分，%	—	≤30.0
酸碱度（pH）	5.5~8.5	5.5~8.5
有效期[c]，月	≥3	≥6

a.含两种以上有效菌的复合微生物肥料，每一种有效菌的数量不得少于0.01亿/g（mL）；
b.总养分应为规定范围内的某一确定值，其测定值与标明值正负偏差的绝对值不应大于2.0%；各单一养分值应不少于总养分含量的15%；
c.此项仅在监督部门或仲裁双方认为有必要时才检测。

表2-7　复合微生物肥料产品无害化指标要求

项目	指标
粪大肠菌群数，个/g（mL）	≤100
蛔虫卵死亡率，%	≥95
总砷（As）（以烘干基计），mg/kg	≤15
总汞（Hg）（以烘干基计），mg/kg	≤2
总铅（Pb）（以烘干基计），mg/kg	≤50
总镉（Cd）（以烘干基计），mg/kg	≤3
总铬（Cr）（以烘干基计），mg/kg	≤150

五、沼肥NY/T 2596—2022

以畜禽粪便、秸秆等有机废弃物为原料，经充分厌氧发酵产生的固体和液体肥料，即沼渣肥和沼液肥。

1.沼渣肥

以畜禽粪便、秸秆等有机废弃物为原料，经充分厌氧发酵产生的固体肥。

表2-8 沼渣的技术指标

项目	技术指标
水分，%	≤30.0
酸碱度（pH）	5.5~8.5
粪大肠菌群数，个/g	≤100.0
蛔虫卵死亡率，%	≥95.0
种子发芽指数（GI），%	≥70.0
总砷（As计），mg/kg	≤15.0
总汞（Hg计），mg/kg	≤2.0
总铅（Pb计），mg/kg	≤50.0
总镉（Cd计），mg/kg	≤3.0
总铬（Cr计），mg/kg	≤150.0

2.沼液肥

以畜禽粪便、秸秆等有机废弃物为原料，经充分厌氧发酵产生的液体肥。

表2-9 沼液的技术指标

项目	技术指标
水不溶物，g/L	≤50.0
酸碱度（pH）	5.5~8.5
粪大肠菌群数，个/g	≤100.0
蛔虫卵死亡率，%	≥95.0
臭气排放浓度（无量纲）%	≤70.0
总砷（As计），mg/kg	≤10.0
总汞（Hg计），mg/kg	≤5.0
总铅（Pb计），mg/kg	≤50.0
总镉（Cd计），mg/kg	≤3.0
总铬（Cr计），mg/kg	≤50.0
总盐浓度（以EC值计，mS/cm）	≤3.0

六、农用沼液GB/T 40750—2021

以畜禽粪污、农作物秸秆等农业有机废弃物为主要原料，通过沼气工程充分厌氧发酵产生，经无害化和稳定化处理，以有机液肥、水肥和灌溉水等方式用于农田生产的液态发酵残余物。

沼液浓缩液体肥料：对沼液进行分离加工和浓缩，可用于叶面施用和土壤冲施用的水溶性肥料。

农用沼液产品分为浓缩沼液肥料和非浓缩沼液肥料。浓缩沼液肥料使用时应稀释至非浓缩沼液肥料，按非浓缩沼液肥料分类施用；非浓缩沼液肥料按使用功能分为三类：Ⅰ类主要适用于粮油、蔬菜等食用类草本作物；Ⅱ类主要适用于果树、茶树等食用类木本植物；Ⅲ类主要适用于棉麻、园林绿化等非食用类作物。

表2-10 农用沼液的质量要求

项目类别		非浓缩沼液肥料			浓缩沼液肥料
		Ⅰ类	Ⅱ类	Ⅲ类	
水不溶物，g/L		≤50.0			
酸碱度（pH）		5.5~8.5			
蛔虫卵死亡率，%		≥95.0			
臭气排放浓度（无量纲）		≤70.0			
总养分（$N+P_2O_5+K_2O$），g/L		—			≥8
有机质，g/L		—	—	—	≥18
腐殖酸，g/L		—	—	—	≥3
粪大肠杆菌	中温、常温厌氧发酵高温厌氧发酵	≥10^{-4} ≥10^{-2}			
总砷（以As计），mg/L		≤0.3	≤0.4	≤10.0	≤10.0
总汞（以Hg计），mg/L		≤0.4	≤0.5	≤5.0	≤5.0
总铅（以Pb计），mg/L		≤1.2	≤1.6	≤50.0	≤50.0
总镉（以Cd计），mg/L		≤0.04	≤0.06	≤3.0	≤3.0
总铬（以六价Cr计），mg/L		≤1.3	≤1.9	≤50.0	≤50.0
总盐浓度（以EC值计，mS/cm）	叶面施用 土壤施用	≤1.0 ≤1.5	≤1.5 ≤2.0	≤1.5 ≤3.0	— —

注：1.浓缩沼液肥料的pH，可根据产品说明书进行稀释后测定；

2.浓缩沼液肥料总养分可添加氮、磷、钾等肥效元素；

3.对应各类功能用途，不同功能类别分别执行相应类别的指标要求。同一作物兼有多类使用功能的，执行最高功能类别对应的标准值（Ⅰ类为最高值）。

七、有机水溶肥料NY/T 3831—2021

表2-11 有机水溶肥料的质量要求

项目	原料要求	指标要求
含氨基酸水溶肥料	以游离氨基酸为主要原料，添加适量钙、镁中量元素或铜、铁、锰、锌、硼、钼微量元素加工而成。	按NY 1429的规定执行。
含腐殖酸水溶肥料	以矿物源腐殖酸为主要原料，添加适量氮、磷、钾大量元素或钙、镁中量元素或铜、铁、锰、锌、硼、钼微量元素加工而成。	按NY 1106的标准执行。
含海藻酸有机水溶肥料	以海藻提取物为主要原料，添加适量氮、磷、钾大量元素或钙、镁中量元素或铜、铁、锰、锌、硼、钼微量元素加工而成。	至少应标明其所含海藻酸、有机质等主要成分及含量、pH、水分（固体）、水不溶物、有毒有害成分限量等。
含壳聚糖有机水溶肥料	以壳聚糖等为主要原料，添加适量氮、磷、钾大量元素或钙、镁中量元素或铜、铁、锰、锌、硼、钼微量元素加工而成。	至少应标明其所含壳聚糖、有机质等主要成分及含量、pH、水分（固体）、水不溶物、有毒有害成分限量等。
含聚谷氨酸有机水溶肥料	以聚谷氨酸等为主要原料，添加适量氮、磷、钾大量元素或钙、镁中量元素或铜、铁、锰、锌、硼、钼微量元素加工而成。	至少应标明其所含聚谷氨酸等主要成分及含量、pH、水分（固体）、水不溶物、有毒有害成分限量等。
含聚天门冬氨酸有机水溶肥料	以聚天门冬氨酸等为主要原料，添加适量氮、磷、钾大量元素或钙、镁中量元素或铜、铁、锰、锌、硼、钼微量元素加工而成。	至少应标明其所含聚天门冬氨酸等主要成分及含量、pH、水分（固体）、水不溶物、有毒有害成分限量等。

续表

项目	原料要求	指标要求
其他类有机水溶肥料	以糖蜜、低值鱼及发酵降解物等其他有机原料为主要原料，添加适量氮、磷、钾大量元素或钙、镁中量元素或铜、铁、锰、锌、硼、钼微量元素加工而成。	至少应标明其所含有机质等主要成分及含量、pH、水分（固体）、水不溶物、有毒有害成分限量等。
注：必要时，海菜提取物所含有的碘、甘露醇、天然植物生长调节物质（如植物生长素和类植物生长素）等成分含量可作为技术指标进行质量评价。		

八、含氨基酸水溶肥料NY 1429—2010

外观：均匀的液体或固体。

表2-12 含氨基酸水溶肥料（中量元素型）固体产品技术指标

项目	指标
游离氨基酸含量，%	≥10.0
中量元素含量[a]，%	≥3.0
水不溶物含量，%	≤5.0
酸碱度（1∶250倍稀释）	3.0~9.0
水分含量，%	≤4.0
a.中量元素含量指钙、镁元素含量之和。产品应至少包含一种中量元素。含量不低于0.1%的单一中量元素均应计入中量元素含量中。	

表2-13 含氨基酸水溶肥料（中量元素型）液体产品技术指标

项目	指标
游离氨基酸含量，g/L	≥100
中量元素含量[a]，g/L	≥30

续表

项目	指标
水不溶物含量， g/L	≤50
酸碱度（1：250倍稀释）	3.0~9.0
a.中量元素含量指钙、镁元素含量之和。产品应至少包含一种中量元素。含量不低于1g/L的单一中量元素均应计入中量元素含量中。	

表2-14 含氨基酸水溶肥料（微量元素型）固体产品技术指标

项目	指标
游离氨基酸含量，%	≥10.0
微量元素含量[a]，%	≥2.0
水不溶物含量，%	≤5.0
酸碱度（1：250倍稀释）	3.0~9.0
水分含量，%	≤4.0
a.微量元素含量指铜、铁、锰、锌、硼、钼元素含量之和。产品应至少包含一种微量元素。含量不低于0.05%的单一微量元素均应计入微量元素含量中。钼元素含量不高于0.5%。	

表2-15 含氨基酸水溶肥料（微量元素型）液体产品技术指标

项目	指标
游离氨基酸含量，g/L	≥100
微量元素含量[a]， g/L	≥30
水不溶物含量， g/L	≤50
酸碱度（1：250倍稀释）	3.0~9.0
a.微量元素含量指铜、铁、锰、锌、硼、钼元素含量之和。产品应至少包含一种微量元素。含量不低于0.5g/L的单一微量元素均应计入微量元素含量中。钼元素含量不高于5g/L。	

九、含腐殖酸水溶肥料NY 1106—2010

外观：均匀的液体或固体。

表2-16 含腐殖酸水溶肥料（大量元素型）固体产品技术指标

项目	指标
腐殖酸含量， %	≥3.0
大量元素含量[a]， %	≥20.0
水不溶物含量， %	≤5.0
酸碱度（1：250倍稀释）	4.0~10.0
水分含量，%	≤5.0
a.大量元素含量指总N、P_2O_5、K_2O含量之和。产品应至少包含两种大量元素。单一大量元素含量不低于2.0%。	

表2-17 含腐殖酸水溶肥料（大量元素型）液体产品技术指标

项目	指标
腐殖酸含量， g/L	≥30
大量元素含量[a]， g/L	≥200
水不溶物含量， g/L	≤50
酸碱度（1：250倍稀释）	4.0~10.0
a.大量元素含量指总N、P_2O_5、K_2O含量之和。产品应至少包含两种大量元素。单一大量元素含量不低于20g/L。	

表2-18 含腐殖酸水溶肥料（微量元素型）产品技术指标

项目	指标
腐殖酸含量， %	≥3.0
微量元素含量[a]，%	≥6.0
水不溶物含量， %	≤5.0

续表

项目	指标
酸碱度（1：250倍稀释）	4.0~10.0
水分含量，%	≤5.0
a. 微量元素含量指铜、铁、锰、锌、硼、钼元素含量之和。产品应至少包含一种微量元素。含量不低于0.05%的单一微量元素均应计入微量元素含量中。钼元素含量不高于0.5%。	

十、黄腐酸钾HG/T 5334—2018

矿物源黄腐酸钾：以风化煤、褐煤、泥炭等为原料，在一定条件下与氢氧化钾反应制成的黄腐酸钾。

生物源黄腐酸钾：以植物秸秆、木屑、蔗渣（液）、餐厨废弃物为原料，在一定条件下反应制成的黄腐酸钾。

外观：矿物源黄腐酸钾为均匀的黑色或黑棕色的液体、粉状固体；生物源黄腐酸钾为均匀的黑色或黑棕色的液体、粒状固体，黄褐色的粉状固体。

表2-19 矿物源黄腐酸钾固体产品技术指标

项目		指标		
		优等品	一等品	合格品
荧光激发波长、发射波长，nm		460~470，530~540		
矿物源黄腐酸含量（以干基计），%	≥	50	40	30
氧化钾（K_2O）含量（以干基计），%	≥	8		
水不溶物含量（以干基计），%	≤	8		
水分，%	≤	15		
酸碱度（1：100倍稀释）		4.0~11.0		

表2-20 矿物源黄腐酸钾液体产品技术指标

项目		指标
荧光激发波长、发射波长，nm		460~470，530~540
矿物源黄腐酸含量，g/L	≥	80
氧化钾（K_2O）含量，g/L	≥	15
水不溶物含量，g/L	≤	50
酸碱度（1：100倍稀释）		4.0~11.0

表2-21 生物源黄腐酸钾固体产品技术指标

项目		指标	
		颗粒	粉状
荧光激发波长、发射波长，nm		460~470，520~530	
矿物源黄腐酸含量（以干基计），%	≥	25	35
氧化钾（K_2O）含量（以干基计），%	≥	10	5
水不溶物含量（以干基计），%	≤	6	5
水分，%	≤	12	5
酸碱度（1：100倍稀释）		5.0~8.0	4.0~7.0
粒度（1.0~4.75mm），%	≥	70.0	—

表2-22 生物源黄腐酸钾液体产品技术指标

项目		指标
荧光激发波长、发射波长，nm		460~470，520~530
矿物源黄腐酸含量，g/L	≥	200
氧化钾（K_2O）含量，g/L	≥	60
水不溶物含量（以干基计），g/L	≤	50
酸碱度（1：100倍稀释）		4.0~7.0

表2-23 黄腐酸钾中砷、镉、铅、铬、汞的限量要求

项目	指标
砷及其化合物的质量分数（以As计），% ≤	0.0050
镉及其化合物的质量分数（以Cd计），% ≤	0.0010
铅及其化合物的质量分数（以Pb计），% ≤	0.0200
铬及其化合物的质量分数（以Cr计），% ≤	0.0500
汞及其化合物的质量分数（以Hg计），% ≤	0.0005

十一、有机无机复混肥料GB/T 18877—2020

含有一定量有机肥料的复混肥料（注：有机无机复混肥料包括有机无机掺混肥料）。

外观：颗粒状或条状产品，无机械杂质。

表2-24 有机无机复混肥料的技术指标要求

项目		指标		
		Ⅰ型	Ⅱ型	Ⅲ型
有机质含量，% ≥		20	15	10
总养分（$N+P_2O_5+K_2O$）含量[a]，% ≥		15.0	25.0	35.0
水分（H_2O）[b]，% ≤		12.0	12.0	10.0
酸碱度（pH）		5.5~8.5		5.0~8.5
粒度（1.00~4.75mm或3.35~5.5mm）[c]，% ≥		70		
蛔虫卵死亡率，% ≥		95		
粪大肠菌群数，个/g ≤		100		
氯离子含量[d]，%	未标“含氯”的产品 ≤	3.0		
氯离子含量[d]，%	标明“含氯（低氯）”的产品 ≤	15.0		
	标明“含氯（高氯）”的产品 ≤	30.0		

续表

项目		指标		
		Ⅰ型	Ⅱ型	Ⅲ型
砷及其化合物含量（以As计），mg/kg	⩽	50		
镉及其化合物含量（以Cd计），mg/kg	⩽	10		
铅及其化合物含量（以Pb计），mg/kg	⩽	150		
铬及其化合物含量（以Cr计），mg/kg	⩽	500		
汞及其化合物含量（以Hg计），mg/kg	⩽	5		
钠离子含量，%	⩽	3.0		
缩二脲含量，%	⩽	0.8		
a.标明的单一养分含量不应低于3.0%，且单一养分测定值与标明值负偏差的绝对值不应大于1.5%； b.水分以出厂检验数据为准； c.指出厂检验数据，当用户对粒度有特殊要求时，可由供需双方协商确定； d.氯离子的质量分数大于30.0%的产品，应在包装袋上标明“含氯（高氯）”，标明“含氯（高氯）”的产品氯离子的质量分数不做检验和判定。				

十二、农用微生物菌剂GB 20287—2006

产品分类：按内含的微生物种类或功能特性分为根瘤菌菌剂、固氮菌菌剂、解磷类微生物菌剂、硅酸盐微生物菌剂、光合细菌菌剂、有机物料腐熟剂、促生菌剂、菌根菌剂、生物修复菌剂。

产品按剂型分为液体、粉剂、颗粒型。

外观：粉剂产品应松散；颗粒产品应无明显机械杂质、大小均匀、具有吸水性。

表2-25 农用微生物菌剂产品的技术指标

项目		剂型		
		液体	粉剂	颗粒
有效活菌数（cfu）[a]，亿/g或亿/mL	≥	2.0	2.0	1.0
霉菌杂菌数，个/g或个/mL	≤	3.0×10^6	3.0×10^6	3.0×10^6
杂菌率，%	≤	10.0	20.0	30.0
水分，%	≤	—	35.0	20.0
细度，%	≥	—	80	80
酸碱度		5.0~8.0	5.5~8.5	5.5~8.5
保质期[b]，月	≥	3	6	

a. 复合菌剂，每一种有效菌的数量不得少于0.01亿/g或0.01亿/mL；以单一的胶质芽孢杆菌制成的粉剂产品中有效活菌数不少于1.2亿/g；

b. 此项仅在监督部门或仲裁双方认为有必要时检测。

表2-26 有机物料腐熟剂产品的技术指标

项目		剂型		
		液体	粉剂	颗粒
有效活菌数（cfu），亿/g或亿/mL	≥	1.0	0.5	0.5
纤维素酶活a，U/g或U/mL	≥	30.0	30.0	30.0
蛋白酶活b，U/G或U/mL	≥	15.0	15.0	15.0
水分，%	≤	—	35.0	20.0
细度，%	≥	—	70	70
酸碱度		5.0~8.5	5.5~8.5	5.5~8.5
保质期[c]，月	≥	3	6	

a. 以农作物秸秆类为腐熟对象测定纤维素酶活；

b. 以畜禽粪便类为腐熟对象测定蛋白酶活；

c. 此项仅在监督部门或仲裁双方认为有必要时检测。

表2-27 农用微生物菌剂产品的无害化技术指标

参数		标准极限
粪大肠菌群数，个/g或个/mL	≤	100
蛔虫卵死亡率，%	≥	95
砷及其化合物（以As计），mg/kg	≤	75
镉及其化合物（以Cd计），mg/kg	≤	10
铅及其化合物（以Pb计），mg/kg	≤	100
铬及其化合物（以Cr计），mg/kg	≤	150
汞及其化合物（以Hg计），mg/kg	≤	5

第二节 大量元素肥料

一、氮肥（包括以氮养分为主的二元肥料）

1.尿素GB/T 2440—2017

外观：颗粒状或结晶，无机械杂质。

表2-28 农业用（肥料）尿素的要求

项目[a]		等级	
		优等品	合格品
总氮（N）的质量分数，%	≥	46.0	45.0
缩二脲的质量分数，%	≤	0.9	1.5
水分[b]，%	≤	0.5	1.0
亚甲基二脲（以HCHO计）[c]的质量分数，%	≤	0.6	0.6

续表

项目[a]		等级	
		优等品	合格品
粒度[d]	d0.85~2.8mm ≥ d1.18~3.35mm ≥ d2.00~4.75mm ≥ d4.00~8.00mm ≥	93	90
a. 含有尚无国家或行业标准的添加物的产品应进行陆生植物生长试验，方法见HG/T4365—2012的附录A和附录B； b. 水分以生产企业出厂检验数据为准； c. 若尿素生产工艺中不加甲醛，不测亚甲基二脲； d. 只需符合四档中任意一档即可，包装标识中应标明粒径范围。农业用（肥料）尿素若用作掺混肥料（BB）生产原料，可根据供需协议选择标注SGN和UI。			

2. 肥料级硫酸铵GB/T 535—2020

外观：白色或灰白色，粉末或结晶状，无可见机械杂质。

表2-29 肥料级硫酸铵的技术指标要求

项目	指标	
	Ⅰ级	Ⅱ级
氮（N），% ≥	20.5	19.5
硫（S），% ≥	24.0	21.0
游离酸（H_2SO_4，% ≤	0.05	0.20
水分（H_2O），% ≤	0.5	2.0
水不溶物，% ≤	0.5	2.0
氯离子（Cl^-），% ≤	1.0	2.0

表2-30 肥料级硫酸铵的有毒有害物质限量要求

项目		指标
氟化物（以F计），mg/kg	≤	500
硫氰酸根离子，mg/kg	≤	1000
汞（Hg）（以元素计），mg/kg	≤	5
砷（As）（以元素计），mg/kg	≤	10
镉（Cd）（以元素计），mg/kg	≤	10
铅（Pb）（以元素计），mg/kg	≤	50
铬（Cr）（以元素计），mg/kg	≤	50
多环芳烃总量[b]，mg/kg	≤	1.0
a.其他有毒有害物质的限量执行GB 38400； b.多环芳烃总量指萘、苊烯、苊、芴、菲、蒽、荧蒽、芘、笨并（a）蒽、屈、笨并（b）荧蒽、笨并（a）芘、二笨并（a、h）蒽、笨并（g、h、i）苝和茚并（1、2、3-cd）芘共计16种物质总和。		

3.氯化铵GB/T 2946—2018

外观：白色结晶或颗粒状产品。

表2-31 农业用氯化铵的要求

项目		指标		
		优等品	一等品	合格品
氮（N）的质量分数（以干基计），%	≥	25.4	24.5	23.5
水的质量分数[a]，%	≤	0.5	1.0	8.5
钠盐的质量分数[b]（以Na计），%	≤	0.8	1.2	1.6
粒度[c]（2.00~4.75mm），%	≥	90	80	—

续表

项目	指标		
	优等品	一等品	合格品
颗粒平均抗压碎力[d]，N ≥	10	10	—
砷及其化合物的质量分数（以As计），% ≤	0.0050		
镉及其化合物的质量分数（以Cd计），% ≤	0.0010		
铅及其化合物的质量分数（以Pb计），% ≤	0.0200		
铬及其化合物的质量分数（以Cr计），% ≤	0.0500		
汞及其化合物的质量分数（以Hg计），% ≤	0.0005		
a.水的质量分数仅在生产企业检验和生产领域质量抽查检验时进行判定。 b.钠盐的质量分数以干基计。 c.结晶状产品无粒度和颗粒平均抗压碎力要求。			

4.农业用碳酸氢铵GB 3559—2001

外观：白色或浅色结晶。

表2-32 农业用碳酸氢铵的要求应符合下表的规定

项目	指标			
	优等品	一等品	合格品	干碳酸氢铵
氮（N），% ≥	17.2	17.1	16.8	17.5
水分，% ≤	3.0	3.5	5.0	0.5
注：优等品和一等品必须含添加剂。				

5.农业用硝酸铵钙NY 2269—2012

外观：白色或灰白色、均匀颗粒状固体。

表2-33　农业用硝酸铵钙的要求应符合下表的规定

项目		指标
总氮（N）含量，%	≥	15.0
硝态氮（N）含量，%	≥	14.0
钙（Ca）含量，%	≥	18.0
酸碱度（1∶250倍稀释）		5.5~8.5
水不溶物含量，%	≤	0.5
水分含量，%	≤	3.0
粒度（1.00~4.75mm），%	≥	90

6.硝酸铵GB/T 2945—2017

表2-34　结晶状硝酸铵（农业用）的要求

项目		指标
总氮的质量分数，%	≥	34.0
游离水的质量分数[a]，%	≤	0.7
酸度		甲基橙指示剂不显红色
a.游离水的质量分数合格判定以出厂检验结果为准。		

表2-35　颗粒状硝酸铵（农业用）的要求

项目		指标	
		优等品	合格品
总氮的质量分数，%	≥	34.0	33.5
游离水的质量分数[a]，%	≤	0.6	1.5
10%水溶液酸碱度	≥	5.0	4.0
防结块添加物（以氧化钙计）的质量分数，%		0.2~0.5	—
松散度[b]，%	≥	80	—

续表

项目	指标	
	优等品	合格品
颗粒平均抗压碎力[c]，N/颗粒 ≥	5	
粒度（1.00~2.80mm），% ≥	85	
a.游离水的质量分数合格判定以出厂检验结果为准； b.松散度合格判定以出厂检验结果为准； c.颗粒平均抗压碎力为客户协议指标。		

7.硝酸磷肥、硝酸磷钾肥GB/T 10510—2007

外观：颗粒状产品，无机械杂质。

表2-36　硝酸磷肥和硝酸磷钾肥的技术指标

项目	硝酸磷肥			硝酸磷钾肥		
	优等品 27-13.5-0	一等品 26-11-0	合格品 25-10-0	优等品 22-10-10	一等品 22-9-9	合格品 20-8-10
总养分（$N+P_2O_5+K_2O$）的质量分数，% ≥	40.5	37.0	35.0	42.0	40.0	38.0
水溶性磷占有效磷百分率，% ≥	70	55	40	60	50	40
水分（游离水）的质量分数，% ≤	0.6	1.0	1.2	0.6	1.0	1.2

续表

项目	硝酸磷肥			硝酸磷钾肥		
	优等品 27-13.5-0	一等品 26-11-0	合格品 25-10-0	优等品 22-10-10	一等品 22-9-9	合格品 20-8-10
粒度（粒径1.00~4.75mm），% ≤	95	85	80	95	85	80
氯离子（Cl^-）的质量分数，% ≤	—	—	—	3.0	3.0	3.0
注：1.单一养分测定值与标明值负偏差的绝对值不得大于1.5%； 2.如硝酸磷钾肥产品氯离子含量大于3.0%，并在包装容器上标明“含氯”，可不检验该项目；包装容器未标明“含氯”时，必须检验氯离子含量。						

二、磷肥（包括以磷养分为主的二元肥料）

1.过磷酸钙GB/T 20413—2017

外观：疏松状物，无机械杂质。

表2-37 疏松状过磷酸钙要求

指标	优等品	一等品	合格品	
			Ⅰ	Ⅱ
有效磷（以P_2O_3计）的质量分数，% ≥	18.0	16.0	14.0	12.0
水溶性磷（以P_2O_3计）的质量分数，% ≥	13.0	11.0	9.0	7.0
硫（以S计）的质量分数，% ≥	8.0			
游离酸（以P_2O_5计）的质量分数，% ≤	5.5			
游离水的质量分数，% ≤	12.0	14.0	15.0	15.0
三氯乙醛的质量分数，% ≤	0.0005			

表2-38　粒状过磷酸钙要求

指标		优等品	一等品	合格品	
				Ⅰ	Ⅱ
有效磷（以 P_2O_3 计）的质量分数，%	≥	18.0	16.0	14.0	12.0
水溶性磷（以 P_2O_3 计）的质量分数，%	≥	13.0	11.0	9.0	7.0
硫（以S计）的质量分数，%	≥	8.0			
游离酸（以 P_2O_3 计）的质量分数，%	≤	5.5			
游离水的质量分数，%	≤	10.0			
三氯乙醛的质量分数，%	≤	0.0005			
粒度（1.00~4.75mm或3.35~5.60mm）的质量分数，%	≥	80			

2.钙镁磷肥GB/T 20412—2021

要求：外观为粉状或砂状或颗粒状，无机械杂质。

表2-39　粉状或砂状钙镁磷肥的技术指标

项目		指标		
		Ⅰ型	Ⅱ型	Ⅲ型
有效五氧化二磷（P_2O_5），%	≥	18.0	15.0	12.0
水分，%	≤	0.5		
有效钙（Ca），%	≥	20.0		
有效镁（Mg），%	≥	6.0	5.0	4.0
可溶性硅（SiO_2），%	≥	20.0		
细度（通过0.25mm试验筛），%	≥	80		
注：产品按肥料合理施用原则和满足不同养分配比的复合肥料生产需求分为Ⅰ型、Ⅱ型和Ⅲ型。 砂状产品细度指标不做要求，其粒度由供需双方合同约定。				

表2-40 颗粒状钙镁磷肥的技术指标

项目		指标		
		Ⅰ型	Ⅱ型	Ⅲ型
有效五氧化二磷（P_2O_5），%	≥	17.0	14.0	11.0
水分，%	≤	1.0		
有效钙（Ca），%	≥	19.5		
有效镁（Mg），%	≥	6.0	5.0	4.0
可溶性硅（SiO_2），%	≥	19.0		
粒度（2.00~4.75mm），%	≥	90		
颗粒平均抗压碎力，N	≥	15		
溶散率，%	≥	85		
注：产品按肥料合理施用原则和满足不同养分配比的复合肥料生产需求分为Ⅰ型、Ⅱ型和Ⅲ型。 粒度也可按供需双方合同约定的指标执行。				

3．磷酸一铵、磷酸二铵GB 10205—2009

磷酸一铵和磷酸二铵产品按外观分为粒状和粉状两类，按生产工艺分为以下两类：

料浆法磷酸一铵和磷酸二铵：以镁、铁、铝含量较高的中低品位磷矿为原料，采用料浆浓缩法制得的磷酸一铵、磷酸二铵。

传统法磷酸一铵和磷酸二铵：采用料浆浓缩法以外的其他方法制得的磷酸一铵、磷酸二铵。

表2-41 料浆法粒状磷酸一铵和磷酸二铵的要求

项目	料浆法磷酸一铵			料浆法磷酸二铵		
	优等品 11-47-0	一等品 11-44-0	合格品 10-42-0	优等品 16-44-0	一等品 15-42-0	合格品 14-39-0
外观	颗粒状，无机械杂质					
总养分（$N+P_2O_5$）的质量分数，% ≥	58.0	55.0	52.0	60.0	57.0	53.0
总氮（N）的质量分数，% ≥	10.0	10.0	9.0	15.0	14.0	13.0
有效磷（P_2O_5）的质量分数，% ≥	46.0	43.0	41.0	43.0	41.0	38.0
水溶性磷占有效磷百分数，% ≥	80	75	70	80	75	70
水分（H_2O）的质量分数，% ≤	2.5	2.5	3.0	2.5	2.5	3.0
粒度（1.00~4.00mm），% ≥	90	80	80	90	80	80
水分为推荐性要求。						

表2-42 传统法粒状磷酸一铵和磷酸二铵的要求

项目	磷酸一铵			磷酸二铵		
	优等品 12-52-0	一等品 11-49-0	合格品 10-46-0	优等品 18-46-0	一等品 15-42-0	合格品 14-39-0
外观	颗粒状，无机械杂质					
总养分（$N+P_2O_5$）的质量分数，% ≥	64.0	60.0	56.0	64.0	57.0	53.0
总氮（N）的质量分数，% ≥	11.0	10.0	9.0	17.0	14.0	13.0

续表

项目	磷酸一铵			磷酸二铵		
	优等品 12-52-0	一等品 11-49-0	合格品 10-46-0	优等品 18-46-0	一等品 15-42-0	合格品 14-39-0
有效磷（P_2O_5）的质量分数，% ≥	51.0	48.0	45.0	45.0	41.0	38.0
水溶性磷占有效磷百分率，% ≥	87	80	75	87	80	75
水分（H_2O）的质量分数，% ≤	2.5	2.5	3.0	2.5	2.5	3.0
粒度（1.00~4.00mm），% ≥	90	80	80	90	80	80
水分为推荐性要求。						

表2-43　粉状磷酸一铵的要求

项目	传统法		料浆法		
	优等品 9-49-0	一等品 8-47-0	优等品 11-47-0	一等品 11-44-0	合格品 10-42-0
外观	粉末状，无明显结块现象，无机械杂质				
总养分（$N+P_2O_5$）的质量分数，% ≥	58.0	55.0	58.0	55.0	52.0
总氮（N）的质量分数，% ≥	8.0	7.0	10.0	10.0	9.0
有效磷（P_2O_5）的质量分数，% ≥	48.0	46.0	46.0	43.0	41.0
水溶性磷占有效磷百分率，% ≥	80	75	80	75	70
水分（H_2O）的质量分数，% ≤	3.0	4.0	3.0	4.0	5.0
水分为推荐性要求。					

4.重过磷酸钙 GB 21634—2008

表 2-44 粉状重过磷酸钙的技术指标

项目		优等品	一等品	合格品
总磷（以 P_2O_5 计）的质量分数，%	≥	44.0	42.0	40.0
有效磷（以 P_2O_5 计）的质量分数，%	≥	42.0	40.0	38.0
水溶性磷（以 P_2O_5 计）的质量分数，%	≥	36.0	34.0	32.0
游离酸（以 P_2O_5 计）的质量分数，%	≤	7.0		
游离水的质量分数，%	≤	8.0		

表 2-45 粒状重过磷酸钙的技术指标

项目		优等品	一等品	合格品
总磷（以 P_2O_5 计）的质量分数，%	≥	46.0	44.0	42.0
有效磷（以 P_2O_5 计）的质量分数，%	≥	44.0	42.0	40.0
水溶性磷（以 P_2O_5 计）的质量分数，%	≥	38.0	36.0	35.0
游离酸（以 P_2O_5 计）的质量分数，%	≤	5.0		
游离水的质量分数，%	≤	4.0		
粒度（2.00~4.75mm）的质量分数，%	≥	90		

5.肥料级聚磷酸铵 HG/T 5939—2021

表 2-46 肥料级聚磷酸铵的技术要求

项目		指标			
		固体		流体	
		Ⅰ类	Ⅱ类	Ⅰ类	Ⅱ类
外观		均匀的固体粉末或颗粒，无机械杂质		均匀流体，无机械杂质	
总养分（$N+P_2O_5$）[a]，%	≥	68.0	54.0	46.0	43.0

续表

项目	指标			
	固体		流体	
	Ⅰ类	Ⅱ类	Ⅰ类	Ⅱ类
有效磷（以 P_2O_5 计），% ≥	55.0	41.0	36.0	33.0
总氮（以N计），% ≥	12.0	12.0	9.0	9.0
聚合率，% ≥	75.0	60.0	65.0	60.0
水不溶物，% ≤	0.5	1.0	0.2	0.5
水分[b]，% ≤	3.0	3.0	—	—
pH[c]（1∶250倍稀释）	标明值	标明值	标明值	标明值
a.组成产品的单一养分测定值与标明值负偏差的绝对值不大于1.5%，且总养分应大于等于标明值； b.水分仅对固体产品做要求，以生产企业出厂检验为准； c.pH应以单一数值标明，测定值与标明值的差值的绝对值应不大于1.0，固体产品标明值应在4.0~9.0，液体产品标明值应在5.0~9.0。				

6．肥料级磷酸二氢钾HG/T 2321—2016

外观：白色、微黄色结晶或粉末，无机械杂质。

表2-47 肥料级磷酸二氢钾的要求

项目	等级		
	优等品	一等品	合格品
磷酸二氢钾（KH_2PO_4）的质量分数，% ≥	98.0	96.0	94.0
水溶性五氧化二磷（P_2O_5）的质量分数，% ≥	51.0	50.0	49.0
氧化钾（K_2O）的质量分数，% ≥	33.8	33.2	30.5
水分，% ≤	0.5	1.0	1.5
氯化物（Cl）的质量分数，% ≤	1.0	1.5	3.0
水不溶物的质量分数，% ≤	0.3		

续表

项目	等级		
	优等品	一等品	合格品
pH	4.3~4.9		
砷及其化合物的质量分数（以As计），% ≤	0.0050		
镉及其化合物的质量分数（以Cd计），% ≤	0.0010		
铅及其化合物的质量分数（以Pb计），% ≤	0.0200		
铬及其化合物的质量分数（以Cr计），% ≤	0.0500		
汞及其化合物的质量分数（以Hg计），% ≤	0.0005		

三、钾肥（包括以钾营养为主的二元肥料）

1.农业用硫酸钾GB/T 20406—2017

外观：粉末结晶或颗粒，无机械杂质。

表2-48 农业用硫酸钾的要求

项目	粉末结晶状			颗粒状	
	优等品	一等品	合格品	优等品	合格品
水溶性氧化钾（K_2O）的质量分数，% ≥	52	50	45	50	45
硫（S）的质量分数，% ≥	17.0	16.0	15.0	16.0	15.0
氯离子（Cl）的质量分数，% ≤	1.5	2.0	2.0	1.5	2.0
水分[a]的质量分数，% ≤	1.0	1.5	2.0	1.5	2.5
游离酸（以H_2SO_4计）的质量分数，% ≤	1.0	1.5	2.0	2.0	2.0
粒度[b]（粒径1.00~4.75mm或3.35~5.60mm），% ≥	—	—	—	90	90
a.水分以生产企业出厂检验数据为准； b.对粒径有特殊要求的，按供需双方协议确定。					

2.肥料级氯化钾GB/T 37918—2019

产品分类：产品分为粉末结晶状和颗粒状两类，每类分为Ⅰ型、Ⅱ型、Ⅲ型。

外观：白色或灰色或红色或褐色，粉末结晶状或颗粒状，无肉眼可见机械杂质。

表2-49 肥料级氯化钾的要求

项目[a]			粉末结晶状			颗粒状		
			Ⅰ型	Ⅱ型	Ⅲ型	Ⅰ型	Ⅱ型	Ⅲ型
氧化钾（K_2O）的质量分数，%		≥	62.0	60.0	57.0	62.0	60.0	57.0
水分的质量分数，%		≤	1.0	2.0	2.0	0.3	0.5	1.0
氯化钠（NaCl）的质量分数，%		≤	1.0	3.0	4.0	1.0	3.0	4.0
水不溶物的质量分数，%		≤	0.5	0.5	1.5	0.5	0.5	1.5
粒度[b+c]，%	1.00~4.75mm	≥	—			90		
	2.00~4.00mm	≥	—			70		
颗粒平均抗压碎力，N		≥	—			25.0		

a.除水分外，各组分质量分数均以干基计；
b.只需符合两档中任意一档即可。颗粒状产品的粒度，也可执行供需双方合同约定的指标；
c.颗粒状产品若用作掺混肥料（BB肥）生产的原料，可根据供需协议选择标注平均主导粒径（SGN）和均匀度指数（UI），计算方法见GB/T 2440—2017附录A。

3.农业用硝酸钾GB/T 20784—2018

外观：白色或浅色的结晶或颗粒，无肉眼可见机械杂质。

表2-50 农业用硝酸钾的要求

项目			等级		
			优等品	一等品	合格品
氧化钾（K_2O）的质量分数，%		≥	46.0	44.5	44.0
总氮（N）的质量分数，%		≥	13.5	13.5	13.0
氯离子（Cl^-）的质量分数，%		≤	0.2	1.2	1.5
水分的质量分数，%		≤	0.5	1.0	1.5
水不溶物的质量分数，%		≤	0.10	0.20	0.3
粒度[a]，%	1.00~4.75mm	≥	90		
	1.00mm以下	≤	3		
砷及其化合物的质量分数（以As计），%		≤	0.0050		
铬及其化合物的质量分数（以Cr计），%		≤	0.0010		
铅及其化合物的质量分数（以Pb计），%		≤	0.0200		
镉及其化合物的质量分数（以Cd计），%		≤	0.0500		
汞及其化合物的质量分数（以Hg计），%		≤	0.0005		
a.结晶状产品的粒度不做规定。粒状产品的粒度，也可执行供需双方合同约定的指标。					

4.硫酸钾镁肥GB/T 20937-2018

外观：粉状结晶或颗粒状产品，无可见机械杂质。

表2-51 硫酸钾镁肥的要求

项目		优等品	一等品	合格品
氧化钾（K_2O）的质量分数，%	≥	30.0	24.0	21.0
镁（Mg）的质量分数，%	≥	7.0	6.0	5.0
硫（S）的质量分数，%	≥	18.0	16.0	14.0

续表

项目		优等品	一等品	合格品
氯离子（Cl^-）的质量分数，%	≤	2.0	2.5	3.0
钠离子（Na^-）的质量分数，%	≤	0.5	1.0	1.5
游离水（H_2O）的质量分数[a]，%	≤	1.0	1.5	1.5
水不溶物的质量分数，%	≤	1.0	1.0	1.5
酸碱度		7.0~9.0		
粒度（1.00~4.75mm）[b]，%	≥	90		
砷及其化合物的质量分数（以As计），%	≤	0.0050		
铬及其化合物的质量分数（以Cr计），%	≤	0.0010		
铅及其化合物的质量分数（以Pb计），%	≤	0.0200		
镉及其化合物的质量分数（以Cd计），%	≤	0.0500		
汞及其化合物的质量分数（以Hg计），%	≤	0.0005		

a. 游离水（H_2O）质量分数仅在生产企业检验和生产领域质量抽查检验时进行判定；
b. 粉状产品粒度不做要求。粒状产品的粒度也可按供需双方合同约定执行。

四、复合肥料GB/T 15063—2020

外观：粒状、条状或片状产品，无机械杂质。

表2-52　复合肥料的技术指标

项目		指标		
		高浓度	中浓度	低浓度
总养分[a]（$N+P_2O_5+K_2O$），%	≥	40.0	30.0	25.0
水溶性磷占有效磷百分率[b]，%	≥	60	50	40
硝态氮[c]，%	≥	1.5		

续表

项目		指标		
		高浓度	中浓度	低浓度
水分[d]（H_2O），% ≤		2.0	2.5	5.0
粒度[e]（1.00~4.75mm或3.35~5.6mm），% ≥		90		
氯离子[f]，%	未标“含氯”的产品 ≤	3.0		
	标识“含氯（低氯）”的产品 ≤	15.0		
	标识“含氯（中氯）”的产品 ≤	30.0		
单一中量元素[g]（以单质计），%	有效钙 ≥	1.0		
	有效镁 ≥	1.0		
	总硫 ≥	2.0		
单一微量元素[g]（以单质计），% ≥		0.02		

a.组成产品的单一养分含量不应小于4.0%，且单一养分测定值与标明值负偏差的绝对值不应大于1.5%；
b.以钙镁磷肥等枸溶性磷肥为基础磷肥并在包装容器上注明为“枸溶性磷”时，“水溶性磷占有效磷百分率”项目不做检验和判定。若为氮、钾二元肥料，“水溶性磷占有效磷百分率”项目不做检验和判定；
c.包装容器上标明“含硝态氮”时检测本项目；
d.水分以生产企业出厂检验数据为准；
e.特殊形状或更大颗粒（粉状除外）产品的粒度可由供需双方协议确定；
f.氯离子的质量分数大于30.0%的产品，应在包装容器上标明“含氯（高氯）”；标识“含氯（高氯）”的产品氯离子的质量分数可不做检验和判定；
g.包装容器上标明含钙、镁、硫时检测本项目；
h.包装容器上标明含铜、铁、锰、锌、硼、钼时检测本项目，钼元素的质量分数不高于0.5%。

五、掺混肥料（BB肥）GB/T 21633-2020

外观：颗粒状，无机械杂质。

表2-53 掺混肥料（BB肥）的技术指标要求

<table>
<tr><th colspan="2">项目</th><th>指标</th></tr>
<tr><td colspan="2">总养分[a]（$N+P_2O_5+K_2O$），% ≥</td><td>35.0</td></tr>
<tr><td colspan="2">水溶性磷占有效磷百分率[b]，% ≥</td><td>60</td></tr>
<tr><td colspan="2">水分，% ≤</td><td>2.0</td></tr>
<tr><td colspan="2">粒度（1.00~4.75mm），% ≥</td><td>90</td></tr>
<tr><td rowspan="3">氯离子[c]，%</td><td>未标“含氯”产品 ≤</td><td>3.0</td></tr>
<tr><td>标识“含氯（低氯）”产品 ≤</td><td>15.0</td></tr>
<tr><td>标识“含氯（中氯）”产品 ≤</td><td>30.0</td></tr>
<tr><td rowspan="3">单一中量元素[d]（以单质计），%</td><td>有效钙（Ca） ≥</td><td>1.0</td></tr>
<tr><td>有效镁（Mg） ≥</td><td>1.0</td></tr>
<tr><td>总硫（S） ≥</td><td>2.0</td></tr>
<tr><td colspan="3">a. 组成产品的单一养分含量不应小于4.0%，且单一养分测定值与标明值负偏差的绝对值不应大于1.5%；
b. 以钙镁磷肥等枸溶性磷肥为基础磷肥并在包装容器上注明为“枸溶性磷”时，“水溶性磷占有效磷百分率”项目不做检验和判定；若为氮、钾二元肥料，“水溶性磷占有效磷百分率”项目不做检验和判定；
c. 氯离子的质量分数大于30.0%的产品，应在包装袋上标明“含氯（高氯）”；标明“含氯（高氯）”的产品氯离子的质量分数可不做检验和判定；
d. 包装容器上标明含钙、镁、硫时检测本项目；
e. 包装容器上标明含铜、铁、锰、锌、硼、钼时检测本项目，钼元素的质量分数不高于0.5%。</td></tr>
</table>

六、配方肥料NY/T 1112—2006

外观要求：粉状或粒状均匀混合物，疏松，无机械杂质，无恶臭。

表2-54 配方肥料技术指标

项目	指标		
总养分，% ≥	25.0		
N占总养分百分率，%	高肥力土壤	中肥力土壤	低肥力土壤
	0~50	0~60	0~70
P_2O_5占总养分百分率，%	0~60		
K_2O占总养分百分率，%	0~60		
水分，% ≤	6.0		
氯离子（Cl^-），% ≤	3.0		
注：1.总养分是指$N+P_2O_5+K_2O$或$N+P_2O_5$或$N+K_2O$或$P_2O_5+K_2O$的总和，组成产品的单一大量元素养分N、P_2O_5或K_2O含量低于1.0%的不得标注和计算总养分含量； 2.允许添加微量元素，单一微量元素养分含量Fe、Mn、Cu、Zn或B低于0.2%的，Mo低于0.01%的不得在标签中标注和计算微量元素养分总养分含量； 3.单一养分测定值与标明值负偏差的绝对值不得大于1.5%； 4.如产品氯离子含量大于3.0%时，应在包装容器上标明“含氯”，可不检验该项目，包装容器未标明“含氯”时，必须检验氯离子含量； 5.配方肥料的配方应适合特定区域和特定作物的需求，应在包装容器上标明适宜区域和适宜作物。			

七、大量元素水溶肥料NY/T 1107—2020

外观：均匀的液体或固体。液体无明显沉淀和杂质。固体分粉状和颗粒，无明显机械杂质。

表2-55 大量元素水溶肥料的要求

项目		固体产品	液体产品
大量元素含量[a]		≥50.0%	≥400g/L
水不溶物含量		≤1.0%	≤10g/L
水分含量		≤3.0%	—
缩二脲含量		≤0.9%	
氯离子含量[b]	未标“含氯”的产品	≤3.0%	≤30g/L
	标识“含氯（低氯）”的产品	≤15.0%	≤150g/L
	标识“含氯（中氯）”的产品	≤30.0%	≤300g/L

a. 大量元素含量是指N、P_2O_5、K_2O含量之和，产品应至少包含其中2种大量元素。单一大量元素含量不低于4.0%或40g/L；各单一大量元素测定值与标明值负偏差的绝对值应不大于1.5%或15g/L；
b. 氯离子含量大于30.0%或300g/L的产品，应在包装袋上标明“含氯（高氯）”，标识“含氯（高氯）”的产品，氯离子含量可不做检验和判定。

第三节 中量元素肥料

一、中量元素水溶肥料NY 2266-2012

外观：均匀的固体或液体。

表2-56 中量元素水溶肥料固体产品技术指标

项目	指标
中量元素含量[a]，%	≥10.0
水不溶物含量，%	≤5.0

续表

项目	指标
酸碱度（1∶250倍稀释）	3.0~9.0
水分含量，%	≤3.0
a. 中量元素含量指钙含量或镁含量或钙镁含量之和。含量不低于1.0%的钙或镁元素均应计入中量元素含量中。硫含量不计入中量元素含量，仅在标识中标注。	

表2-57　中量元素水溶肥料液体产品技术指标

项目	指标
中量元素含量[a]，g/L	≥100
水不溶物含量，g/L	≤50
酸碱度（1∶250倍稀释）	3.0~9.0
a. 中量元素含量指钙含量或镁含量或钙镁含量之和。含量不低于10g/L的钙或镁元素均应计入中量元素含量中。硫含量不计入中量元素含量，仅在标识中标注。	

二、非水溶中量元素肥料NY/T 3830—2021

外观：应为均匀的固体粉末或颗粒，无肉眼可见杂质。

表2-58　粉末产品技术指标要求

项目	指标
中量元素含量（Ca+Mg）[a]，%	≥20.0
酸碱度（1∶250倍稀释）	6.0~11.0
水分，%	≤3.0
a. 含量低于1.0%的钙或镁元素均不应计入中量元素含量中。	

表2-59 颗粒产品技术指标要求

项目	指标
中量元素含量（Ca+Mg）[a]，%	≥20.0
酸碱度（1∶250倍稀释）	6.0~11.0
水分，%	≤3.0
粒度（1.00~4.75mm或3.35~5.6mm），%	≥90
a. 含量低于1.0%的钙或镁元素均不应计入中量元素含量中。	

第四节　微量元素肥料

一、农业用硫酸锰NY/T 1111—2006

外观：白色或略带粉红色的结晶粉末。

表2-60 农业用硫酸锰理化指标

项目		指标	
		一水硫酸锰 $MnSO_4 \cdot H_2O$	三水硫酸锰 $MnSO_4 \cdot 3H_2O$
Mn，%	≥	30.0	25.0
水不溶物，%	≤	2.0	
酸碱度		5.0~6.5	
镉（Cd），mg/kg	≤	20	
砷（As），mg/kg	≤	20	
铅（Pb），mg/kg	≤	100	
汞（Hg），mg/kg	≤	5	

二、农业用硫酸锌HG 3277—2000

外观：白色或微带黄色的粉末或结晶。

表2-61 农业用硫酸锌的要求

项目	指标					
	$ZnSO_4 \cdot H_2O$			$ZnSO_4 \cdot 7H_2O$		
	优等品	一等品	合格品	优等品	一等品	合格品
锌（Zn）含量，% ≥	35.3	33.8	32.3	22.0	21.0	20.0
游离酸（以H_2SO_4计）含量，% ≤	0.1	0.2	0.3	0.1	0.2	0.3
铅（Pb）含量，% ≤	0.002	0.010	0.015	0.002	0.005	0.010
镉（Cd）含量，% ≤	0.002	0.003	0.005	0.002	0.002	0.003
砷（As）含量，% ≤	0.002	0.005	0.010	0.002	0.005	0.007

三、硼酸GB/T538—2018

外观：白色粉末状结晶或三斜轴面的鳞片状带光泽结晶。

表2-62 硼酸的技术指标

项目	指标		
	优等品	一等品	合格品
硼酸（H_3BO_3），%	99.6~100.8	99.4~100.8	≥99.0
水不溶物，% ≤	0.010	0.040	0.060
硫酸盐（以SO_4计），% ≤	0.10	0.20	0.60
氯化物（以Cl计），% ≤	0.010	0.050	0.10
铁（Fe），% ≤	0.0010	0.0015	0.0020
重金属（以Pb计），% ≤	0.0010	—	—
a. 为碳氨法产品控制指标。			

四、工业十水合四硼酸二钠（硼砂）GB/T 537—2009

外观：白色细小结晶体。

表2-63　硼砂技术指标

指标名称		指标	
		优等品	一等品
主含量（$Na_2B_4O_7 \cdot 10H_2O$），%	≥	99.5	95.0
水不溶物，%	≤	0.04	0.04
碳酸盐（以CO_2计），%	≤	0.1	0.2
硫酸盐（以SO_4计），%	≤	0.1	0.2
氯化物（以Cl计），%	≤	0.03	0.05
铁（Fe），%	≤	0.002	0.005

五、铁肥

七水合硫酸亚铁GB/T 664—2011

性状：淡蓝色结晶。在空气中风化和被氧化。

表2-64　硫酸亚铁技术指标

名称		指标	
		分析纯	化学纯
含量（$FeSO_4 \cdot 7H_2O$），%	≥	99.0~101.0	98.0~101.0
水不溶物，%	≤	0.005	0.02
氯化物（Cl），%	≤	0.001	0.005
总氮量（N），%	≤	0.001	—
磷酸盐（PO_4），%	≤	0.0005	0.002

续表

名称	指标	
	分析纯	化学纯
砷（As），w% ≤	0.0002	0.0002
锰（Mn），% ≤	0.05	—
高铁（Fe），% ≤	0.02	0.10
铜（Cu），% ≤	0.002	0.01
锌（Zn），% ≤	0.005	0.02
铅（Pb），% ≤	0.002	0.005
氨水不沉淀物（以硫酸盐计），% ≤	0.05	0.2

六、硫酸铜（农用）GB 437—2009

外观：蓝色或蓝绿色晶体，无可见外来杂质。

表2-65　硫酸铜控制项目指标

项目	指标
硫酸铜（$CuSO_4 \cdot 5H_2O$）/质量分数，% ≥	98.0
砷（As）质量分数[a]，mg/kg ≤	25
铅（Pb）质量分数[a]，mg/kg ≤	125
镉（Cd）质量分数[a]，mg/kg ≤	25
水不溶物，% ≤	0.2
酸度（以H_2SO_4计），% ≤	0.2
a.正常生产时，砷质量分数、铅质量分数和镉质量分数，至少每3个月测定一次。	

七、钼酸铵GB/T 3460—2017

表2-66　钼酸铵化学成分

产品牌号		MSA-0（%，质量分数）	MSA-1（%，质量分数）	MSA-2（%，质量分数）	MSA-3（%，质量分数）
钼含量/不小于		二钼酸铵56.45±0.40、四钼酸铵≥56.00、七钼酸铵54.35±0.40			
杂质含量/不大于	K	0.0060	0.0100	0.0150	0.0180
	Na	0.0005	0.0008	0.0010	0.0015
	Fe	0.0005	0.0005	0.0006	0.0010
	Al	0.0005	0.0005	0.0006	0.0008
	Si	0.0005	0.0005	0.0005	0.0010
	Sn	0.0005	0.0005	0.0005	0.0010
	Pb	0.0003	0.0005	0.0005	0.0005
	P	0.0005	0.0005	0.0005	0.0010
	Mg	0.0003	0.0005	0.0006	0.0010
	Ca	0.0005	0.0006	0.0010	0.0015
	Cd	0.0005	0.0005	0.0005	0.0005
	Sb	0.0005	0.0005	0.0005	0.0006
	Bi	0.0005	0.0005	0.0005	0.0006
	Cu	0.0003	0.0004	0.0005	0.0005
	Ni	0.0003	0.0003	0.0003	0.0005
	Mn	0.0003	0.0003	0.0003	0.0005
	Cr	0.0002	0.0002	0.0007	0.0007
	W	0.0100	0.0120	0.0150	—
	Ti	0.0005	0.0005	0.0005	0.0005
	As	0.0005	0.0005	0.0005	0.0005

八、微量元素水溶肥料NY 1428—2010

外观：均匀的液体；均匀、松散的固体。

表2-67　微量元素水溶肥料固体产品技术指标

项目	指标
微量元素含量[a]，%	≥10.0
水不溶物含量，%	≤5.0
酸碱度（1∶250倍稀释）	3.0~10.0
水分（H_2O）含量，%	≤6.0
a.微量元素含量指铜、铁、锰、锌、硼、钼元素含量之和。产品应至少包含一种微量元素。含量不低于0.05%的单一微量元素均应计入微量元素含量中。钼元素含量不高于1.0%（单质含钼微量元素产品除外）。	

表2-68　微量元素水溶肥料液体产品技术指标

项目	指标
微量元素含量[a]，g/L	≥100
水不溶物含量，g/L	≤50
酸碱度（1∶250倍稀释）	3.0~10.0
a.微量元素含量指铜、铁、锰、锌、硼、钼元素含量之和。产品应至少包含一种微量元素。含量不低于0.5g/L的单一微量元素均应计入微量元素含量中。钼元素含量不高于10g/L（单质含钼微量元素产品除外）。	

九、微量元素叶面肥料GB/T 17420—2020

外观：固体或液体产品，无机械杂质，液体产品无明显分层。

表2-69 微量元素叶面肥料的技术指标

项目	指标	
	固体	液体
微量元素[a]（Fe、Mn、Cu、Zn、Mo、B）总量（以元素计）≥	10.0%	100g/L
水分，% ≤	5.0	—
水不溶物 ≤	0.5%	5g/L
酸碱度（1：250倍稀释）	5.0~8.0	≥3.0
a.微量元素含量指钼、硼、锰、锌、铜、铁六种元素中的两种或两种以上元素之和，单一元素含量小于0.2%（2g/L）的不计入总含量。		

第五节 其他有益元素肥料

硅肥NY/T797-2004

本标准适用于以炼铁炉渣、黄磷炉渣、钾长石、海矿石、赤泥等为主要原料，以有效硅（SiO_2）为主要标明量的各种肥料。

外观：灰白色或暗灰色粉末。

表2-70 硅肥的要求

项目	合格品指标
有效硅（以SiO_2计）含量，%	≥20.0
水分含量，%	≤3.0
细度（通过250um标准筛），%	≥80

注：硅肥还应符合国家标准GB/T 23349—2009《肥料中砷、镉、铅、铬、汞生态指标》。

附录：

中华人民共和国农业行业标准
肥料合理使用准则 通则

NY/T 496—2010

1 范围

本标准规定了肥料合理使用的通用准则。

本标准适用于各种肥料。

2 规范性引用文件

下列文件中的条款通过本标准的引用而成为本标准的条款。凡是注日期的引用文件，其随后所有的修改单（不包括勘误的内容）或修订版均不适用于本标准，然而，鼓励根据本标准达成协议的各方研究是否可使用这些文件的最新版本。凡是不注日期的引用文件，其最新版本适用于本标准。

GB/T 6274 肥料和土壤调理剂术语

3 术语和定义

GB/T 6274确立的以及下列术语和定义适用于本标准。

3.1 肥料

以提供植物养分为其主要功效的物料（GB/T 6274）。

3.2 有机肥料

主要来源于植物和（或）动物、施于土壤以提供植物营养为其主要功效的含碳物料（GB/T 6274）。

3.3 无机（矿质）肥料

标明养分呈无机盐形式的肥料，由提取、物理和（或）化学工业方法制成（GB/T 6274）。

3.4 单一肥料

氮磷钾三种养分中，仅具有一种养分标明量的氮肥、磷肥或钾肥的通称（GB/T 6274）。

3.5 大量元素

对氮、磷、钾元素的统称。

3.6 中量元素

对钙、镁、硫元素的统称。

3.7 氮肥

具有氮（N）标明量，以提供植物氮养分为其主要功效的单一肥料。

3.8 磷肥

具有磷（P_2O_5）标明量，以提供植物磷养分为其主要功效的单一肥料。

3.9 钾肥

具有钾（K_2O）标明量，以提供植物钾养分为其主要功效的单一肥料。

3.10 微量元素（微量养分）

植物生长所必需的、但相对来说是少量的元素，包括铜、锰、铁、锌、硼、钼、氯和镍。

3.11 有益元素

不是所有植物生长必需的，但对某些植物生长有益的元素，如钠、硅、钴、硒、铝、钛、碘等。

3.12 有机—无机复混肥料

来源于标明养分的有机和无机物质的产品，由有机和无机肥料混合（或化合）制成。

3.13 农用微生物产品

是指在农业上应用的含有目标微生物的一类活体制品。

3.14 平衡施肥

合理供应和调节植物需要的各种营养元素，使其能均衡满足植物生长发育的科学施肥技术。

3.15 测土配方施肥

测土配方施肥是以肥料田间试验、土壤测试为基础，根据作物需肥规律、土壤供肥性能和肥料效应，在合理施用有机肥料的基础上，提出氮、磷、钾及中、微量元素等肥料的施用品种、数量、施肥时期和施用方法。

3.16 肥料效应

肥料效应，简称肥效，是肥料对作物产量的效果，通常以肥料单位养分的施用量所能获得的作物增产量和效益表示。

3.17 施肥量

施于单位面积耕地或单位质量生长介质中的肥料或土壤调理剂养分的质量或体积（GB/T 6274）。

3.18 常规施肥

指当地农民普遍采用的施肥量、施肥品种和施肥方法，亦称习惯施肥。

4 肥料合理使用通用准则

4.1 施肥目标

合理施肥应达到高产、优质、高效、改土配肥、保证农产品质量安全和保护生态环境等目标。

4.2 施肥原理

4.2.1 矿质营养理论

植物生长发育需要碳、氢、氧、氮、磷、钾、钙、镁、硫、铁、锰、铜、锌、硼、钼、氯、镍17种必须营养元素和一些有益元素。碳、氢、氧主要来自空气和水，其他营养元素主要以矿物形态从土壤中吸收。每种必需元素均有其特定的生理功能，相互之间同等重要、不可替代。有益元素也能对某些植物生长发育起到促进作用。

4.2.2 养分归还学说

植物收获时从土壤中带走大量养分，使土壤中的养分越来越少，地力逐渐下降。为了维持地力和提高产量，应将植物带走的养分适当归还土壤。

4.2.3 最小养分率

植物对必需营养元素的需要量有多有少，决定产量的是相对于植物需要、土壤中含量最少的有效养分。只有针对性地补充最小养分才能获得高产。最小养分随产量和施肥水平等条件的改变而变化。

4.2.4 报酬递减率

在其他技术条件相对稳定的条件下，在一定施肥量范围内，产量随着施肥量的逐渐增加而增加，但单位施肥量的增产量却呈递减趋势。施肥量超过一定限度后将不再增产，甚至造成减产。

4.2.5 因子综合作用律

植物生长受水分、养分、光照、温度、空气、品种以及土壤、耕作条件等多种因子制约，施肥仅是增产的措施之一，应与其他增产措施结合才能取得更好的效果。

4.3 施肥原则

在养分需求与供应平衡的基础上，坚持有机肥料与无机肥料相结合；坚持大量元素与中量元素、微量元素相结合；坚持基肥与追肥相结合；坚持施肥与其他措施相结合。

4.4 施肥依据

4.4.1 植物营养特性

不同植物种类、品种，同一植物品种不同生育期、不同产量水平对养分需求数量和比例不同；不同植物对养分种类的反应不同；不同植物对养分吸收利用的能力不同。

4.4.2 土壤性状

土壤类型及土壤物理、化学和生物性状等因素影响土壤保肥和供肥能力，从而影响肥料效应。

4.4.3 肥料性质

不同肥料种类和品种的特性，决定该肥料适宜的土壤类型、植物种类和施用方法。

4.4.4 其他条件

合理施肥还应考虑气候、灌溉、耕作、栽培、植物生长状况等其他条件。

4.5 施肥技术

施肥技术内容主要包括肥料种类、施肥量、养分配比、施肥时期、施肥方法和施肥位置等。施肥量是施肥技术的核心，肥料效应是上述施肥技术的综合反应。

4.5.1 肥料种类

根据土壤性状、植物营养特性和肥料性质等因素确定肥料种类。

4.5.2 施肥量

确定施肥量的方法主要有肥料效应函数法、测土施肥法和植株营养诊断法等。

4.5.3 养分配比

根据植物营养特性和土壤性状等因素调整肥料养分配比，实行平衡施肥。

4.5.4 施肥时期

根据肥料性质和植物营养特性等因素适时施肥，植物生长旺盛和吸收养分的关键时期应重点施肥。

4.5.5 施肥方法

根据土壤、作物和肥料性质等因素选择施肥方法，注意氮肥深施、磷肥和钾肥集中施用等，以发挥肥料效应，减少养分损失。

4.5.6 施肥位置

根据植物根系生长特性等因素选择适宜的施肥位置，提高养分空间有效性。

5 施肥评价指标

5.1 增产率

合理施肥产量与常规施肥或无肥区产量的差值占常规施肥或无肥区产量的百分数。

5.2 肥料利用率（养分回收率）

指施用的肥料养分被作物吸收的百分数，是评价肥料施用效果的一个重要指标。肥料利用率包括当季利用率和累计利用率。氮肥常用的是当季利用率，磷肥由于有后效，常用累计（叠加）利用率。

5.3 肥料农学效率

指特定施肥条件下，单位施肥量所增加的作物经济产量，是施肥增产效应的综合体现。

5.4 施肥经济效益

5.4.1 纯收益

施肥增加的产值与施肥成本的差值，正值表示施肥获得了经济效益，数额越大，获利愈多。

5.4.2 投入产出比

简称投产比，是施肥成本与施肥增加产值之比。

第三章　作物生长必需营养元素及各元素的主要功能

第一节　作物生长必需的营养元素和有益元素

作物生长必需的营养元素有16种，分别是碳（C）、氢（H）、氧（O）、氮（N）、磷（P）、钾（K）、钙（Ca）、镁（Mg）、硫（S）、锰（Mn）、锌（Zn）、硼（B）、铜（Cu）、铁（Fe）、钼（Mo）、氯（Cl）。

除了上述已经确定的16种营养元素以外，目前还有几种矿质元素，如钠（Na）、硅（Si）、钴（Co）、镍（Ni）、硒（Se）、钛（Ti）、碘（I）等，虽然不为所有作物所必需，但它们为部分作物所必需，对某些作物种类或在某些特定条件下是必需的。因此，人们将这些矿质元素称为有益元素。

目前国际公认的作物必需营养元素的确定依据：

（1）这种元素对于作物的正常生长发育和生殖应该是必要的，当它完全缺乏时，作物的营养生长和生殖生长全过程不能完成。

（2）这种需要是专一的，其他元素不能替代它的作用，缺乏这一元素，作物将产生一定的特殊症状，满足这一元素，这种症状就会消除而恢复健康。

（3）这种元素必须在作物体内直接起作用，而不是仅仅使其他某些元素更容易生效，或者仅仅是对其他元素发生抗毒的效应。必需元素在作物体内不论数量多少都是同等重要的，任何一种营养元素的特殊功能不能为其他元素所代替，这就叫营养元素的同等重要律和不可代替律。

第二节　农作物必需营养元素的来源

在作物必需的16种营养元素中，碳、氢、氧3种元素是构成一切作物体的最主要元素，通常占作物体干物质总量的90%以上，作物可以从空气和水中获得，一般不必通过施肥来补充就可以满足作物的需要。另外13种元素，它们的来源都是土壤，一般作物主要是从土壤中吸取。所以说，土壤是作物养分的主要来源。

一般来说，由于土壤类型不同，供应各种营养元素的能力也有差异。各种作物也因其营养特性和产量水平不同，对土壤中各种营养元素的需要量也各不相同。在生产实践中，往往存在这样的供需矛盾，即在各种营养元素中，除碳、氢、氧外，作物对土壤中氮、磷、钾的需要量较高，而一般土壤中能为作物吸收利用的氮、磷、钾数量均较少。为满足作物对它们的需要，解决这种养分供需矛盾，唯一有效的办法就是人为地施用肥料。长期的农业生产实践证明，因土制宜地施用氮、磷、钾肥，往往可以收到显著的增产效果。为此，人们称氮、磷、钾为“肥料三要素”，由此可见，氮、磷、钾无论在植物营养方面，还是在农业生产方面的作用都很重大。

第三节 主要营养元素的基本功能

1.氮（N）

是蛋白质、核酸和核蛋白、叶绿素、酶、维生素和激素等化合物的组成元素。

2.磷（P）

是核酸、核蛋白、酶、ATP等重要化合物的构成元素；促进糖代谢，氮代谢和脂代谢；促进作物生长、分蘖、根的伸长和开花结实；增强作物抗寒、抗旱、抗盐碱、抗病虫害等的胁迫能力。

3.钾（K）

作为多种酶的活化剂参与并调节各种代谢；促进光合作用和光合产物的运输与转化；调节硝态盐的吸收，还原以及蛋白质的合成；促进作物经济用水；增强作物抗寒、抗旱、抗盐碱、抗病虫害等的胁迫能力。

4.钙（Ca）

是细胞壁的组分，有助于细胞膜的稳定性；通过影响细胞分裂而促进新细胞的形成和根系的生长；作为多种酶的活化剂，调节体内各种代谢和调节介质的生理平衡。

5.镁（Mg）

是叶绿素的构成元素；作为多种酶的活化剂，增强碳代谢、氮代谢、磷代谢和脂肪代谢；促进维生素合成，协调离子间的平衡。

6.硫（S）

构成蛋白质、酶、维生素等化合物；促进叶绿素形成；参与氧化还原反应过程；增强作物抗寒性和耐寒性。

7.锰（Mn）

是叶绿素的组分；参与光合作用中水的光解；调节体内的氧化还原电位；促进维生素C的合成。

8.锌（Zn）

是一些酶的构成元素和活化剂，参与光合作用的重要代谢；促进生长素IAA的合成，从而影响作物的生长。

9.硼（B）

参与促进分生组织的分化，开花器官的发育和种子的形成。

10.铁（Fe）

参与叶绿素合成；是铁氧还原蛋白、细胞色素氧化酶等的组分，在光合作用和呼吸作用中起重要作用；与生物体内的氧化、还原反应有关。

11.铜（Cu）

是作物体内各种氧化酶活化基的核心元素，在催化作物体内氧化还原反应方面起着重要作用；增进叶绿体的稳定性；含铜酶与蛋白质的合成有关。

12.钼（Mo）

是作物体内硝酸还原酶的成分，参与硝态氮的还原过程；提高根瘤和固氮菌的固氮能力。

13.氯（Cl）

作为锰的辅助因子参与水的光解反应；调节气孔运动；激活三磷酸腺苷（ATP）酶，抑制病害发生；适量的氯有利于碳水化合物的合成和转化。

第四章　作物养分需求及科学施肥

第一节　农作物营养元素的专一性和综合性

作物所必需的营养元素在体内不论数量多少都是同等重要、不可替代的，这就是“营养元素的同等重要律和不可代替律”。尽管作物体内各种营养元素的数量悬殊，但都承担着某些重要而专一的作用。由于它们作用的专一性，每种必需营养元素的特殊作用是其他任何一种营养元素所不能代替的。

随着科学的发现和技术的进步，人们认识到某些营养元素之间存在着相互作用的效应，在不增加施肥量的条件下，只要配合适当，就会有明显的效果。在强调各种营养元素具有独特专一性作用的同时，并不排斥各种营养元素的综合作用。事实上，多种营养元素是在相互配合条件下发挥作用的。

第二节　合理施肥和肥料利用率

一、合理施肥

施肥必须起到使作物获得优质、增产的作用；要以最少的投入获得最大的经济效益；要能改善土壤养分条件，为增加产量创造良好的基础；不浪费肥料，尽量避免不合理施肥可能产生的各种副作用。

要考虑作物的营养特性，因为各种作物的养分需求是不同的；要考虑各地土壤条件，以及土壤中各养分含量、供肥能力等；必须考虑各地区气候与施肥的关系，如干旱地区或多雨地区，低温和高温季节等不同气候条件下，要因地制宜，掌握好合理施肥。

二、肥料利用率

肥料利用率是指当季作物从所施用肥料中吸收利用养分占肥料中该种养分总量的百分数。

肥料利用率在不同地区、不同土壤、不同作物、不同施肥方法、不同灌溉条件下差异较大。

甘肃省农业科学院土壤肥料与节水农业研究所、研究员车宗贤在《甘肃省作物专用复混肥料农艺配方》一文中写到：肥料利用率是现代平衡施肥技术的重要参数。一般来说，肥料施入土壤后有三个去向：一部分被当季作物吸收利用，一部分残留在土中，另一部分则离开土壤—作物系统而损失。近期国内外的一些长期肥料试验认为，残留在土壤中的肥料养分有一定的后效利用率，证明肥料利用率略大于短期试验结果。氮肥利用率从20世纪90年代35%~40%降低到20世纪初的27.5%（张福锁，2002）。也有资料表明，甘肃小麦平均氮利用率为25.7%（金绍龄，1994），其中河西地区28.9%，陇中地区22.3%，陇南地区23.1%，陇东地区25.1%。甘肃测土配方施肥技术研究表明，陇中地区小麦的现阶段施肥水平下，氮肥利用率约为24.8%，磷肥利用率约为17.3%，钾肥利用率约为17.6%，河西走廊氮、磷肥利用率分别为39.8%和10%。

也有文献表明，在一般情况下，有机肥当季利用率约为30%，氮素的当季利用率为30%~40%，磷肥淋失量很小，但在土壤中移动很小，当季利用率很低，约20%左右，钾肥的利用率为30%~50%。肥料利用率因肥料种类、施肥水平、施肥方法、栽培措施、土壤性质等条件而有很大差异。从肥料种类上来讲，一般氮肥的利用率为：长效碳酸氢铵>尿素>碳酸氢铵>硝酸铵；从施肥方法上来讲，氮、磷、钾配合施用，氮肥利用率高。单施氮肥，氮肥利用率为27.8%；氮磷肥配施，氮肥利用率提高到38.7%；氮磷钾肥配施，氮肥利用率提高到45.2%；在施肥水平相同的情况下，氮肥追施比基施利用率高，分两次追肥比一次追肥氮利用率更高，深施氮肥利用率大于浅施（杨生茂，2005）。从施肥水平来讲，虽然氮肥在作物增产方面起着非常显著的作用，但是过量或者不合理施用就会造成氮肥利用率降低，施肥经济效益下降，随着施氮量的增加冬小麦吸氮量增加，而氮肥利用率递减（孙世友，2010），且土壤基础肥力越高，土壤对作物的贡献率就越高，施用化肥肥料利用率越低（索东让，2008）。

甘肃省对2005—2010年不同地区不同作物不同施肥水平的肥料利用率进行了不同方法的计算，其中比较可靠的两类数据养分利用率见表4-1。与资料数据相比较而言，此类数据相对偏低，这可能是由于近年来施肥量增大所致。

表4-1 甘肃省各农业生态区主栽作物养分利用率

年份	各生态区	作物种类	N利用率（%）	平均N利用率（%）	P_2O_5利用率（%）	平均P_2O_5利用率（%）	K_2O利用率（%）	平均K_2O利用率（%）
2005—2010	河西走廊灌溉农业区	小麦	17.8~41.5	38.5	4.1~15.1	9.3	8.6~23.2	17.6
		玉米	26.1~48.5	35.7	6.9~27.2	10.1	9.4~34.5	23.1
		马铃薯	10.6~31.5	18.7	8.0~20.4	11.2	15.6~43.6	34.3

续表

年份	各生态区	作物种类	N利用率（%）	平均N利用率（%）	P_2O_5利用率（%）	平均P_2O_5利用率（%）	K_2O利用率（%）	平均K_2O利用率（%）
2005—2010	陇中黄土高原农林牧区	小麦	11.3~38.3	17.8	7.4~18.3	15.4	8.3~24.6	14.4
		玉米	25.5~47.3	42.3	11.5~28.4	19.4	2.3~18.3	12.9
		马铃薯	18.5~42.6	34.0	6.1~19.8	10.0	43.2~68.4	65.6
	陇东黄土高原农林牧区	小麦	7.5~22.5	20.5	8.2~19.9	10.4	10.4~26.8	17.7
		玉米	8.6~29.1	18.8	4.9~20.7	7.2	7.8~21.3	12.9
		马铃薯	6.8~27.3	16.2	1.75~14.5	4.0	7.3~29.4	22.9
	陇南山地农林区	小麦	5.1~29.3	18.8	2.9~13.1	7.6	2.3~19.8	7.1
		玉米	6.7~24.9	15.1	8.0~17.2	11.0	3.6~16.3	8.3
		马铃薯	4.7~24.5	19.9	9.0~24.5	19.9	4.3~18.5	10.5

注：数据源于甘肃省养分利用率报告。

第三节　作物的营养特点

一、作物的营养时期

作物从种子萌发到种子形成的整个生育过程要经过许多不同的生育阶段，各生育阶段除了萌发期靠种子营养和生育末期根部停止吸收养分外，都要通过根系从土壤中吸收养分。植物根系从土壤中吸收养分的整个时期，叫作物营养时期。

二、作物吸收养分的一般规律

生长初期吸收数量少、强度低，随着时间的推移，对营养物质的吸收量逐渐增加，到成熟期又趋于减少。不同作物养分吸收的高峰期和各生育期对氮、磷、钾的吸收量和比例有差别，如小麦吸收氮素的高峰在拔节期到孕穗期，而开花期吸收量较少。

三、作物营养临界期

作物营养临界期是指某种养分缺乏、过多或比例不当对作物生长影响最大的时期。在营养临界期，作物对某种养分需求的绝对数量虽然不多，但很迫切，若因某种养分缺乏、过多或比例不当而受到损失，即使以后该养分供应正常也难以弥补。

各种作物的营养临界期不完全相同，但多出现在作物生育前期。多数作物磷素营养的临界期出现在幼苗期，玉米在出苗后7d左右，棉花在出苗后10~20d。作物幼苗期是种子营养向土壤营养的转折期。此时种子的磷素营养已近乎耗尽，急需从土壤中获取，但此时大部分幼根在土壤表层，尚未伸展，吸收养分的能力较弱，因此农业生产上采用少量磷肥作种肥，常有良好的效果。作物氮素营养临界期一般较磷素营养临界期稍晚，往往在营养生长转向生殖生长的时期，如小麦在分蘖至幼穗分化期，棉花在现蕾初期。

四、作物营养最大效率期

作物营养最大效率期是指某种养分能够发挥最大增产效能的时期。在这个时期，作物对某种养分的需要量和吸收量都是最多的。这一时期也是作物生长最旺盛时期，吸收养分的能力最强，如能及时满足，增产效果非常显著。玉米氮素营养最大效率期一般在喇叭口期至抽雄初期，小麦在拔节至抽穗期，棉花在开花结铃期，油菜在花期。

第四节 作物营养与平衡施肥

作物正常生长发育和形成产量需要多种营养元素，而且各种营养元素之间存在着平衡的比例关系。增加氮肥用量，则需要相应地提高磷肥、钾肥以及中量、微量元素肥料的用量。如果单纯提高一种营养元素，其他营养元素不进行相应的调整，也不会发挥这种元素的作用。据报道，北京郊区11个夏玉米氮、磷、钾肥试验，不施氮、磷、钾肥的玉米每亩产343.4kg，单施磷肥每亩产433.5kg，单施氮肥每亩产456.9kg，施用氮、磷肥每亩产量472.0kg，施用氮、磷、钾肥每亩产533.5kg。施用氮、磷、钾肥每亩产量比不施氮、磷、钾肥增产190.1kg，比单施磷肥增产100.0kg，比单施氮肥增产76.6kg，比施用氮、磷肥的增产61.5kg。除氮、磷、钾以外，其他营养元素供应不平衡时，同样影响产量进一步提高。

根据20世纪80年代以来全国数百个田间试验统计，油菜在施用氮、磷、钾肥基础上增施硼肥，平均增产7.9%；玉米在施用氮、磷、钾肥基础上增施锌肥，平均增产7.1%。由此可见，营养平衡是科学合理施肥的基本原则，如果忽视这个原则，盲目提高某一种营养元素的用量，不仅产量不会提高，反而使肥料效益降低，虽增加了投资，但投入产出比降低。

营养平衡施肥除营养元素的用量需要平衡以外，还应注意营养元素需要均衡供应。在化肥中，氮肥的作用最快，但持续供应的时间也最短，因此保证作物生长中氮肥的持续供应是关键，但要掌握供氮的时期。例如在马铃薯栽培中，若在块茎膨大期突然增施氮肥，不仅不能促进块茎膨大，反而会引起块茎上芽眼再生

“亩”为非国际标准单位，1亩≈666.7m^2。

长，形成链状块茎或疣状块茎。

第五节 按土壤施肥

土壤是作物赖以生存的基础。肥料施入土壤，一部分被作物吸收，一部分被土壤保蓄起来，还有一部分随水流失或变成气体而损失。我国土壤类型多，在不同土壤中肥料养分的固定和损失程度不同，直接影响施肥效果，所以在施用肥料时必须考虑土壤条件。尽管土壤养分在作物当季营养中只占40%~60%，但长期的试验证明，施用同样的肥料，有丰富营养储备的土壤比贫瘠土壤容易得到高产。

土壤因素是施肥必须考虑的前提，因为只有在土壤对某一养分供应不足时才需要施肥，而且肥料施入土壤后会发生一系列变化，这些变化都会不同程度地影响肥料的效果。不考虑土壤条件，也就谈不上真正的合理施肥。

土壤微量元素营养与成土母质和土壤酸碱度关系密切。我国缺硼土壤可分成两个区：一个是我国东部和南部，另一个是黄土高原土壤和黄河冲积物发育土壤。锌营养低的土壤主要是土壤碳酸钙含量高的石灰性土壤，北方均有分布。锰元素缺乏的土壤主要在北方。

因此，土壤营养元素的供应能力是确定需要施什么肥料的主要依据。

第六节 按作物施肥

不同作物因遗传特性不同对土壤养分的吸收有很大差别。小麦、大麦等禾本科作物含硅量较高，油料作物对氮、磷、镁的需要量较多，需要有充足的钾供应，西葫芦、番茄、青椒要求较高的钙。分析不同作物体内主要营养元素的浓度（含量），油料作物体内氮的浓度明显高于粮食作物小麦和玉米。由于不同作物体内营养元素的浓度不同，所以不同的作物吸收营养元素的量也有明显差异。

即使是同类作物，因品种不同对营养的吸收也有一定差异，施用相同种类的肥料，其增产效果也不尽相同。在常规施肥基础上，小麦施用锌肥和锰肥可增产10%，番茄施用锌锰肥可增产23.12%，油菜施用硼肥可增产16.8%~61.9%。

不同作物种类需要营养的数量比例不同，即使是同类作物，因品种不同需要的营养也有一定差异。因此，作物对营养元素需求的差异是决定各种肥料施用量的主要依据。

第七节 科学施肥

作物不同生育时期对营养元素种类、数量和比例要求不尽相同。科学合理的施肥量就是可使作物产量接近最高而又不会造成肥料浪费的施肥量。如何接近或达到这个要求，就需要对土壤供肥能力、作物需肥特点、作物营养临界期和营养最大效率期有全面的了解，然后确定需要肥料的品种、数量和施用时期。

作物营养的临界期多出现在作物发育的转折时期。如种子萌芽出苗初期，主要依靠种子中贮存的营养，当种子贮存的营养消耗殆尽，开始依靠根系吸收营养时，就是作物营养的一个临界期，所以苗期是施用速效化肥的重要时期。不同养分临界期的出现并不完全相同，大多数作物磷的营养临界期出现在生长初期，冬小麦在分蘖始期，油菜在幼苗期，玉米在3叶期，此时缺磷，作物生长衰弱、根系细弱，容易形成“小老苗”。氮的临界期较晚，小麦在分蘖期和幼穗分化期，如果这个时期缺氮，会使分蘖数和小花数减少而穗粒数增加。相反，如果在氮营养临界期过后再追施氮肥，则造成无效分蘖增加，使早期群体郁闭，小穗数减少至倒伏。玉米氮的临界期在穗分化期，这时期缺氮或氮过多都会造成后期穗小而减产。

在作物生长发育过程中，还有一个时期肥料的营养效果最好，称为作物营养的最大效率期。作物营养最大效率期一般出现在作物生长发育的旺盛时期，这个时期根系吸收养分的能力很强，植株生长迅速。在作物营养最大效率期施肥，增产效果十分明显，经济效益较高。油菜的氮素最大效率期在开花期，因此油菜应重视花期肥；玉米氮肥最大效率期在喇叭口至抽穗期；小麦氮肥最大效率期在拔节至抽穗期；而马铃薯的氮肥最大效率期出现在生长初期，磷、钾肥的最大效率期在块根膨大时。

作物营养最大效率期与营养临界期同等重要，都是作物营养的关键时期。保证这两个时期有足够的养分供应，对提高作物产量具有重要意义。

施肥的目的是增产，但是盲目增加施肥量往往适得其反。作物对肥料的吸收利用有一定的限度，当缺乏营养时施肥可以明显增加产量，在一定范围内产量随施肥量的增加而增加；增加到一定程度后再增加施肥量，产量并不相应增加，相反还会下降。

第五章　测土配方施肥的基本原理、基本方法和实施步骤

第一节　开展测土配方施肥技术的必要性

2005年，中共中央、国务院一号文件第一次明确提出“要大力推广测土配方施肥技术”。农业部在全国范围内实施测土配方施肥行动。测土配方施肥技术的核心是调节和解决作物需肥与土壤供肥之间的矛盾，有针对性地补充作物所需的营养元素，因缺补缺，实现各种养分的平衡供应，满足作物需要。

当前，农民在农作物施肥管理上仍存在很大的盲目性，主要表现在“重视氮肥磷肥，轻视有机肥，忽略钾肥微肥”，偏施、滥施现象比较普遍，氮、磷、钾肥比例不合理，导致土壤板结、通透性差，严重影响农作物产量和品质。与此同时，片面依赖化肥，忽视有机肥的施用，有机肥施用越来越少。要彻底改变这一现状，最根本的办法就是推广实施测土配方施肥技术。

测土配方施肥技术是既要突出测土、配方、施肥技术指导等环节的公益性，又要明确配方肥生产、供应等环节的经营性，坚持以政府为主导，科研为基础，推广为纽带，企业为主体，农民为对象的科学施肥体系。

开展测土配方施肥技术，有利于推进农业节本增效，有利于促进耕地质量建设，有利于促进农业发展，贯彻落实科学发展观、实现中国梦、维护农民切身利益的具体体现，是促进粮食稳定增

产、农民持续增收、生态环境不断改善的重大举措。

第二节 测土配方施肥技术基本概念

测土配方施肥是以土壤测试和肥料田间试验为基础，根据作物需肥规律、土壤供肥性能和肥料效应，在合理施用有机肥料的基础上，提出氮、磷、钾及中、微量元素等肥料的施用品种、数量、施肥时期和施用方法。

该技术体系包括野外调查、土壤测试、田间试验、配方设计、校正试验、配肥加工、数据库建设、示范推广、宣传培训、效果评价及技术研发11项工作。

其核心技术可概括为“12345”要诀：坚决贯彻一个原则：即有机肥与化肥配合施用原则；切实做到两个平衡：即氮、磷、钾之间及大量元素与微量元素之间的平衡；灵活掌握三种施肥方式：基肥、种肥和追肥；深刻领会四个施肥理论：养分归还学说、最小养分律、报酬递减率和因子综合作用率；全面达到五个指标：增产指标、品质指标、肥料成本指标、环保指标、沃土改土指标。

通俗地说，测土配方施肥包含着测土、配方和施肥三个方面的内容，测土是配方的依据，施肥是配方的实施。一是测土，就是取土样测定土壤养分含量，就像医生看病，首先进行把脉问诊；二是配方，即经过对土壤的养分诊断，按照庄稼需要的营养“开出药方、按方配药”；三是合理施肥，就是在农业科技人员指导下科学施用配方肥，合理安排基肥和追肥比例，同时根据肥料的特性，选择切实可行的施肥方法，并与其他农艺措施相配套，以发挥肥料的最大增产作用。

第三节 测土配方施肥技术基本原理

测土配方施肥是以养分归还（补偿）学说、最小养分律、同等重要律、不可代替律、肥料效应报酬递减律和因子综合作用律等为理论依据，以确定养分的施肥总量和配比为主要内容。为了补充发挥肥料的最大增产效益，施肥必须将选用良种、肥水管理、种植密度、耕作制度和气候变化等影响肥效的诸因素结合，形成一套完整的施肥技术体系。

一、养分归还学说

这个学说是19世纪德国杰出的化学家李比希提出的，也叫养分补偿学说。其主要论点是：作物从土壤带走养分，土壤中的养分将越来越少，因此，要恢复地力就应该向土壤增加养分，归还从土壤中拿走的全部东西，不然产量就会下降。

养分归还学说作为施肥基本原理是正确的。它改变了过去局限于低水平的生物循环，通过增施肥料，扩大了这种物质循环，从而为提高产量提供了物质基础。但它也存在不足和片面的地方：

（1）有重点地归还养分是对的，但全部归还则是不经济和没有必要的，如果土壤耕层积累了丰富的养分，在一段时间内某些养分可以减少或不施。

（2）没有看到豆科作物有固氮作用。此学说片面地认为作物轮换只能减缓土壤耗竭和协调地利用土壤现存的养分而已。

（3）施加灰分是必要的，但忽视了增施氮肥。施加灰分只着眼于磷钾等矿质元素上，也应同时强调增施氮肥和厩肥。生产实践证明，氮肥的增产作用是显著的，仅靠自然归还是不够的，总之，养分归还学说在生产实践中还需要不断充实和完善，在指导施肥方面作用会更大。

二、最小养分定律

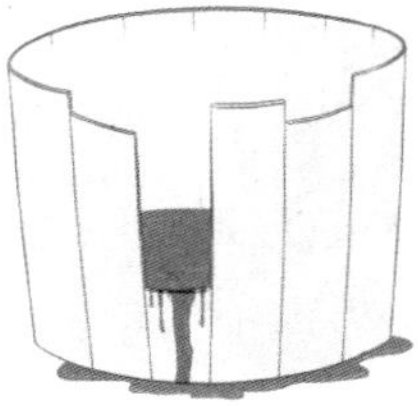

植物为了生长发育，需要吸收各种养分。但是决定作物产量的却是土壤中相对含量最小的养分因素，产量也在一定限度上随着这个因素的增减而变化，如果不针对性地补充最小养分，即使其他养分增加得再多，也难以提高产量，只能造成肥料的浪费，这就是“最小养分律”，也叫“木桶原理”。通常用装水木桶进行解释：木桶由代表不同养分含量和因素的木板组成，贮水量的多少由最短木板的高度决定。在施肥实践中应掌握以下几点：

（1）最小养分是指土壤中相对含量最少，不是土壤中绝对含量最少的那种养分。

（2）最小养分不能用其他养分代替，即使其他养分增加再多，也不能提高产量。

（3）最小养分是变化的，它是随作物产量水平和化肥供应数量而变的。

（4）最小养分不是单一的作用，也必须同时改善影响作物生育的其他因素和其他营养元素。

最小养分是相对于作物来说，土壤供应能力最差的某种养分。最小养分也常变化，我国20世纪50年代氮素最为不足，施用氮肥作物迅速提高产量；60年代磷素不足成了增产的限制因素，施用磷肥作物明显增产；70年代我国南方缺钾的问题又突出表现出来；80年代在某些地区和地块缺锌、硼、锰等，微量元素成了最小养分。所以，要用发展的观点来认识最小养分律，抓住不同时期、不同作物、不同地点的主要矛盾，决定施用什么肥料。但是，随着农业生产的发展，土壤往往存在一种养分甚至多种养分不足，在增施土壤中最小养分时，还要同时施用土壤中其他不足的养分，甚至改善影响作物生育的其他因素，化肥的肥效才能充分发挥。

三、报酬递减律

在土壤缺肥的情况下，根据作物的需要进行施肥，作物的产量会相应增加。但施肥量的增加与产量的增加并不都是正相关关系。当施肥量很低的时候，单位肥料的增产量很大，随着施肥量的增加，单位肥料的增产量呈递减趋势，当施肥量增加到一定程度时，再多施肥产量也不会增加，这就是“报酬递减律”。因此，施肥的增产潜力并不是无限的，施肥要有限度，超过了这个限度，就是过量施肥，必然会带来经济上的损失。通俗地说，并不是“粪大水勤，不用问人”，而是要做到“吃饱不浪费”。

四、因子综合作用律

因子综合作用律是指作物的增产是由于影响作物生长发育的各种因子综合作用的结果，如水分、温度、养分、空气、作物品种以及耕作条件等，所以，施肥措施必须与其他农业技术措施密切配合，就是其他生产因子不变的条件下，肥料养分间的配合施用，也应该因地制宜地加以运用，两种或两种以上的肥料配合施用，产生的综合作用要比单一肥料效果要好。这就是所谓“协同作战”“共同效应”。

五、同等重要律

农作物生长需要的营养元素，现在已经知道的有20多种，其中碳、氢、氧可以从空气和水中获得，一般不需要以肥料的形式提供。氮、磷、钾在作物体内含量较高，吸收得也较多，称为“大量元素”，也称为“肥料三要素”。钙、镁、硫一般称为“中量元素”。锰、锌、硼、铁、铜、钼、氯等元素，作物需要量少，称为“微量元素”。对农作物来讲，不论大、中量元素或微量元素都是同等重要，缺一不可。缺少某一种微量元素，尽管它的需要量很少，仍会产生微量元素缺乏症，从而导致生病减产。例如玉米缺锌植株矮小，油菜缺硼花而不实等。所以，无论微量元素还是大、中量元素，其重要性是一样的，并不因为需要量的多少而改变，这就是“同等重要律”。

六、不可替代律

作物需要的各营养元素，在作物体内都有一定功能，相互之间不能替代。缺少什么营养元素，就必须施用含有该元素的肥料，施用其他肥料不仅不能解决缺素的问题，有些时候还会加重缺素症状，这就是“不可替代律”。因此，施肥要有针对性，也就是说“缺什么要补什么”。

第四节　测土配方施肥技术遵循的基本原则

一是有机与无机相结合。实施测土配方施肥必须以有机肥料为基础。土壤有机质是土壤肥沃程度的重要指标。增施有机肥料可以增加土壤有机质含量，改善土壤理化生物性状，提高土壤保水保肥能力，增强土壤微生物的活性，促进化肥利用率的提高。因此，必须坚持多种形式的有机肥料投入，才能够培肥地力，实现农业可持续发展。

二是大量、中量、微量元素相配合。各种营养元素的配合是配方施肥的重要内容，随着产量的不断提高，在耕地高度集约利用的情况下，必须进一步增强氮、磷、钾肥的相互配合，并补充必要的中、微量元素，才能获得高产稳产。

三是用地与养地相结合，投入与产出相平衡。要使作物—土壤—肥料形成物质和能量的良性循环，必须坚持“用养结合”，投入产出相平衡。破坏或消耗了土壤肥力，就意味着降低了农业再生产的能力。

第五节　测土配方施肥技术基本方法

基于田块的肥料配方设计，首先要确定氮、磷、钾养分的用量，然后确定相应的肥料组合，通过提供配方肥料或发放施肥建议卡，推荐或指导农民使用。肥料用量的确定方法可概括为三大类六种方法：第一类是地力分区法；第二类是目标产量法，包括养分平衡法和地力差减法；第三类是田间试验法，包括肥料效应函数法、养分丰缺指标法、氮磷钾比例法。

一、地力分区（级）配方法

利用土壤普查、耕地地力调查和当地田间试验资料，把土壤肥力按高、中、低分成若干等级，或划出一个肥力均等的田片，作为一个配方区，再应用资料和田间试验成果，结合当地农民的施肥经验，估算出这一配方区内比较适宜的肥料种类及其施用量。这一方法的优点是较为简便，提出的肥料用量和措施接近当地的农民施肥经验，群众易接受。缺点是局限性较大，每种配方只能适应于生产水平差异较小的地区，而且依赖于一般经验较多，对具体田块来说针对性不强。在推广过程中必须结合试验示范，逐步扩大科学测试手段和理论指导的比重。

二、目标产量配方法

目标产量配方法是根据作物产量的构成，由土壤本身和施肥两个方面供给养分的原理来计算肥料的用量。先确定目标产量，以及为达到这个产量所需要的养分数量，再计算作物除土壤所供给的养分外，需要补充的养分数量，最后确定施用多少肥料。包括养分平衡法和地力差减法。

根据作物目标产量需肥量与土壤供肥量之差估算施肥量，计算公式为：

$$\text{施肥量(kg/亩)}=\frac{\text{目标产量所需养分总量}-\text{土壤供肥量}}{\text{肥料中养分含量}\times\text{肥料当季利用率}}$$

目标产量确定后，因土壤供肥量的确定方法不同，形成了地力差减法和土壤有效养分校正系数法两种。

1. 地力差减法

地力差减法是根据作物目标产量与基础产量之差来计算施肥量的一种方法。计算公式为：

$$\text{施肥量(kg/亩)}=\frac{(\text{目标产量}-\text{基础产量})\times\text{单位经济产量养分吸收量}}{\text{肥料中养分含量}\times\text{肥料当季利用率}}$$

2. 土壤有效养分校正系数法

土壤有效养分校正系数法是通过测定土壤有效养分含量来计算施肥量。计算公式为：

$$\text{施肥量(kg/亩)}=\frac{\text{作物单位产量养分吸收量}\times\text{目标产量}}{\text{肥料中养分含量}\times\text{肥料当季利用率}}-\frac{\text{土壤测试值}\times 0.15\times\text{有效养分校正系数}}{\text{肥料中养分含量}\times\text{肥料当季利用率}}$$

养分平衡法涉及目标产量、作物需肥量、土壤供肥量、肥料利用率和肥料中有效养分含量五大参数。土壤供肥量即为“3414”

方案中处理1的作物养分吸收量。

三、田间试验法

田间试验法的原理是通过简单的单一对比，或应用较复杂的校正、回归等试验设计，进行多点田间试验，从而选出最优处理，确定肥料施用量。

1.肥料效应函数法

采用单因素、二因素或多因素的多水平回归设计进行布点试验，将不同处理得到的产量进行数理统计，求得产量与施肥量之间的肥料效应方程式。根据其函数关系式，可直观地看出不同元素肥料的不同增产效果，以及各种肥料配合施用的联应效果，确定施肥上限和下限，计算出经济施肥量，作为实际施肥量的依据。这一方法的优点是能客观地反映肥料等因素的单一和综合效果、施肥精确度高、符合实际情况，缺点是地区局限性强，不同土壤、气候、耕作、品种等需要布置多点不同试验。

2.土壤养分丰缺指标法

这是田间试验法中的一种。此法利用土壤养分测定值和作物吸收土壤养分之间存在的相关性，对不同作物通过田间试验，把土壤测定值以一定的级差分等，制成养分丰缺及其施用肥料数量检索表。在实际应用中，只要测得土壤养分值，就可对照检索表按级确定肥料施用量。

基础产量即为“3414”方案中处理1的产量。

“3414”试验方案是二次回归D-最优设计的一种，是氮、磷、钾3个因素，4个水平，14个处理的含义。0水平指不施肥，2水平指当地最佳施肥量的近似值，1水平=2水平×0.5，3水平=2水平×1.5（该水平为过量施肥水平）。小区面积30m^2左右，小区宽度不小于4m。试验地周围要设1m保护行，田间小区要留观察道。校正试验采用3处理方案设计，3处理为对照、习性施肥，配方施肥其中测土配方施肥、农民常规施肥2个处理面积少于200m^2，空白（不施肥）处理不少于30m^2。

3．氮、磷、钾比例法

也是田间试验法中的一种。原理是通过田间试验，在一定地区的土壤上，取得某一作物不同产量情况下各种养分之间的最好比例，然后通过对一种养分的定量，按各种养分之间的比例关系，来决定其他养分的肥料用量，如以氮定磷、定钾，以磷定氮、以钾定氮等。应了解配方施肥三大系统的特点配方肥是根据作物需肥规律、土壤供肥特性与肥料效应，在以有机肥为基础的条件下，提出氮、磷、钾和微肥的适宜用量和比例及其相应的施肥技术。目前，在全国应用的配方施肥方法很多，基本原理方面可以分为测土施肥法、肥料效应函数法和农作物营养诊断法三大系统。

四、有关参数的确定

1．目标产量

目标产量可采用平均单产法来确定。平均单产法是利用施肥区前三年平均单产和年递增率为基础确定目标产量，其计算公式是：

$$目标产量=（1+递增率）\times 前3年平均单产$$

一般情况下，粮食作物的递增率为10%~15%为宜，露地蔬菜一般为20%左右，设施蔬菜为30%左右。

2．作物需肥量

通过对正常成熟的农作物全株养分的化学分析，测定各种作物100kg经济产量所需养分量（常见作物平均100kg经济产量吸收的养分量）即可获得作物需肥量。

$$作物目标产量所需养分量(kg)=\frac{目标产量(kg)\times 100kg产量所需养分量}{100}$$

3．土壤供肥量

土壤供肥量可以通过测定基础产量、土壤有效养分校正系数两种方法估算：

通过基础产量估算（处理1产量）：不施养分区作物所吸收的养分量作为土壤供肥量。

土壤供肥量（kg）=不施养分区农作物产量（kg）×每千克产量所需养分量

通过土壤养分校正系数估算：将土壤有效养分测定值乘一个校正系数，以表达土壤“真实”供肥量。该系数称为土壤养分的校正系数。

$$校正系数(\%)=\frac{缺素区作物地上部分吸收该元素量(kg/亩)}{该元素土壤测定值(mg/kg)\times 0.15}$$

4．肥料利用率

一般通过差减法来计算：利用施肥区作物吸收的养分量减去不施肥区农作物吸收的养分量，其差值视为肥料供应的养分量，再除以所用肥料养分量就是肥料利用率。

$$肥料利用率=\frac{施肥区农作物吸收养分量(kg/亩)}{肥料施用量(kg/亩)\times 肥料中养分含量(\%)}-\frac{缺素区农作物吸收养分量(kg/亩)}{肥料施用量(kg/亩)\times 肥料中养分含量(\%)}$$

上述公式以计算氮肥利用率为例来进一步说明。

施肥区（N、P、K区）农作物吸收养分量（kg/亩）：“3414”方案中处理6的作物总吸氮量。

缺素区（N、P、K区）农作物吸收养分量（kg/亩）：“3414”方案中处理2的作物总吸氮量。

肥料施用量（kg/亩）：施用的氮肥肥料用量。

肥料中养分含量（%）：施用的氮肥肥料所标明的含N量。

如果同时使用了不同品种的氮肥，应计算所用的不同氮肥品种的总氮量。

5.肥料养分含量

供施肥料包括无机肥料与有机肥料。无机肥料、商品有机肥料含量按其标明量，不同养分含量的有机肥料其养分含量可参照当地不同类型有机肥养分平均含量获得。

测土配方施肥技术是一项较复杂的技术，在技术推广中我们采取“测土—配方—供肥—施肥技术指导”一体化的综合服务技术路线，由农技（土肥）部门进行测土、配方，再将配方委托复混肥生产企业或配方肥站进行定向生产配方肥料，农民朋友只要购买并施用配方肥料，就可将技术落实到田间地头。也可以通过农技（土肥）部门制作并向农民发放施肥建议卡，农民朋友根据施肥建议卡自行购买单质原料按建议卡推荐配方进行掺混施肥，这样，就把一项复杂的技术变成了一件简单的事情，这项技术才能真正应用到农业生产中去，才能发挥出它应有的作用。

第六节　测土配方施肥技术的主要内容与步骤

测土配方施肥技术体系主要包括以下3个方面：

一、测土

取土样测定土壤养分含量：土壤养分的测试是测土配方施肥的基础。只有快速、准确地测定出土壤养分的含量，才能进行正确的施肥指导。

目前在国内用于测土配方施肥的土壤养分测试方法主要是

ASI法，该方法1989年引入我国，1990年由加拿大政府资助，在中国农业科学院建立了“中国—加拿大（CAAS-PPIC）合作土壤—植物测试实验室”，将该方法称为“土壤养分状况系统研究法”。中国农业科学院和有关单位合作，通过在全国的试验网络，在31个省（自治区、直辖市）进行了大量深入系统的研究，分析土壤样品30000多个，进行了7000多个田间试验。在田间试验的基础上，针对我国主要土壤类型和作物，形成了一整套测土施肥的方法与技术体系。

二、配方

经过对土壤的养分诊断，按照作物的长势长相和作物的营养特性，如作物的营养临界期、养分最大效率期等特点，采用叶绿素仪、红外反射仪、汁液测定等方法直接或间接地快速分析作物敏感部位的营养元素含量，对比其临界值“开出药方、按方配药”来诊断作物施肥。

三、合理施肥

合理施肥就是在农业科技人员的指导下科学施用配方肥。施肥时在根据土壤条件和作物的营养特点选好肥料种类、最适宜用量和配比的基础上，还要考虑在各个生育期内的适宜用量和分配比例，发挥肥料最大利用率。

（1）一般生育期短的作物在肥料分配上应以基础为主，追肥早施，而生育期长的作物加大追肥比例，分次施肥。在追肥中，首先要考虑作物营养临界期和最大效率期，保证肥料适时有效地被作物利用。

（2）黏质土壤宜采用重基肥、早追肥（前促后控）的施肥方式，以避免后期贪青。沙质土壤采取追肥为主的“少吃多餐”施肥方式，防止后期脱肥。壤质土采用“基追并重”的方式，以防后期脱肥，保持均衡增长。

（3）不同营养元素，施肥方式不同。氮肥：在施肥上应强调基肥和追肥两种方式，其中总用量的30%~40%作基肥、70%~60%在生育期作追肥。磷肥：当季作物的磷肥作基肥，一次集中施用，轮作要把磷肥分配到对磷敏感的作物上。钾肥：当季作物施用应较多作基肥，特别是生育期短的作物。应尽量早施，重视基肥，看苗长势早施追肥。

四、测土配方施肥的技术内容

1．野外调查

通过广泛深入的野外调查和取样地块农户调查，掌握耕地立地条件、土壤理化性状与施肥管理水平。

2．采样测试

测土是制定肥料配方的重要项目依据，按照农业农村部《测土配方施肥技术规范（试行）》要求，在项目县范围内统筹规划，合理布点，项目县平均每100~200亩耕地采集1个土样（各地根据实际情况进行相应调整，丘陵区30~80亩、平原区100~500亩采集1个土样）。对采集土壤样品分析化验，并开展植株、水样分析，为制定配方和田间校正试验提供基础数据。另外，选择有代表性的采样点，对测土配方施肥效果进行跟踪调查。

3．田间试验

按农业农村部《测土配方施肥技术规范（试行）》要求，布置田间3414试验和校正试验，摸清土壤养分校正系数、土壤供肥量、农作物需肥规律和肥料利用率等基本参数，对比测土配方施肥效果，验证和优化肥料配方。通过开展田间试验，建立不同施肥分区主要作物的氮磷钾肥料效应模型，确定作物合理施肥品种和数量，基肥、追肥分配比例，最佳施肥时期和施肥方法，建立施肥指标体系，为配方设计、施肥建议卡制定及施肥指导提供依据。

4.配方设计

组织有关专家汇总、分析土壤测试和田间试验数据结果，根据气候条件、土壤类型、作物品种、产量水平、耕作制度等差异，合理划分施肥类型区，审核测土配方施肥参数，建立施肥模型，分区域、分作物制定肥料配方和施肥建议卡。

5.配肥加工

依据配方，以各种单质或复混肥料为原料生产或配制配方肥。农民按照施肥建议卡科学施用；招标认定肥料企业按配方加工生产配方肥，建立肥料营销网络，向农民供应配方肥，农业技术部门指导施用。同时，要结合各县实际，进一步扩大配方肥应用面积。

6.示范推广

建立测土配方施肥示范区，树立样板，展示测土配方施肥技术效果，引导农民应用测土配方施肥技术。

7.宣传培训

开展对各级土肥部门、肥料生产企业和经销商有关技术人员的培训，提高技术服务能力。采取广播、电视、报刊、明白纸、现场会、讲师团等形式，将测土配方施肥技术宣传到村、培训到户、指导到田，普及科学施肥知识，使广大农民逐步掌握合理的施肥量、施肥时期和施肥方法。

8.数据库建设

运用计算机技术、地理信息系统（GIS）和全球卫星定位系统（GPS），按照规范化的测土配方施肥数据字典，以野外调查、田间试验和分析化验数据为基础，收集整理历年土壤肥料田间试验和土壤监测数据资料，建立不同层次、不同区域的测土配方施肥数据库。

9．耕地地力评价

充分利用测土配方施肥项目的野外调查和分析化验数据，结合土壤普查、土地利用现状调查等成果资料，完成图件数字化、评价指标体系建立、地力等级评价、成果图编制等工作，建立耕地资源管理信息系统，对县域内耕地地力进行评价，并将评价结果汇总成册编辑出版，形成公共资源，便于广大农民和相关单位查阅应用。

10．效果评价

通过对项目区施肥效益和土壤肥力进行动态监测，并及时获得农民反馈的信息，对测土配方施肥的实际效果进行评价，从而不断完善管理体系、技术体系和服务体系。同时，对农户施肥情况长期观测点记录数据进行汇总，每个季度上报一次。

11．技术研发

重点开展田间试验、土壤养分测试、肥料配方、数据处理、专家咨询系统等方面的技术研发工作，不断提升测土配方施肥技术水平。

第七节　测土配方施肥量的计算

由于各种化肥的有效含量不同，所以农民在实际生产过程中不易准确地把握用肥量。应根据实际情况，计算施入土壤中的化肥量。

假设该地块推荐用肥量为每亩施纯氮（N）8.5kg、纯磷（P_2O_5）4.5kg、纯钾（K_2O）6.5kg，单项施肥其计算方式为：推荐施肥量÷化肥的有效含量=应施肥数量。可得结果：施入尿素（尿素含氮量一般为46%）为8.5÷46%=18.5kg，施入硫酸钾（硫酸钾含K_2O量一般为50%）为6.5÷50%=13kg，施入过磷酸钙（过磷酸钙含P_2O_5量一般为12%）为4.5÷12%=37.5kg。

如果施用复混肥，用量应先以施肥建议卡上推荐施肥量最少的那种肥计算，然后添加其他两种肥。由于复混肥比例固定，难以同时满足不同作物、不同土壤对各种养分的需求。因此，需添加单元肥料加以补充，计算公式为：（推荐施肥量-已施入肥量）÷准备施入化肥的有效含量=增补施肥数量。该地块已经施入了30kg氮、磷、钾含量各为15%的复合肥，相当于施入土壤中纯氮30×15%=4.45kg、纯磷和纯钾也各为4.5kg。根据施肥建议卡上推荐施肥量纯氮（N）8.5kg、纯磷（P_2O_5）4.5kg、纯钾（K_2O）6.5kg的要求，还需要增施：尿素（8.5-4.5）÷46%=8.7kg，硫酸钾（6.5-4.5）÷50%=4kg。

第八节　开展测土配方施肥技术的好处和作用

一、促进农民施肥观念和方法的改变

测土配方施肥的开展，可以改变农民“施肥越多越好”的错误认知，在施肥方法上，由撒施、表施向深施和因土、因作物的需要施肥转变，减少盲目性，提高科学性。

二、可以起到明显的增收节支效果

测土配方施肥可以提高肥料利用率3~5个百分点，每亩节约氮肥（尿素）4kg，每亩增产粮食30~50kg，每亩增收节支30~60元。

三、提高耕地质量、保护耕地，保护人类赖以生存的基本条件

测土配方施肥是在合理施用农家肥的基础上进行的。在开展测土配方施肥工作中，各级农业部门要积极引导农民积农家肥、实施秸秆还田等技术，提高有机肥的利用水平，使土壤养分结构得到改善，耕地质量明显提高。

四、提高科学施肥水平

测土配方施肥采取“测土到田、配方到厂、供肥到点、指导到户”，为农民提供一条龙服务，有效地满足不同地方、不同种植规模科学施肥的要求。

五、减少农业面源污染

测土配方施肥可以改变过量施肥和施肥比例不合理的状况，减少养分的流失，促进作物秸秆、畜禽粪便等资源的合理利用，减轻化学物质和农产品废弃物对水体和农田的污染。

六、保护农民利益

测土配方施肥技术的推广有利于进一步稳定和规范农资市场，能有效地遏制假劣肥料坑农害农现象的发生。配肥企业依据县农技中心提供的土壤养分状况和肥料配比，采用适宜大量、中量、微量元素肥料配制生产适宜本地区的配方肥料。农民只要按操作规程使用就行了，简化了繁杂的施肥技术过程，可以说购肥、施肥更方便了群众。

七、重视施用有机肥、全面提升地力

有机肥是我国农业生产中的传统肥料。就科学含义来讲，含有机质或者碳（C）元素的肥料，统称有机肥料。

1. 有机肥的资源

有机肥料资源广泛，如人粪尿、畜禽粪尿、沼渣沼液、农作

物秸秆、绿肥、饼粕、草炭、含腐殖酸的物料等。可以说，哪里有农业、畜牧业，哪里有人类的日常生活活动，哪里就有有机肥的肥源。

（1）农家有机肥

农民利用畜禽粪便、作物秸秆或食用菌废渣等可降解的有机物经过堆沤发酵、腐熟积造的称为农家有机肥。农家有机肥积造操作简单，但是农家有机肥存在养分含量低、脏、臭、不卫生、体积大和使用不方便等缺点。

（2）商品有机肥

将畜禽粪便及农作物秸秆、尾菜等添加微生物发酵剂经过生物好氧发酵、高温完全腐化等手段进行无害化处理，杀灭其中的病原微生物，除去重金属有害有毒物质，用工业化工艺设备、按国家有机肥料标准经粉碎（或造粒）、烘干、冷却后制成的粉状或粒状工厂化产品称为商品有机肥料。商品有机肥料养分完全，除含有大量、中量元素之外，还含有微量元素。与化肥相比，商品有机肥肥效持久、缓慢，对于保持土壤肥力，防止土壤板结，维持作物可持续生产具有重要作用。

（3）沼渣、沼液肥

以畜禽粪污、农作物秸秆等农业有机废弃物为主要原料，通过沼气工程充分厌氧发酵，经无害化和稳定化处理，经固液分离后的固形物为沼渣肥，适合于作有机肥料作物基肥施用；液体为沼液肥，作为有机液肥、水肥和灌溉水等方式用于农田生产。

文献报道：沼液中含有氮、磷、钾大量元素外，还含有中量元素、微量元素，还含有多种生理活性物质如吲哚乙酸、赤霉素、B族维生素、氨基酸、腐殖酸等。

沼液还有对病虫害的防治作用。沼液对粮食、经济作物、蔬菜、水果等19种作物中的30种病害和19种虫害有防治作用，如蚜虫、玉米螟、果树红蜘蛛、黄瓜白粉病、番茄早疫病等。作用机制是直接抑菌杀虫或提高植物免疫和抗逆性。沼液中的氨和铵盐、某些抗生素等通过抑制和封闭害虫的呼吸系统，对作物病虫有直接抑制和杀灭作用，还有消化抑制因子毒杀害虫体内肠壁细胞、导致机体功能紊乱。沼液含有的丁酸和赤霉素、吲哚乙酸等能够破坏单细胞病菌的细胞膜和体内蛋白质，有效抑制病原菌的繁殖；沼液中的某些活性成分可以诱导植物提高抗逆性。

2.有机肥的主要作用

（1）提高产量和品质

有机肥料含有植物所需要的大量营养成分、各种微量元素、糖类、脂肪和多种生物性激素，有效营养成分能直接供应农作物吸收利用，土壤中的微生物能提高有机肥料矿化率，促进氮、磷、钾等营养元素吸收利用，进而提高农作物的产量。科学施用有机肥料，能提高农作物产量、营养品质和外观品质。

（2）培肥土壤

有机肥料含有丰富的有机物质。施用有机肥能增加土壤中有机质的含量。有机质能改良土壤的物理、化学和生物特性，熟化土壤，培肥地力。施用有机肥，能增加许多有机胶体，大大增加土壤的吸附表面积，产生许多胶黏物质，使土壤颗粒胶结合起来，变成稳定性的团粒结构，提高土壤保水、保肥和透气的性能以及调节土壤温度和湿度的能力。

施用有机肥料还可以使土壤中微生物大量繁殖，特别是许多有益微生物如固氮菌、氨化菌、硝化菌、纤维分解菌和磷钾细菌。长期施用有机肥使土壤有益微生物的数量明显增加，可以提高土壤的生理活性，使土壤养分状况越来越好，土壤能量越来越充足，土壤的缓冲性和抗逆性能也得到明显提高。

有机肥料在土壤中经过腐烂、分解，形成腐殖质。腐殖质中的各类腐殖酸含有羧基、酚羟基和醌基等，这些功能团具有刺激作用，能促进植物体内酶的活性，加强呼吸作用和光合作用，促进植物体内物质的合成、运转和积累。

（3）保护生态环境

长期施用有机肥料能起到防止或减少环境污染的作用。首先，利用人、畜、禽的排泄物积存制作为肥料，施入土壤里，消除了对一个局部地域的地表地下水资源、土地和小气候的污染，减少了对人、畜的危害以及动、植物病虫害的蔓延；其次，由于经常施用有机肥，使土壤有机质含量增加和更新，大大提高了土壤的吸附能力，可去除土壤中有毒物质或减轻其毒害。

科学研究表明，土壤腐殖质的存在及其对农药的吸附，不仅控制了农药在土壤中的残留，而且起到了对残毒的降解、流失和挥发。另外，通过土壤腐殖质与黏土矿物的吸附、化学沉淀和腐殖质的络合（螯合）作用，减轻了重金属对农作物的毒害，使农作物对这些有毒物质的吸收量大大减少，因此，长期施用有机肥对土壤中汞、镉和铬等重金属污染的减毒效果也很明显。中国农业科学院土壤肥料研究所的试验证明，土壤中施用猪、鸡、马、羊等粪后，原来土壤中的重金属铬为每千克土50mg，8d后降至2~3mg。

附：主要有机物养分含量参考值，表5-1至表5-4。

表5-1 常见畜禽粪便养分含量表

项 目	粗有机物（%）	全氮（%）	全磷（%）	全钾（%）	钙（%）	镁（%）	铜（mg/kg）	锌（mg/kg）	铁（mg/kg）	锰（mg/kg）	硼（mg/kg）	钼（mg/kg）	硫（%）
人粪	71.865	6.382	1.322	1.604	1.952	1.051	69.682	340.459	2751.975	298.048	4.263	3.484	0.567
猪粪	63.718	2.087	0.896	1.118	1.8	0.744	37.638	137.159	6053.181	425.524	9.195	0.998	0.346
牛粪	66.219	1.669	0.429	0.948	1.844	0.466	26.87	100.286	4052.195	648.117	13.161	1.219	0.313
羊粪	64.241	2.012	0.496	1.321	2.888	0.705	41.93	105.835	5412.424	549.215	22.334	1.319	0.344
马粪	64.9	1.476	0.466	1.307	1.32	0.455	23.193	163.628	4988.548	492.307	10.497	1.187	0.309
驴粪	61.162	0.969	0.39	1.054	1.337	0.635	21.122	88.931	2434.889	402.686	—	0.767	0.408
骡粪	68.718	0.959	0.525	0.87	1.213	0.485	22.803	82.073	4289.719	276.45	11.133	1.045	0.153
兔粪	61.246	2.108	0.735	1.661	1.894	0.816	36.32	150.324	4957.688	350.943	19.978	2.064	0.443
鸡粪	49.482	2.338	0.929	1.606	2.821	0.751	52.422	159.611	8121.208	366.264	13.343	1.763	0.437

续表

项目	粗有机物（%）	全氮（%）	全磷（%）	全钾（%）	钙（%）	镁（%）	铜（mg/kg）	锌（mg/kg）	铁（mg/kg）	锰（mg/kg）	硼（mg/kg）	钼（mg/kg）	硫（%）
鸭粪	43.492	1.661	0.885	1.373	5.493	0.621	32.523	140.788	9496.673	681.322	15.632	0.978	0.285
鹅粪	49.282	1.645	0.672	1.742	2.116	0.631	24.867	105.11	8860.939	426.793	17.127	1.027	0.359
鸽粪	63.951	4.335	1.084	1.79	2.208	0.911	28.039	266.373	4474.064	330.731	12.22	2.395	0.373
蚕沙	70.781	2.433	0.341	1.979	4.588	0.822	18.212	39.753	1998.554	176.846	22.957	0.938	0.369
狗粪	51.65	3.655	3.218	0.761	7.685	0.5	32.387	244.054	10124.403	286.637	20.175	0.908	0.422
鹌鹑粪	54.67	4.292	1.712	2.16	7.172	1.588	33.058	287.568	4377.955	319.84	—	3.05	0.295
豹粪	56.2	0.86	0.19	0.43	3.707	0.447	30.433	547.867	20490.833	287.467	2.583	—	0.02
猴粪	52.287	2.18	0.747	2.753	1.704	0.359	11.547	50.287	1302.587	461.62	—	0.73	—
大象粪	75.343	0.76	0.147	0.793	2.77	0.571	16.11	72.023	2003.367	804.013	—	0.667	—
蝙蝠粪	—	4.8	1.38	0.78	7.161	0.391	51.165	287.38	9969.11	339.83	—	0.765	—

表 5-2 堆肥养分含量表

项 目	粗有机物（%）	全氮（%）	全磷（%）	全钾（%）	钙（%）	镁（%）	铜（mg/kg）	锌（mg/kg）	铁（mg/kg）	锰（mg/kg）	硼（mg/kg）	钼（mg/kg）	硫（%）
猪圈肥	46.509	0.944	0.465	0.95	2.172	0.647	29.774	97.182	12175.749	603.588	11.349	0.939	0.316
牛栏粪	51.172	1.411	0.363	1.97	1.97	0.506	27.941	99.016	9958.011	690.433	16.363	1.037	0.327
羊圈肥	53.055	1.382	0.316	1.42	2.735	0.771	35.653	108.993	10239.438	550.061	17.561	0.987	0.325
马厩肥	58.91	1.156	0.347	1.234	2.408	0.51	24.4	100.557	8991.854	627.938	12.51	0.967	0.344
骡圈肥	49.428	1.386	0.365	2.158	3.912	0.846	22.734	64.058	5178.164	377.936	4.685	0.223	0.144
驴圈肥	24.54	0.586	0.303	0.365	5.048	1.475	26.408	55.7	13014.646	418.762	7.03	—	0.034
鸡窝粪	44.105	2.17	0.7	1.705	3.478	0.671	34.953	112.738	18622.123	650.475	—	0.698	0.37
高温堆肥	24.142	0.663	0.235	1.214	3.047	0.64	30.9	67.3	14567.96	414.58	2.744	—	0.043
堆肥	26.103	0.695	0.24	1.066	3.023	0.736	28.336	77.704	15100.295	586.087	14.602	0.707	0.127
玉米秸秆堆肥	57.812	1.107	0.335	0.645	1.731	0.588	24.565	67.714	11497.863	219.216	13.305	0.517	0.25

续表

项目	粗有机物(%)	全氮(%)	全磷(%)	全钾(%)	钙(%)	镁(%)	铜(mg/kg)	锌(mg/kg)	铁(mg/kg)	锰(mg/kg)	硼(mg/kg)	钼(mg/kg)	硫(%)
麦秆堆肥	47.571	1.113	0.264	0.779	2.618	0.643	20.834	58.299	6247.413	100.737	8.586	0.37	0.105
水稻秸秆堆肥	56.523	1.553	0.275	1.537	1.773	0.335	12.102	86.028	8950.84	1641.747	39.17	1.018	0.23
山草堆肥	32.71	1.254	0.262	0.88	4.935	0.514	52.345	115.195	32867.56	1297.278	26.01	0.663	0.27
麻栎叶堆肥	52.865	1.428	0.228	1.51	2.342	0.413	43.038	99.69	34584.66	1235.223	65.12	0.807	0.24
松毛堆肥	58.636	0.99	0.182	0.814	1.407	0.392	31.506	100.526	32995.568	850.252	63.213	0.743	0.24
沤肥	28.513	0.709	0.292	1.309	3.826	0.813	28.459	70.841	14475.54	421.099	8.874	1.506	0.089
草塘泥	17.298	0.526	0.232	1.132	0.436	0.681	45.582	146.012	23349.747	822.315	—	—	—
凼肥	11.116	0.427	0.182	2.072	1.898	0.476	25.183	—	—	—	8.033	—	0.225
沼泽肥	55.722	2.022	0.839	0.884	1.307	0.617	40.317	103.645	9239.769	486.972	14.972	0.803	—

表 5-3　秸秆养分含量表

项 目	粗有机物（%）	全氮（%）	全磷（%）	全钾（%）	钙（%）	镁（%）	铜（mg/kg）	锌（mg/kg）	铁（mg/kg）	锰（mg/kg）	硼（mg/kg）	钼（mg/kg）	硫（%）
水稻秸秆	81.3	0.91	0.13	1.89	0.61	0.224	15.6	55.6	1134	800	6.09	0.88	0.138
养分	83.6	1.2	0.163	2.51	0.69	0.239	13.4	60.4	957	813	—	—	—
早稻	85.9	1.14	0.189	1.47	0.38	0.184	22.6	102	1608	910	—	—	—
晚稻	84.5	0.83	0.131	2.01	0.54	0.198	7.9	44.5	1231	397	—	—	—
杂交稻	83	0.65	0.08	1.05	0.52	0.165	15.2	18	355	62.5	3.4	0.42	0.096
小麦麦秸	87.1	0.92	0.152	1.18	0.54	0.224	11.8	32.2	493	73.8	6.4	0.51	0.094
玉米秸秆	89.7	1.81	0.196	1.17	1.71	0.48	11.9	27.8	536	70.1	24.4	1.09	0.21
大豆秸	78.8	2.45	0.236	1.71	0.62	0.29	24.7	51.6	1240	323	7.4	1.16	0.32
蚕豆秸	79.6	1.25	0.146	1.43	0.46	0.19	14.3	46.6	254	127	7.2	0.34	—
高粱秸	93.4	0.82	1.101	1.75	—	—	9.9	24.9	111	62.2	—	—	—
谷子秸	92.5	0.56	0.086	1.37	0.35	0.086	10.1	32.1	179	66.4	4.7	0.3	0.1

续表

项目	粗有机物(%)	全氮(%)	全磷(%)	全钾(%)	钙(%)	镁(%)	铜(mg/kg)	锌(mg/kg)	铁(mg/kg)	锰(mg/kg)	硼(mg/kg)	钼(mg/kg)	硫(%)
大麦秸	87.8	0.8	0.191	2.12	1.62	0.37	4.9	27.9	772	102	13.1	0.31	0.14
荞麦秸	83.4	2.37	0.283	3.05	2.11	0.46	12.6	26.5	1023	119	31.2	0.67	0.3
甘薯藤	80.2	2.65	0.272	3.96	3.03	0.58	14.3	53	1952	145	17.4	0.69	0.37
马铃薯茎	85	0.87	0.144	1.94	1.52	0.25	8.5	38.1	442	42.7	18.5	1.03	0.44
油菜秸秆	88.6	1.82	0.163	1.09	1.76	0.56	9.7	34.1	994	164	26.1	0.59	0.14
花生秸	90.9	1.24	0.15	1.02	—	—	—	—	—	—	—	—	—
棉秆	91.9	1.31	0.06	0.5	—	—	—	—	—	—	—	—	—
麻秆	91.1	1.1	0.14	1.1	0.88	0.21	6.8	21	271	140	5.5	1.14	0.29
甘蔗茎叶	91.7	1.44	0.169	1.85	1.49	0.19	14.9	33.5	616	50.7	16.8	0.48	0.27
烟秆	80.2	2.58	0.229	1.97	4.64	0.83	13	43.6	2045	140	17	0.49	0.24

表 5-4 绿肥养分含量表

项 目	粗有机物（%）	全氮（%）	全磷（%）	全钾（%）	钙（%）	镁（%）	铜（mg/kg）	锌（mg/kg）	铁（mg/kg）	锰（mg/kg）	硼（mg/kg）	钼（mg/kg）	硫（%）
紫云英	87.4	3.44	0.339	2.29	1.25	0.3	15.1	66.1	990	105.8	31.9	3.03	0.39
苕子	89.2	3.31	0.326	2.38	1.76	0.28	12.1	64.7	1177	79.3	27.3	2.52	0.3
箭豌豆	87.7	3.01	0.248	2.12	1.8	0.39	12.4	83.3	1906	107.9	15	2.22	0.2
草木樨	91.6	2.96	0.237	1.64	2.12	0.34	12.3	58.1	701	97.9	24	1.05	0.34
田菁	93.3	2.4	0.235	1.39	1.44	0.26	14.5	88.4	576	107	27.8	3.15	0.16
金花菜	86.7	3.37	0.406	2.19	1.42	0.31	11.3	78.7	1137	86.7	16.6	1.86	0.26
紫花苜蓿	89	2.58	0.207	2.09	—	—	13.1	98	390	99.9	—	—	—
沙打旺	88.6	2.64	0.193	1.6	2.33	0.38	10.2	55.8	1023	118.4	—	1.88	0.45
蚕豆	86.9	2.5	0.261	1.6	1.56	0.26	13.4	39.2	765	59.9	23.5	1.48	0.19
豌豆	86.77	2.76	0.274	1.8	1.78	0.29	10.7	48.8	1162	87.3	22.8	2.65	0.3
绿豆	87.9	1.91	0.39	1.7	2.27	0.46	11.5	46	972	167.6	25.8	1.44	0.25
豇豆	89.3	2.8	0.342	1.86	2.16	0.45	10.6	41.5	512	95.9	27	3.57	0.3

续表

项目	粗有机物(%)	全氮(%)	全磷(%)	全钾(%)	钙(%)	镁(%)	铜(mg/kg)	锌(mg/kg)	铁(mg/kg)	锰(mg/kg)	硼(mg/kg)	钼(mg/kg)	硫(%)
饭豆	89.7	2.17	0.21	1.48	1.89	0.34	9	44.7	1171	138.8	25.3	2.52	0.28
菜豆	89.4	2.2	0.258	2.42	2.01	0.34	8.7	40.5	1491	134.5	31.6	2.67	0.19
山黧豆	81.4	4.16	0.353	2.63	1.38	0.59	20	76.8	1976	141.8	13.1	2.76	0.28
三叶草	84.6	3.41	0.321	2.94	2.51	0.33	13.1	49.5	2126	95.5	—	3.36	0.32
肥田萝卜	85.7	2.51	0.397	2.65	2.64	0.28	10.1	54.6	708	57.4	28.2	1.55	0.73
油菜	86.3	3.04	0.374	3.47	0.8	0.21	12.4	67.6	350	154.1	—	0.6	0.24
满江红	78.1	3.16	0.38	2.5	2.28	0.51	12.4	87.5	3666	295	28.2	3.44	0.37
水花生	79.5	2.9	0.317	4.73	1.55	0.47	14.8	84.3	1574	213.7	25.1	1	0.31
水葫芦	78.8	2.6	0.429	4.28	2.31	0.59	10.7	91.8	2948	328.3	21.3	1.48	0.41
水浮莲	75.2	2.77	0.485	4.2	2.02	0.45	15.9	90.1	—	499.6	36.7	0.96	0.5
肿柄菊	84.8	3.1	0.355	3.77	2.67	0.37	11.5	56.3	658	117.4	55	0.41	0.29
飞机草	89.7	1.9	0.273	2.5	1.29	0.29	9.6	46.4	745	126.6	10	0.7	0.28

续表

项目	粗有机物(%)	全氮(%)	全磷(%)	全钾(%)	钙(%)	镁(%)	铜(mg/kg)	锌(mg/kg)	铁(mg/kg)	锰(mg/kg)	硼(mg/kg)	钼(mg/kg)	硫(%)
小葵籽	85.7	1.21	0.21	3.36	2.29	0.42	5.2	57.1	1192	73.6	28.7	—	0.51
籽粒苋	79.3	2.59	0.384	5.51	3.42	0.55	7	39.8	363	47.1	—	2.28	0.28
紫穗槐	89.7	3.08	0.323	1.41	1.86	0.32	16.4	92.4	639	104.8	26.9	—	0.02
马桑	84.2	2.35	0.203	1.12	1.08	0.54	16.4	61.7	365	86	15.2	0.52	0.18
黄荆	86.6	2.64	0.313	1.95	0.64	0.4	15.5	107.4	501	98.6	17.9	0.22	0.18
野葛	89.8	1.99	0.179	1.66	2.95	0.29	9.7	42.1	641	118.5	—	0.87	0.17
构树	94.8	2.71	0.165	0.86	1.26	0.21	16.3	37.4	214	215.7	—	0.22	0.13
桤木	92.1	3.01	0.162	0.66	0.97	0.27	14.7	42.2	262	216.3	17.5	0.43	0.16
蒿草	86.9	2.7	0.345	3.33	1.74	0.35	16.3	53.8	1164	132.6	27.4	0.79	0.22
茅草	89.8	0.89	0.12	0.83	0.68	0.14	6	30.3	1009	138.3	1.6	0.31	0.14

（以上表5-1～表5-4资料摘自贾小红《有机肥料加工与施肥》，化学工业出版社，2012）

第六章　有机肥料是测土配方施肥的基础肥料

第一节　合理施用有机肥是施肥的基础

国家农业部《测土配方施肥技术规程》中明确提出："测土配方施肥是以土壤测试和肥料田间试验为基础，根据作物需肥规律、土壤供肥性能和肥料效应，在合理施用有机肥料的基础上，提出氮、磷、钾及中、微量元素等肥料的施用品种、数量、施肥时期和施用方法。"这个定义从技术层面上明确了施肥首先以合理施用有机肥为基础。

第二节　增施有机肥是耕地保护、切实提高耕地质量的保证

中共中央、国务院早在〔2005〕1号文件中就明确提出"努力培肥地力。搞好沃土工程建设，推行有机肥综合利用与无害化处理，引导农民多施农家肥，增加土壤有机质"。自2005年开始连续20年中共中央、国务院一号文件都强调增施有机肥、全面提高地力，并且提出对施用有机肥实行政府补助。

第三节 有机肥料的范围、定义及其重要作用

有机肥料范围：《农业行业标准NY/T 525—2021》解释为“以畜禽粪便、秸秆等有机废弃物为原料，经发酵腐熟后制成的商品化有机肥料”。

有机肥料定义：主要来源于植物和/或动物，经过发酵腐熟的含碳有机物料，其功能是改善土壤肥力，提供植物营养、提高作物品质。

有机肥料和化学肥料是两类不同性质的肥料，有机肥料具有化肥不可替代的重要作用，归纳起来有以下5点：

1.改善土壤理化性状，提高土壤肥力

有机肥中含有较多的有机质，是补充土壤有机质的主要来源，是土壤肥力的重要物质基础。它能调节和缓冲土壤的酸碱性；增加土壤阳离子交换量，提高土壤的保肥性能；有利于形成良好的土壤结构，从而能改善土壤的松紧度、通气性、透水性、保水性和热状况，对于调节土壤肥力的水、肥、气、热状况均有良好的作用。

2.促进土壤微生物的活动

土壤有益微生物是衡量土壤肥力水平的重要标志之一，土壤中许多物质和能量转化过程都离不开土壤微生物，如有机质的矿化过程、豆科植物的固氮过程都与土壤微生物的作用有关。施用有机肥不仅增加了土壤有益微生物的类群，而且也是微生物赖以生存和繁殖所需能量和养分的主要来源，从而影响了土壤肥力。

3.养分全面，肥效持久

有机肥中不仅含有植物必需的大量、中量和微量元素，还含

有丰富的有机养分，有机肥是养分全面的肥料。同时有机肥性质柔和，肥效持久。

4.降低施肥成本

有机肥可就地取材，就地施用，来源广，成本低，通过增施有机肥不仅可以增加养分，培肥地力，提高化肥的利用率，相应地也降低了化肥的用量，从而降低了施肥成本，是农业节本增效的重要措施之一。

5.维持和促进土壤养分平衡

植物从土壤中摄取的各种养分可通过施用有机肥归还给土壤。在农业生产中，只有把握好养分平衡环节，在配合施用化肥的条件下使土壤肥力不断提高。

我国是一个农业古国，一贯重视有机肥料的积造、贮存和施用，并积累了丰富的经验。随着农业生产的发展，特别是农业现代化的进展，化学肥料在农业生产中具有举足轻重的作用。有机肥料和化学肥料是两类不同性质的肥料，各有优缺点。有机肥料与化学肥料配合施用已成为我国肥料技术革新的核心内容，同时也是建设高产、稳产农田的重要措施，农业可持续发展的重要保证。

第四节　科学施用有机肥的方法和应注意的问题

有机肥料在农业生产中使用的历史比较悠久，近年来随着化肥的大量施用，农田有机肥料施用量逐渐减少，但在蔬菜生产中，有机肥料仍然是一项重要的肥源，而且起着化肥和生物肥料所起不到的作用。这与有机肥料的特点是分不开的。随着有机农业和有机栽培的逐渐普及，有机肥料将越来越受重视。

一、作基肥施用

1．概念

有机肥料养分释放慢、肥效长、最适宜作基肥施用。在播种前翻地时施入土壤，一般叫底肥；也有的在播种时施在种子附近，也叫种肥。

2．施用方法

（1）全层施用。在翻地时，将有机肥料撒到地表，随着翻地将肥料全面施入土壤表层，然后耕入土中。这种施肥方法简单、省力，肥料施用均匀。

这种方法同时也存在很多缺陷。第一，肥料利用率低。由于采取在整个田间进行全面撒施，所以一般施用量都较多，但根系能吸收利用的只是根系周围的肥料，而施在根系不能到达的部位的肥料则白白流失掉；第二，容易产生土壤障碍。有机肥中磷、钾养分丰富，而且在土壤中不易流失，大量施肥容易造成磷、钾养分的富集，造成土壤养分的不平衡；第三，在肥料流动性小的温室，大量施肥还会造成土壤盐浓度的增高。

该施肥方法适宜于：①种植密度较大的作物；②用量大、养分含量低的粗有机肥料。

（2）集中施用。除了量大的粗杂有机肥料外，养分含量高的商品有机肥料一般采取在定植穴内施用或挖沟施用的方法，将其集中施在根系伸展部位，可充分发挥其肥效。集中施用并不是离定植穴越近越好，最好是根据有机肥料的质量情况和作物根系生长情况，采取离定植穴一定距离施肥，作为待效肥随着作物根系的生长而发挥作用。在施用有机肥料的位置，土壤通气性变好，根系伸展良好，还能使根系有效地吸收养分。

从肥效上看，集中施用对发挥磷酸盐养分的肥效最为有效。如果直接把磷酸盐养分施入土壤，其中速效态磷成分易被土壤固定，因而其肥效降低。在腐熟好的有机肥料中含有很多速效性磷酸盐成分，为了提高其肥效，有机肥料应集中施用，可减少土壤对速效态磷的固定。

沟施、穴施的关键是把养分施在根系能够伸展的范围内。因此，集中施用时施肥位置非常重要，施肥位置应根据作物吸收肥料的变化情况而加以改变。最理想的施肥方法是，肥料不要接触种子或作物的根，距离根系有一定距离，作物生长一定程度后才能吸收利用。

采用条施和穴施，可在一定程度上减少肥料施用量，但相对来讲施肥用工投入增加。

二、作追肥施用

有机肥料不仅是理想的基肥，腐熟好的有机肥料含有大量速效养分，也可作追肥施用。人粪尿有机肥料的养分主要以速效养分为主，作追肥更适宜。

追肥是作物生长期间的一种养分补充供给方式，一般适宜进行穴施或沟施。

有机肥料作追肥应注意以下事项：①有机肥料含有速效养分，但数量有限，大量缓效养分释放还需要一个过程，所以有机肥料作追肥时，同化肥相比追肥时间应提前几天；②后期追肥的主要目的是为了满足作物生长过程对养分的极大需要，保证作物产量，有机肥料养分含量低，当有机肥料中缺乏某些成分时，可施用适当的单一化肥加以补充；③制定合理的基肥、追肥分配比例。地温低时，微生物活动小，有机肥料养分释放慢，可以把施用量的大部分作为基肥施用；而地温高时，微生物活动能力强，如果基肥用量太多，定植前肥料被微生物过度分解，定植后立即发挥肥效，有时可能造成作物徒长。所以，对高温栽培作物，最好减少基肥施用量，增加追肥施用量。

三、作育苗肥施用

现代农业生产中许多作物栽培采用先在一定的条件下育苗，然后在大田定植的方法。育苗对养分需要量小，但养分不足不能形成壮苗，不利于移栽，也不利于以后作物生长。充分腐熟的有机肥料，养分释放均匀，养分全面，是育苗的理想肥料。一般以10%的发酵充分的有机肥料加入一定量的草炭、蛭石或珍珠岩，用土混合均匀作育苗基质使用。

四、有机肥料作营养土

温室、塑料大棚等保护地栽培中，多种植蔬菜、花卉和特种作物，这些作物经济效益相对较高，为了获得好的经济收入，充分满足作物生长所需的各种条件，常使用无土栽培。

传统的无土栽培是以各种无机化肥配制成一定浓度的营养液，浇在营养土或营养钵等无土栽培基质上，供作物吸收利用。营养土和营养钵，一般采用泥炭、蛭石、珍珠岩、细土为主要原料，再加入少量化肥配制而成。在基质中配上有机肥料，作为供应作物生长的营养物质，在作物的整个生长期，隔一定时间往基质中加一次固态肥料，即可保持养分的持续供应。用有机肥料的使用代替定期浇营养液，可减少基质栽培浇灌营养液的次数，降低生产成本。

营养土栽培的一般配方为：0.75m^3草炭、0.13m^3蛭石、0.12m^3珍珠岩、3.00kg石灰石、1.0kg过磷酸钙（20%五氧化二磷）、1.5kg复混肥（15：15：15）、10. 0kg腐熟的有机肥料。不同作物种类，可根据作物生长特点和需肥规律，调整营养土栽培配方。

五、施用有机肥应注意的问题

（1）在指导思想上，要认识到有机肥与化肥并重的必要性，应用上做到互为补充，达到施肥结构合理、养分供需平衡的目的。不能图省事追求表面效果只施化肥，不施有机肥。

（2）在施用方法上，主要是结合耕翻土地全层施用有机肥作底肥。在品种选择上，要首选用以动物畜禽粪便为原料，经工厂化发酵腐熟处理、加工制成的优质商品有机肥料。

第七章　农作物吸收氮、磷、钾的数量和土壤养分含量丰缺评价指标

第一节　主要作物经济产量吸收氮、磷、钾的数量

作物按100kg经济产量需要氮、磷、钾的大致数量因栽培地区不同而稍有差异。现查阅有关文献报道列表如下，供查阅参考。

表7-1　主要作物形成100kg经济产量所需氮、磷、钾的数量

作物名称	收获物	形成100kg经济产量从土壤中吸收的养分质量（kg）		
		氮（N）	磷（P_2O_5）	钾（K）
粮食作物类				
冬小麦	籽粒	3.00	1.25	2.50
春小麦	籽粒	3.00	1.00	2.50
大麦	籽粒	2.70	0.90	2.20
荞麦	籽粒	3.30	1.60	4.30
玉米	籽粒	2.57	0.86	2.14
谷子	籽粒	2.50	1.25	1.75
水稻	稻谷	2.10	1.25	3.13
马铃薯（土豆）	鲜块茎	0.50	0.20	1.06

续表

作物名称	收获物	形成100kg经济产量从土壤中吸收的养分质量（kg）		
		氮（N）	磷（P_2O_5）	钾（K）
高粱	籽粒	2.60	1.30	3.00
大豆	籽粒	7.20	1.80	4.00
蚕豆（胡豆）	籽粒	0.64	0.20	0.50
豌豆	籽粒	1.65	0.60	1.20
纤维作物类				
棉花	棉籽	5.00	1.80	4.00
大麻（亚麻）	纤维	8.00	2.30	5.00
油料作物				
花生	荚果	6.80	1.30	3.80
油菜	菜籽	5.80	2.50	4.30
向日葵（油用型）	籽粒	7.44	1.86	16.00
胡麻	籽粒	3.77	8.77	12.58
蓖麻	种子	6.20	1.60	6.00
经济作物类				
向日葵（食用型）	籽粒	6.62	1.33	14.60
啤酒花	球果	16.00	8.00	15.00
甜菜（糖萝卜）	鲜块茎	0.40	0.15	0.60
蔬菜作物类				
黄瓜	瓜条	0.28	0.09	0.39
番茄（西红柿）	果实	0.45	0.50	0.50

续表

作物名称	收获物	形成100kg经济产量从土壤中吸收的养分质量（kg）		
		氮（N）	磷（P_2O_5）	钾（K）
辣子	果实	0.58	0.11	0.74
茄子	果实	0.30	0.10	0.40
架芸豆（四季豆）	果实	1.01	0.23	0.59
豇豆（长豆角）	果实	1.22	0.25	0.88
荷兰豆	果实	1.65	0.60	1.20
胡萝卜	块根	0.31	0.10	0.50
萝卜	块根	0.60	0.31	0.50
甘蓝	叶球	0.41	0.12	0.50
洋葱	葱头	0.27	0.12	0.23
芹菜	全株	0.16	0.08	0.42
菠菜	全株	0.36	0.18	0.52
花椰菜（菜花）	叶球	1.10	0.42	1.50
莴苣和莴笋	全株	0.21	0.07	0.32
芥菜（大头菜）	全株	0.54	0.14	0.53
韭菜	地上部	0.37	0.09	0.31
大蒜	蒜头	1.48	0.35	1.34
大葱	全株	0.30	0.12	0.40
冬瓜	果实	0.13	0.06	0.15
南瓜	果实	0.40	0.21	0.73
番瓜（西葫芦）	果实	0.55	0.22	0.41

续表

作物名称	收获物	形成100kg经济产量从土壤中吸收的养分质量（kg）		
		氮（N）	磷（P_2O_5）	钾（K）
瓜果类作物				
西瓜	果实	0.19	0.04	0.20
甜瓜	果实	0.35	0.17	0.68
草莓	果实	0.40	0.10	0.45
葡萄	果实	0.60	0.30	0.72
苹果	果实	0.30	0.08	0.32
梨	果实	0.47	0.23	0.48
枣	果实	1.50	1.00	1.30
柿	果实	0.59	0.14	0.54
桃	果实	0.48	0.20	0.76
杏	果实	0.53	0.22	0.40
李	果实	0.15	0.02	0.30
柑橘	果实	0.60	0.11	0.40
核桃	果实	2.70	1.33	1.52
樱桃	果实	0.23	0.03	0.27
板栗	果实	1.47	0.07	1.25
茶树	鲜叶	1.20	0.20	0.43

注：表7-1资料来自鲁剑巍《肥料使用技术手册》和赵广春《百种作物无公害施肥技术》。

表7-2 甘肃省各农业生态区主栽作物比例及养分需求

各生态区	作物种类	产量范围（kg/亩）	平均产量（kg/亩）	100kgN需求量（kg/亩）	100kgP_2O_5需求量（kg/亩）	100kgK_2O需求量（kg/亩）	N需求量（kg/亩）	P_2O_5需求量（kg/亩）	K_2O需求量（kg/亩）
河西走廊灌溉农业区	小麦	200~450	350	3.00	1.00	2.50	10.50	3.50	8.80
	玉米	500~1000	800	2.57	0.86	2.14	20.60	6.90	17.10
	马铃薯	1500~4000	2500	0.50	0.20	1.06	12.50	5.00	26.50
陇中黄土高原农林牧区	小麦	50~400	150	2.80	1.25	2.40	4.20	1.90	3.60
	玉米	200~900	500	2.57	0.86	2.14	12.90	4.30	10.70
	马铃薯	1000~3000	2000	0.50	0.20	1.06	10.00	4.00	21.20
陇东黄土高原农林牧区	小麦	150~350	250	3.00	1.25	2.50	7.50	3.10	6.30
	玉米	400~800	600	2.57	0.86	2.14	15.40	5.20	12.80
	马铃薯	400~2500	1500	0.50	0.20	1.06	7.50	3.00	15.90
陇南山地农林区	小麦	100~300	200	2.80	1.25	2.40	5.60	2.50	4.80
	玉米	350~750	550	2.57	0.86	2.14	14.10	4.70	11.80
	马铃薯	800~3000	1500	0.50	0.20	1.06	7.50	3.00	15.90

注：表7-2资料来自车宗贤《甘肃省作物专用复混肥料农艺配方》。

表7-3 宁夏主要作物形成每100kg★或1000kg* 经济产量吸收氮、磷、钾量

作物	采样地区或单位	N（kg）	P_2O_5（kg）	K_2O（kg）
春小麦★	自治区农科院土肥所	2.8~3.1	1.0~1.1	2.5~2.6
玉米★	自治区农科院土肥所	1.6~1.8	0.7~0.8	2.1~2.3
	吴忠	2.01	0.90	2.120
	原州区	1.85	0.62	1.46
水稻★	自治区农科院土肥所	1.6~1.8	0.6~0.8	2.1~2.3
	灵武（品种花92）	1.62	0.81	1.18
	灵武（品种花92）	1.385	1.043	1.028
	灵武（品种T39）	1.708	0.826	1.375
	青铜峡	2.31	0.76	2.95
马铃薯★	隆德	0.38	0.13	0.239
	平罗（菜用马铃薯）	0.281	0.529	0.310
向日葵★	惠农（油葵）	4.60	2.10	13.97
	原州区（食用葵）	4.11	1.63	6.64
蚕豆★	隆德	5.56	1.21	1.67
小茴香★	海原	4.05	1.80	5.38
蚕食丝★	贺兰（地溜子）	1.57	0.50	2.12
枸杞★	自治区农科院土肥所	2.25	1.05	1.17
茄子*	银川市农技站	3.28	0.92	6.62
番茄*	银川市农技站	2.23	1.02	4.90
辣椒*	银川市农技站	4.72	1.34	9.63
黄瓜*	银川市农技站	2.07	1.28	3.96
西芹*	银川市农技站	3.06	2.02	8.73
甘蓝*	银川市农技站	3.53	1.21	5.45

续表

作物	采样地区或单位	N（kg）	P_2O_5（kg）	K_2O（kg）
甜瓜*	银川市农技站	3.42	1.17	8.35
西瓜*	银川市农技站	3.51	0.88	5.69
压沙瓜*	中卫市	2.81	5.29	2.86

注：表7-3资料来自马玉兰《宁夏测土配方施肥技术》。

第二节　中国土壤养分含量丰缺评价指标

下面列出中国土壤酸碱度、有机质、大量元素、中量元素、微量元素，菜园土壤等各项指标的丰缺评价，供查阅参考。

表7-4　土壤酸碱度（pH）评价指标

级别	极酸	酸性	中性	碱性	极碱
pH	<4.5	4.5~6.5	6.5~7.5	7.5~8.5	>8.5

表7-5　常规方法测定的有机质评价指标（g/kg）

项目	缺乏	中等	丰富
有机质	<15	15~25	>25

表7-6　常规方法测定的土壤大量元素有效含量丰缺指标

元素	分 级（mg/kg）				
	极缺	缺乏	中等	丰富	偏高
碱解氮（N）	<50	50~100	100~150	150~200	>200
速效磷（P）	<5	5~10	10~20	20~40	>40
速效钾（K）	<50	50~100	100~150	150~250	>250

表7-7 常规方法测定的土壤中量元素有效含量丰缺指标

元素	分 级（mg/kg）				
	极缺	缺乏	中等	丰富	偏高
交换钙（Ca）	<100	100~250	250~1000	1000~2000	>2000
交换镁（Mg）	<25	25~50	50~100	100~200	>200
有效硫（S）	<10	10~16	16~30	30~50	>50

表7-8 常规方法测定的土壤微量元素有效含量丰缺指标

元素	分 级（mg/kg）				
	很低	低	中	高	很高
锰（Mn）	<5	5~10	10~20	20~30	>30
锌（Zn）	<0.5	0.5~1.0	1.0~2.0	2.0~4.0	>4.0
硼（B）	<0.25	0.25~0.5	0.5~1.0	1.0~2.0	>2.0
铁（Fe）	<2.5	2.5~4.5	4.5~10	10~20	>20
铜（Cu）	<0.1	0.1~0.2	0.2~1.0	1.0~2.0	>2.0
钼（Mo）	<0.1	0.1~0.15	0.15~0.2	0.2~0.3	>0.3

表7-9 菜园土壤有效大中量元素养分丰缺状况分级（mg/kg）

元素	极缺	缺	适宜	偏高
碱解氮（N）	<100	100~200	200~300	>300
速效磷（P）	<30	30~60	60~90	>90
速效钾（K）	<80	80~160	160~240	>240
交换钙（Ca）	<240	240~480	480~720	>720
交换镁（Mg）	<60	60~120	120~180	>180
有效硫（S）	<15	15~30	30~40	>40

注：表7-9资料来自鲁剑巍《肥料使用技术手册》。

第八章　甘肃省农业区划特点及土壤养分现状

第一节　甘肃省农业区划特点

甘肃地域狭长，东西跨度1655km，南北最宽处530km，介于北纬32°25′~42°50′，东经92°13′~108°42′，土地总面积45.4万平方千米，居全国第七位，耕地面积6 921.45万亩。其地貌可划分为平原、高原与台地、丘陵、山地四种基本形态，地势呈西南高东北低，阿尔金山脉以近似东西向伸入甘肃省西部；祁连山以西北—东南向自河西南缘向陇中延伸，西秦岭山地以数条东西向的山脉盘踞在陇南地区；六盘山纵贯甘肃省东部，成为陇东、陇西地区的分界线。甘肃省除陇南地区部分谷地和疏勒河下游谷地地势较低外，大部分海拔都在1000m以上。辖区分属黄河、长江和内陆河三大流域，其疆域包括传统上的陇东、陇中、陇南、甘南、河西地区及祁连山马鬃山山地等区域，位居西北五省的中部。

甘肃省农业资源特点是：土地资源辽阔，为发展农林牧业生产提供了广阔场所，但难利用土地面积大，占全省耕地面积的39. 65%，土地利用率低。现有耕地中，山地占65%，中低产田占75%；部分耕地光照充足，热量条件好，有利于农作物的生长和产量的提高，但大部分地区水资源不足，气候干旱，旱灾威胁严重。

全省农业地域差异与农业类型特征是：农业地域差异十分明

显。从自然环境条件看，以黄河为界，将甘肃省分为河东、河西两部分。河西土地资源广阔，光能资源丰富，热量条件好，年降水量在200mm以下，而蒸发量在2000mm以上，因有祁连山冰雪融化水提供灌溉，形成了“绿洲型”灌溉农业区。河东以山塬丘陵沟壑为主，光热条件较好，年降水量多在400mm以上，年蒸发量在1500mm以下，有干旱、半干旱和湿润、半湿润多种类型气候区，除极少数河谷川道有灌溉农业外，绝大部分是“雨养型”旱作农业区。从生产种类看，全省形成了农业（种植业）、林业、畜牧业等不同类型区。种植业以粮食生产为主，主要分布在河西灌区、陇东、陇中和陇南旱作农业区。

根据甘肃省生态功能区划结果，全省划分为三大生态区域，即河东湿润、半湿润生态系统大区，河西干旱、半干旱生态系统大区，青藏高原东北部高寒生态系统大区，3个大区下又划分为8个生态区，22个生态亚区、72个生态功能区。结合农业生产技术、水热组合特点及地形特征，可大致将甘肃省分为6个农业生态区。

一、河西走廊灌溉农业区

本区位于甘肃省西部，主要包括酒泉、张掖、武威3个地区和嘉峪关、金昌2市及白银市的景泰县，共19县（区），土地面积15.04万平方千米。本区共有耕地面积1075.5万亩，粮食作物播种面积19.79万亩，有效灌溉面积845.6万亩，占耕地面积的78.6%。本区属于内陆荒漠区，气候干旱，日照充足，热量资源丰富，降水少，蒸发强；地势平坦，耕地集中连片；水资源较丰富，灌溉便利，农业生产基础好，耕作水平较高；交通发达，运输方便。本区种植业是主体，林牧副业基础薄弱；土壤盐渍化严重；干热风危害大，田间管理水平低。本区分为5个二级区，即：河西走廊中东段粮、油、甜菜区，河西走廊西北部粮食、棉花区，河西南部沿山油、畜、粮区，河西走廊东段干旱农业区，河西走廊北部荒漠牧区。

二、陇中黄土高原农林牧区

本区位于甘肃省中部，包括平凉、定西2个地区，兰州、天水、白银3市和临夏州，共36县（市、区），土地面积7.04万平方千米。本区共有耕地面积2325.5万亩，粮食作物播种面积1868.68万亩，其中有效灌溉面积486.75万亩，占耕地面积的20.9%。本区土地资源广阔，地形复杂，农业地域差异大。大部分地区气候温凉，雨水北部少；植被稀疏，林木缺乏，覆盖率在3%以下；多种经营门路广，利于综合发展。本区经营单一，林牧业薄弱，农林牧业矛盾突出，水土流失和干旱等自然灾害严重；农业生产低而不稳。本区划分为6个二级区，即：北部半干旱粮食蔬菜畜牧区，西部二阴山地农林牧区，中部半湿润农林牧区，中部半干旱农林牧区，南部黄土沟壑农林草果区，关山山地林牧农区。

三、陇东黄土高原农林牧区

本区位于甘肃省东部，包括庆阳地区全部和平凉地区的一部分，共13个县（市），土地面积3.45万平方千米。本区共有耕地面积1227.2万亩，粮食作物播种面积1 138.95万亩，有效灌溉面积136.05万亩，占耕地面积的11.1%。本区属温带气候型，川源地面积大，地势平坦，土层深厚、肥沃，便于机耕，是甘肃省历史上的产粮区，但水土流失严重，干旱频繁且危害大；农业生产条件改变慢，生产水平低。本区以粮食生产为主，农林牧全面发展，川源区发展粮食、果品，东部和西南部山地发展林业，西北部适宜发展畜牧业，荒坡、荒沟造林种草，发展经济林、果园、药材、黄花等。目前，本区粮食产量低而不稳，但川源区增产潜力大。本区可分为3个二级区，即中部和南部产粮区、子午岭林农区和西北部半农半牧区。

四、陇南山地农林区

本区位于甘肃省东南部，包括陇南地区的9个县，土地总面积2.79万平方千米。本区共有耕地面积431.8万亩，粮食作物播种面积369.14万亩，有效灌溉面积93.72万亩，占耕地面积的21.7%。本区山高坡陡，地形复杂，差异性大，有立体农业特点；水资源丰富，年平均降水量400~950mm；生物资源丰富，适合发展用材林、经济林与珍贵动物；本区山多地少，主要以山坡耕地为主，水土流失严重，自然灾害频繁，产量不稳定；林副产品资源丰富，开展多种经营潜力大；农业生产落后，粮食生产不能自给。

五、甘南高原牧林区

本区位于甘肃省西南部，包括甘南藏族自治州的7个县和定西地区的岷县，土地面积4.21万平方千米。根据2010年统计结果，本区耕地面积100.3万亩，粮食作物播种面积53.28万亩，有效灌溉面积9.3万亩，占耕地面积的9.3%。本区草原辽阔，牧草资源丰富，是甘肃省主要的牧区；森林资源丰富，植被较好，是全省重要的林业基地之一；水源充足；高寒阴湿，灾害频繁，农牧业经营粗放；农业基本建设差。本区牧业比重大，具有发展畜牧业的潜力；农林牧地带性分布明显。本区以牧为主，牧、林、农相结合，建设牧业、林业基地，发展自给性的粮食生产，多种经营联合。本区分3个二级区，即西南部高原牧区、中部山原林牧区、洮岷山地农业区。

六、祁连山马鬃山山地畜牧水源林区

本区位于甘肃省西南部，甘、青两省交界处，包括天祝、肃南、肃北、阿克塞及民乐县的一部分，土地面积12.92km²，耕地不足100万亩。本区地形复杂，气候高寒，降水较多，水资源丰富；林地面积较大，是重要的水源涵养区，草原辽阔；山地资源种类多，利于发展多种经营。本区以畜牧和水源林为主，畜牧业占有较大比重，种植业要服从畜牧业的发展；但毁林、毁草开垦带来严重恶果，耕作粗放，垂直分布差异较大。本区畜牧业以毛、肉兼用羊为主，其次发展牛和骆驼；在林业发展方面，需养护森林，加强次生林的培育、改造，营造水源涵养林。本区分为4个二级区，即：祁连山东段牧林农区、祁连山中段林牧区、祁连山西段阿尔金山牧区、马鬃山荒漠牧区。

第二节　甘肃省耕地五大生态施肥区域

一、河西走廊灌漠（淤）土区

该项目区包括酒泉、嘉峪关、张掖、武威、金昌及白银市的景泰16个县，是祁连山以北，黄河以西荒漠地带的灌溉农业区。地带性典型土壤为灌漠土和灌淤土，区内耕地海拔一般在1340~2185m，平均高度1664m。年平均降水量65~360mm，年均气温5~9℃，全年≥10℃积温1940~3500℃，无霜期118~165d，耕作制度大部分为一年一熟。

该区土壤有机质9.73~18.07g/kg，平均12.42g/kg；pH7.92~8.55，平均8.01；土壤全氮含量0.56~1.07g/kg，平均0.81g/kg；碱解氮36.07~77.02mg/kg，平均65.85mg/kg；全磷0.12~1.57g/kg，平均0.80g/kg；土壤速效磷12.50~25.17mg/kg，平均23.85mg/kg；土壤全钾16.14~35.10g/kg，平均16.32g/kg；速效钾126.50~

219.60mg/kg，平均148.54mg/kg；土壤中速效铁、速效锰、速效铜、速效锌、速效硼、速效镁平均含量分别为10.57mg/kg、7.80mg/kg、1.32mg/kg、1.42mg/kg、3.15mg/kg、3.88mg/kg。区域内地面坡度0.37°~10.07°，年均产量467kg/亩，最高680kg/亩，最低205kg/亩。多数耕地相当于全国分级标准的高等或中等水平。

二、陇中干旱黄土高原区

该项目区包括兰州市、天水市、定西市（除岷县）、临夏州、白银市（除景泰县）、平凉市的静宁、庄浪35个县（市、区）。位于西秦岭、太子山以北，陇山以西，甘宁两省界及乌鞘岭以南，甘青两省界以东地区。地带性典型土壤为黄绵土，地形为黄土梁峁丘陵，地貌组合由河谷、川台、梁峁坡地和部分残塬构成。区域内海拔高度1332~2361m，地面坡度5.35°~38.06°，地下水位1.02~9.9m，年降水量207~614mm，年均气温6℃，全年≥10℃积温1986~3260℃，无霜期112~180d，耕作制度为一年一熟。

该区土壤耕层厚度17.34~32.57cm，耕层土壤pH7.10~8.34，有机质含量10.27~27.17g/kg，平均15.50g/kg；全氮含量0.72~1.47g/kg，平均0.83g/kg；碱解氮41.03~100.30mg/kg，平均65.73mg/kg；全磷0.43~1.72g/kg，平均0.75g/kg；速效磷9.39~32.94mg/kg，平均19.26mg/kg；全钾6.43~65.5g/kg，平均21.65g/kg；速效钾135.03~279.34mg/kg，平均185.88mg/kg；土壤中速效铁、速效锰、速效铜、速效锌、速效硼、速效镁平均含量分别为9.61mg/kg、15.85mg/kg、2.61mg/kg、10.08mg/kg、0.64mg/kg、6.05mg/kg。

三、陇南黄棕壤棕壤褐土区

该项目区包括包括陇南市、甘南州的舟曲10个县（区），位于秦岭以南山地。该区山峦重叠，河谷纵横，切割强烈，地带性典型土壤为棕壤土，区内的农业土壤多为沿江河阶地、山坡中下部平原，表现出明显的阶地式排列。海拔高度1078~2239m，地面坡度14.39°~33.42°，地下水位1.06~1.64m，年降水量526~681mm，年均气温10~15℃，全年≥10℃积温1678~3898℃，无霜期186~212d，耕作制度为一年两熟或一年一熟。

该区土壤耕层厚度23.5~30.0cm，耕层土壤pH7.56~7.66，有机质含量13.27~14.59g/kg，平均14.55g/kg；全氮含量0.75~0.86g/kg，平均0.80g/kg；碱解氮49.71~56.08mg/kg，平均52.89mg/kg；全磷0.46~0.92g/kg，平均0.69g/kg；速效磷12.34~19.24mg/kg，平均15.79mg/kg；速效钾121.57~149.99mg/kg，平均135.78mg/kg。

四、陇东黄土高原残塬沟壑区

该项目区包括庆阳、平凉（除静宁、庄浪外）2市15个县（区），是位于华家岭以东的黄土高原区。地带性典型土壤为黑垆土，地貌特点是正负地形表现明显，塬、梁、峁、坪、河谷川地发育齐全，河流以树枝状展布。境内海拔高度1229~1507m，地面坡度2.05°~10.97°，地下水位3.39~8.07m，年降水量358~565mm，年均气温7~10℃，全年≥10℃积温2781~3503℃，无霜期147~212d，耕作制度为一年一熟、二年三熟。

该区土壤耕层厚度17.42~24.97cm，耕层土壤pH8.04~8.59，有机质含量8.67~16.44g/kg，平均12.91g/kg；全氮含量0.47~0.90g/kg，平均0.77g/kg；碱解氮38.58~69.80mg/kg，平均59.84mg/kg；土壤中速效铁、速效锰、速效铜、速效锌、速效硼、速效镁平均含量分别为7.55mg/kg、8.38mg/kg、0.86mg/kg、0.63mg/kg、0.36mg/kg、5.50mg/kg。

五、高寒阴湿区

该项目区包括包括甘南州（除舟曲县）及定西市的岷县。该项目区是指陇南山地、陇中中山与黄土高原交接地带，地势高亢，气候冷凉，地带性典型土壤主要是黑垆土、栗钙土。海拔一般在1800m以上，年均气温4~7℃，全年≥10℃积温2200~2400℃，无霜期120~150d，年降水量500~600mm，粮食耕作制度为一年一熟。该区耕地土壤有机质平均为16.06g/kg，全氮平均为1.10g/kg、速效磷为8.6mg/kg、速效钾为197.3mg/kg。

第三节 甘肃省土壤养分现状及分级标准

表8-1 甘肃省土壤养分含量统计表

统计项目	样本数	平均	最小	最大	标准差	变异系数（%）
有机质（g/kg）	84662	14.78	1.1	396	3.7	26.15
pH	26955	8.13	6.0	8.59	1.55	19.07
全氮（g/kg）	78525	0.90	0.01	48.0	0.16	18.18
碱解氮（mg/kg）	84840	61.43	1.00	825	15.21	23.81
全磷（g/kg）	39290	0.72	0.01	91.00	1.36	46.15
速效磷（mg/kg）	89972	17.73	0.9	237.8	7.09	41.27
全钾（g/kg）	36658	21.76	0.4	90.0	12.49	57.40
速效钾（mg/kg）	17231	172.94	19.7	243	36.28	20.98
有效镁（mg/kg）	—	14.64	3.3	68.55	25.51	174.25
有效铁（mg/kg）	18636	9.94	4.54	31.2	4.05	40.74

续表

统计项目	样本数	平均	最小	最大	标准差	变异系数（%）
有效锰（mg/kg）	18598	8.25	4.18	21.54	3.47	42.06
有效铜（mg/kg）	18636	1.74	0.58	16.8	3.16	181.61
有效锌（mg/kg）	18081	1.01	0.45	2.32	0.54	53.47

表8-2 甘肃不同市州耕层土壤养分含量统计表

地（市）	pH	有机质（g/kg）	全氮（g/kg）	碱解氮（mg/kg）	全磷（g/kg）	有效磷（mg/kg）	全钾（g/kg）	缓效钾（mg/kg）	速效钾（mg/kg）
临夏州	8.3	21.41	1.1	81.76	0.68	24.73	31.25	894.1	228.5
张掖市	8.0	17.22	1.0	74.2	0.84	21.51	15.9	1367	183.15
定西市	8.3	15.92	0.8	65.78	0.51	18.47	15.03	958.9	172.5
平凉市	8.4	15.01	0.8	60.47	0.74	22.92	20.37	1070	185.96
陇南市	7.6	14.56	0.8	54.33	0.61	15.19	21.05	935	138.27
兰州市	8.2	14.54	1.1	70.98	0.74	29.2	22.25	962.9	183.49
天水市	8.3	13.16	0.8	65.98	1.55	11.03	19.64	1100	141.75
白银市	8.2	13.03	0.9	54.01	0.5	15.66	14.92	1114	208.43
酒泉市	8.5	13.00	0.8	66.6	0.73	18.61	21.57	591.2	146.17
武威市	8.4	11.9	0.7	51.69	1.49	16.73	19	809.1	146.24
庆阳市	8.4	12.63	0.8	53.78	0.73	14.87	21.04	1067	207.6

表 8-3 甘肃不同施肥类区有机质含量现状统计表

施肥类区	记录个数	平均值 (g/kg)	最大值 (g/kg)	最小值 (g/kg)	标准差	变异系数 (%)
河西走廊灌漠（淤）土区	28274	14.59	200	1.1	6.11	41.89
陇中干旱黄土高原区	34315	15.23	49.5	1.2	8.26	54.25
陇南黄棕壤棕壤褐土区	6755	14.56	132.7	1.9	7.28	50.04
陇东黄土高原残塬沟壑区	14719	12.58	69.2	1.3	3.82	30.34
高寒阴湿区	598	16.89	346	1.7	9.31	60.14

表 8-4 甘肃省土壤有效态微量元素分级标准

级别 / 元素	1	2	3	4	5
	较高	高	中	低	极低
铜（mg/kg）	>2	2~1	1~0.5	0.5~0.2	<0.2
锰（mg/kg）	>15	15~10	10~5	5~3	<3
铁（mg/kg）	>15	15~10	10~4.5	4.5~2.5	<2.5
锌（mg/kg）	>2	2~1	1~0.5	0.5~0.3	<0.3
硼（mg/kg）	>2	2~1	1~0.5	0.5~0.2	<0.2
钼（mg/kg）	>0.4	0.4~0.2	0.2~0.15	0.15~0.05	<0.05

表 8-5 甘肃省土壤大中量元素养分分级标准

项目	Ⅰ	Ⅱ	Ⅲ	Ⅳ	Ⅴ	Ⅵ	Ⅶ
有机质 (g/kg)	>30	30.0~25.0	25.0~20.0	20.0~15.0	15.0~10.0	10.0~6.0	≤6.0
全氮 (g/kg)	>2.0	2.00~1.50	1.50~1.25	1.25~1.0	1.0~0.75	0.75~0.5	≤0.5

续表

项目	Ⅰ	Ⅱ	Ⅲ	Ⅳ	Ⅴ	Ⅵ	Ⅶ
有效磷（mg/kg）	>40.	40.0~30.0	30.0~20.0	20.0~15.0	15.0~10.0	10.0~5.0	≤5.0
速效钾（mg/kg）	>300	250~300	200~250	150~200	100~150	50~100	≤50
缓效钾（mg/kg）	>120	1200~1000	1000~800	800~600	600~400	400~150	≤150
有效硫（mg/kg）	>40	40~50	30~40	20~30	15~20	10~15	≤10
碱解氮（mg/kg）	>300	250~300	200~250	150~200	100~150	50~100	≤50

表8-6 甘肃省土壤微量元素养分分级标准

项目	Ⅰ	Ⅱ	Ⅲ	Ⅳ	Ⅴ
有效锌（mg/kg）	>2.00	2.00~1.00	1.00~0.50	0.50~0.30	≤0.30
有效锰（mg/kg）	>15.0	15.00~9.00	9.00~7.00	7.00~3.00	≤3.00
有效硼（mg/kg）	>2.00	2.00~1.00	1.00~0.50	0.50~0.20	≤0.2
有效钼（mg/kg）	>0.40	0.40~0.20	0.20~0.15	0.15~0.05	≤0.05
有效铁（mg/kg）	>15.00	15.00~10.00	10.00~4.50	4.50~2.50	≤2.50
有效铜（mg/kg）	>2.00	2.00~1.00	1.00~0.50	0.50~0.20	≤0.20

表8-7 不同施肥类区耕层土壤微量元素现状表

施肥类区	交换性镁（mg/kg）	有效铁（mg/kg）	有效锰（mg/kg）	有效铜（mg/kg）	有效锌（mg/kg）	水溶态硼（mg/kg）
河西区	3.3~7.75	1.17~57.62	1.20~11.32	0.12~2.97	0.11~2.92	0.00~6.29
陇中区	0.00~6.05	0.72~161.82	4.18~88.40	0.58~32.180	0.63~106.89	0.08~13.41
陇南区	1.1~68.55	1.13~23.67	2.12~21.55	0.34~1.17	0.86~78.34	0.09~0.40
陇东区	5.50~181.50	4.54~11.09	5.63~12.42	0.68~1.03	0.55~0.77	0.31~0.62
高寒区	0.98~77.56	1.34~45.12	1.72~76.89	0.11~15.33	0.58~68.11	0.21~7.49

表8-8 不同施肥类区地带性土壤主要作物肥料利用率表

施肥类区	地带性土壤	种植作物	试验个数	肥料利用率（%）		
				氮（N）	五氧化二磷（P_2O_5）	氧化钾（K_2O）
河西灌漠（淤）土	灌漠（淤）土	春小麦	59	35.87	9.59	17.61
		春玉米	43	35.71	10.10	23.14
		大麦	20	29.15	11.95	45.61
		马铃薯	20	18.72	11.28	34.29
		棉花	23	14.81	3.54	15.23
		平均	165	26.85	9.29	27.18
陇中黄土高原区	黄绵土	冬小麦	49	33.68	15.45	14.36
		夏玉米	38	42.33	19.48	12.90
		马铃薯	33	34	10.00	65.60
		平均	120	36.67	14.98	30.95
陇东黄土高原残塬沟壑区	黑垆土	冬小麦	22	19.97	10.47	17.76
		夏玉米	56	18.85	7.23	12.94
		马铃薯	40	16.21	4.04	22.91
		平均	118	18.34	7.25	17.87
陇南黄棕壤棕壤褐土区	褐土	春小麦	20	24.8	8.17	12.59
		玉米	10	15.13	11.05	8.34
		平均	30	19.97	9.61	10.47
平均			433	26.09	10.18	23.33

表8-9 甘肃省土壤有效硫养分检测结果汇总表

县名	样本数（个）	平均值（mg/kg）	代表面积（万亩）	≤10		10~20		20~30		30~40		>40		缺硫面积（万亩）
				样品数（个）	比例	样品数（个）	比例（%）	样品数（个）	比例（%）	样品数（个）	比例（%）	样品数（个）	比例（%）	
宁县	685	27.86	31.4	0	0	45	6.57	400	58.39	240	35.04	0	0.00	2.06
崆峒区	330	31.41	18.1	0	0	30	9.09	40	12.12	260	78.79	0	0.00	1.65
凉州区	629	36.70	40	20	3.18	18	2.86	180	28.62	258	41.02	153	24.64	2.42
安定区	416	34.51	24.2	0	0	0	0.00	201	48.32	145	34.86	70	16.83	0.00
徽县	387	27.8	24.6	20	5.16796	13	3.36	346	89.41	2	0.52	6	1.55	2.10
临夏县	640	32.45	23.6	0	0.00	10	1.56	260	40.63	370	57.81		0.00	0.37
渭源县	3798	26.73	41.3	31	0.79	270	6.92	3497	89.67	0	0.00	0	0.00	3.19
甘州区	1780	29.71	58.8	17	0.97983	106	6.11	1096	63.17	550	31.70	11	0.63	4.17
全省合计	8665	30.90	262.00	88	1.26	492	4.56	6020	53.79	1825	34.97	240	5.46	15.95

第九章　沼渣、沼液肥施肥技术

第一节　沼渣施肥技术

沼渣是畜禽粪便、秸秆等有机废弃物经沼气发酵后并经过固液分离等处理得到的固体产物。

沼渣干基样的总养分含量≥3.0%，有机质含量≥30%，pH 为 6.8~8.0。

沼渣不但可以作为肥料使用，还可以配制营养土、栽培食用菌的栽培料。

一、作肥料替代化肥使用

沼渣一般作为基肥施用，施用量根据不同作物不同需求确定，大田作物推荐年施用量见下表。

表9-1　主要大田作物沼渣推荐施用量

作物种类	沼渣施用量（kg/亩）
水稻	1500~2500
小麦	1800
玉米	1800
棉花	1000~3000
油菜	2000~3000

续表

作物种类	沼渣施用量（kg/亩）
苹果	2000~3000
番茄	3200
黄瓜	2200

表 9-2 主要设施大棚作物沼渣推荐施用量

类别	作物	沼渣施用量（kg/亩）
茄果类	茄子	2000~3000
	番茄	
	辣椒	
瓜 类	黄瓜	2000~3500
	苦瓜	
	南瓜	
豆 类	菜豆	3000~2500
	豇豆	

施用方法：

大田作物可在播种前翻耕地时撒入沼渣后随犁深翻入土壤中，覆土盖严，成化 7d 后播种。

设施蔬菜作物可在栽植前一周翻耕地时撒入或开沟一次性施入沼渣后覆盖 5~10cm 的原土，定植后立即浇透水。

果树施用可在当年采果结束后和春季 2~3 月，以每棵树冠滴水圈对应挖长 60~80cm、宽 20~30cm、深 30~40cm 的施肥沟进行施肥，并覆土盖严。

二、配制营养土

选用腐熟度好、质地细腻的沼渣，按沼渣：泥土：锯末：化肥以（20%~30%）:（50%~60%）:（5%~10%）:（0.1%~0.2%）的比例配合拌匀即可。

三、食用菌栽培料

将5000kg沼渣、1500kg麦秆或稻草、15kg棉籽皮、60kg石膏、25kg石灰混合后可作为栽培料。

第二节　沼液施肥技术

沼液是畜禽粪便、秸秆等有机废弃物经沼气发酵后并经过固液分离等处理得到的液体产物。

沼液鲜基样的总养分含量≥0.2%、pH6.8~8.0。

沼液不仅可以作为有机液肥还田、对作物追肥和叶面喷施，更适用于水肥一体化滴灌、喷灌的液体肥料。沼液还可以用于农作物浸种和防止农作物病虫害、无土栽培等。

一、用于还田和作物追肥施用

沼液作为有机液肥可用于还田。当季作物收获后可以按每亩地用未经固液分离的原沼液（沼渣和沼液混合物）4~6t满地洒施，成化一周后结合耕地深翻入土壤中作基肥使用；也可结合秋灌和春灌把沼液配入灌溉水中灌地。

沼液可使用水肥一体化等设施用于作物追肥和叶面追肥。

沼液用于大田漫灌或小渠沟灌追肥施用时，需通过固液分离将沼渣分离，沼液随灌溉清水冲施入地。

沼液用于喷灌、滴灌时需通过140目筛网过滤后配入清水中水肥一体化施用。沼液水肥一体化施用应采取清水—施肥—清水的步骤进行，每次先用清水灌溉半小时，再施用沼液，施肥结束再用清水继续灌溉15~20min冲洗管道，避免堵塞滴孔。

沼液用量按照肥随水走、少量多次、分阶段拟合的原则，结合果菜类蔬菜不同生长期的需肥特点及生产目标，在果菜类蔬菜生长期分阶段进行合理追肥。根据所用沼液养分含量高低，适当增减每次施肥量。不同类别的果菜类蔬菜在不同生长时期的推荐用量参考下表。

表9-3 果菜类蔬菜沼液追肥推荐施用量

类别	作物	催苗期施用量（kg/亩）	开花结果（结荚期）施用量（kg/亩）	结果（结荚）盛期施用量（kg/亩）
茄果类	茄子	1080~1260	2100~2500	6000~6600
	番茄	650~1000	2100~2300	4300~4700
	辣椒	250~300	500~550	2200~2300
瓜类	黄瓜	300~400	400~700	1800~3200
	苦瓜	500~900	900~1400	5600~6500
	南瓜	800~1000	2500~3000	1600~1800
豆类	菜豆	900~1300	1400~2000	1000~1500
	豇豆	700~800	1200~1700	700~1000

注：1.沼液施用量为稀释前的质量；

2.沼液追肥量以沼液总氮（TN）浓度计算，沼液总氮范围为1000~1500mg/L，干物质浓度（TS）≤5%。

沼液追肥施用方法：

1.催苗肥

在定植后7~10d可轻施1次催苗肥（沼液与灌溉水按1：2的

比例混合），之后看苗情长势可再追施沼液（沼液与灌溉水按1:1的比例混合）1次。定植后至坐果前肥水管理重在稳，以控为主，防止茎叶徒长。

2．促果肥

开花结果初期应重视追肥，以促进果实生长发育，在第一台（穗）果膨大时，可追施1~2次沼液（沼液与灌溉水按1：1的比例混合），并按稀释后沼液体积占比的0.2%~0.5%加入磷酸二氢钾等其他磷、钾肥，促幼果膨大。

3．盛果肥

在第一台（穗）果采摘后进入开花结果盛期，应每隔10~15d追施沼液1次，沼液与灌溉水按1：1的比例混合，并按稀释后沼液体积占比的0.2%~0.5%加入磷酸二氢钾等其他磷、钾肥，保证植株不脱肥，以避免植株早衰，影响果实发育。

在设施蔬菜栽培中，追施沼液时应注意通风，以免植株氨气中毒。

二、沼液叶面喷施

在作物处于幼苗、嫩叶期时可用沼液与灌溉水按1:（10~20）的比例混合喷施，每10d左右喷施1次。

进入开花结果期后，可用沼液与灌溉水1:（5~10）的比例混合喷施，并按稀释后沼液体积占比的0.2%~0.5%加入磷酸二氢钾等其他磷、钾肥，每7~10d喷施1次，直至作物收获完成。

沼液叶面喷施宜在晴天的早晨或傍晚进行，从叶片背面喷洒，以叶片布满液珠而不滴水为宜。蔬菜采摘前1周停止喷施沼液。

三、农作物浸种

1．小麦浸种

将晒干的麦种装入袋内在沼气池水压间浸泡12h，取出后清水洗净、沥干水分，摊开麦种晾干表面水分，次日即可播种。

2. 玉米浸种

与小麦浸种一样，浸泡时间为4~6h。

3. 棉花浸种

将棉花种子袋浸入沼气池水压间，浸泡36~48h，取出袋子滤去水分，用草木灰拌和反复轻搓，使其成为黄豆粒状即可用于播种。

第三节　沼液防治农作物病虫害施用技术

一、沼液选用要求

正常发酵产气3个月以上，pH为6.8~7.6，经过滤、曝气2h处理的沼液。

二、沼液防治农作物病害施用技术

1. 沼液叶面喷施

沼液按1∶3稀释后，对叶面进行喷施。喷施时间以上午10时前或下午3时后为宜，每次喷施量35kg/亩。每7~10d喷施一次，连续喷施3次。

2. 沟施或灌根

沼液按1∶3稀释，粮油作物类可顺沟追施沼液300~350kg/亩；茄果类、瓜类蔬菜可按500g/株沼液稀释液进行灌根，间隔7~10d，连续3次。

三、沼液防治农作物虫害技术

1. 防治蚜虫

在蚜虫发生期，选用沼液14kg，洗衣粉溶液（洗衣粉∶清水=0.1∶1）0.5kg配制成沼液治虫剂。选择晴天的上午喷施，每次喷施量35kg/亩。每天喷施1次，连续喷施2次。

2．防治玉米螟幼虫

在螟虫孵化盛期，用沼液50kg，加2.5%敌杀死乳油10mL配成沼液治虫药液。选择晴天的上午喷施，每次喷施量35kg/亩。每天喷施1次，连续喷施2次。

3．沼液防治红蜘蛛

施用前沼液过滤，放置2h用喷雾器喷施。选择气温低于25℃的天气，在露水干后全天喷施，重点喷在叶片的背面。每次喷施量35kg/亩，每天喷施1次，连续喷施2次。

对于上年结果多、树势弱的果树，在沼液中加入0.1%的尿素。对幼龄树和结果少、长势弱的树，在沼液中加入0.2%~0.5%的磷钾肥，以利花芽的形成。

第四节　沼液无土栽培

经沉淀过滤后的沼液，按各类蔬菜的营养需求，以1：(4~8)比例稀释后用作无土栽培营养液。

根据蔬菜品种不同或对微量元素的需要，可适当添加微量元素，并调节pH至5.5~6.0。

在蔬菜栽培过程中，要定期添加或更换沼液。

第十章　主要粮食作物施肥技术

第一节　小麦

小麦是甘肃省种植面积最大，从陇东到河西分布范围最广的粮食作物，居甘肃粮食作物之首，甘肃属全国冬、春小麦种植的过渡带，既种冬小麦也种春小麦。甘肃省冬小麦种植面积约1100万亩，约占小麦播种面积的55%；春小麦种植面积约900万亩，约占小麦播种面积的45%。

一、小麦需肥量

小麦对氮、磷、钾三要素的吸收量因品种、气候、生产条件、产量水平、土壤和栽培措施不同而有差异。据文献报道，在目前中等产量水平下，每生产100kg籽粒，需从土壤中吸取氮素3.0kg，磷（P_2O_5）1.0~1.25kg，钾（K_2O）2.5kg。随着小麦产量提高，对氮、磷、钾的吸收比例也相应提高。

二、小麦对养分需求特性

1.氮

氮是小麦营养中最为重要的元素之一，影响小麦的生长发育和产量形成。分蘖期含氮量小于4%时，分蘖发生困难；同时，也深刻影响籽粒及面粉的品质。

2.磷

磷以多种方式参与小麦的生长发育，起着细胞中结构成分与代谢活性化合物的作用。小麦缺磷，常引起根系发育受阻，分蘖减少，叶片呈暗绿色而无光泽，成熟延迟，粒轻品质差。磷肥可显著增加分蘖与次生根数及根系的吸收能力，增加伤流量，提高小麦苗期的抗寒性，因此磷肥要早施。

3.钾

小麦缺钾症状在拔节孕穗期最为明显，表现为植株矮化，拔节迟缓，植株散生，茎秆机械组织发育不良，抽穗推迟，开花后叶片易出现枯黄早衰。高氮更易促发小麦缺钾，钾能促进氮代谢。

4.钙

钙作为植物细胞壁的组成成分以及细胞分裂、细胞延伸、染色体和细胞膜的稳定剂，对于小麦的生长发育有重大的影响。小麦缺钙，引起叶片呈灰色，心叶变白，以后叶尖枯萎，尤其是根系对缺钙十分敏感，常引起根尖死亡及根毛发育不良，严重影响根系的吸收功能。

5.镁

镁不仅是叶绿素分子中的关键元素，影响叶片的光合作用，也是重要的活化剂，它可以活化多种酶，在蛋白质、核酸和碳水化合物代谢中起重要作用。小麦缺镁常表现为植株矮小，呈缺绿症。

6.硼

硼对小麦的开花结实有较大的影响。在土壤缺硼的情况下，小麦雄性器官发育受阻，花粉败育，造成不结实，而施硼后开花和结实正常。小麦对硼的反应不如双子叶植物（如油菜、棉花）那样敏感，一般不会呈缺乏症。

7.锰

锰能促进小麦的光合作用和呼吸作用，促进生长发育。缺锰的小麦植株发育不全，叶片细长，有不规则的斑点，老叶上斑点叶灰色、浅黄色或亮褐色。

8.铜

铜能影响呼吸作用中的氧化还原过程。缺铜的小麦叶片变成针状卷曲，在严重缺乏的情况下，影响穗的正常发育。此外，铜对小麦的抗寒越冬性有很大的影响。

9.铁

由于铁与叶绿体和叶绿素的形成有关，缺铁引起小麦叶脉间的组织黄化，呈明显的条纹；幼叶丧失形成叶绿素的能力。

10.锌

缺锌小麦由于体内的生长素合成受阻而引起小叶丛生，植株矮化、缺绿、花叶等症状。

11.钼

施钼冬小麦具有出苗整齐、麦苗健壮、叶色深绿、叶挺、抗寒性强、分蘖早而多、穗多粒多、早熟等特点。

三、小麦不同时期对养分需求的特性

小麦对氮、磷、钾养分的吸收量，随着植株营养体的生长和根系的建成，育苗期、分蘖期至拔节期逐渐增多，于孕穗期达到高峰。小麦不同生育期吸收氮、磷、钾养分的吸收率不同。氮的吸收有两个高峰期，一个是从分蘖到越冬，这时小麦麦苗虽小，但这一时期的吸氮量占总吸收量的13.5%，是群体发展较快时期；另一个是从拔节到孕穗，这一时期植株迅速生长，对氮的需要量急剧增加，吸氮量占总吸收量的37.3%，是吸氮最多的时期。对磷、钾的吸收，一般随小麦生长的推移而逐渐增多，拔节后吸收率急剧增长，40%以上的磷、钾养分是在孕穗以后吸收的。苗期是小麦的营养生长期，氮素代谢旺盛，同时对磷、钾反应敏感，因此施足基肥能促进早分蘖、早发根，为麦苗安全过冬、壮秆大穗打下基础。拔节期，小麦生殖生长和营养生长并进，养分的吸收和积累多，氮、钾积累量已达最大值的一半，磷约占40%。孕穗期，养分吸收与积累达最大，地上部氮素积累量已达最大值的80%左右，磷、钾在85%以上。抽穗开花后，小麦根系吸收能力减弱至丧失，养分吸收量随之减少并趋于停止。

氮素在小麦冬前分蘖期和幼穗分化期，磷素在小麦3叶期，钾素在小麦拔节期是关键时期；而养分最大效率期是，氮素在拔节至孕穗期，磷素在抽穗至开花期，钾素在孕穗期。

小麦虽然吸收锌、硼、锰、铜、钼等微量元素的绝对数量少，但微量元素对小麦的生长发育却起着十分重要的作用。据试验资料，每生产100kg小麦，需吸收锌约9g。在不同的生育期，吸收的大致趋势是：越冬前较多，返青、拔节期吸收量缓慢上升，抽穗成熟期吸收量达到最高，占整个生育期吸收量的43.2%。

四、施肥量的确定

小麦的施肥量要根据产量水平、肥料种类、土壤肥力、前茬作物、品种类型和气候条件等综合考虑。目前，生产上多采用以产量指标定施肥量的方法（目标产量法），就是根据100kg小麦籽粒吸收氮、磷、钾的数量，计算出所定产量指标吸收氮、磷、钾的总量，再参考土壤肥力基础、肥料种类、肥料当季吸收利用率等，计算所需各种肥料的总量。例如，小麦亩产500kg的田块需要施入纯氮15kg，纯磷5~6.25kg，纯钾12.5kg。

五、小麦施肥时期

1. 基肥

高产小麦基本苗较少，要求分蘖成穗率高，这就要求土壤能为小麦的前期生长提供足够的无机营养。同时，小麦又是生育期较长的作物，要求土壤持续不断地供给养料，一般强调基肥要足。基肥的作用首先在于提高土壤养分的供应水平，使植株的氮素水平提高，增强分蘖能力；另一方面，能够调节整个生长发育过程中的养分供应状况，使土壤在小麦生长各个生育阶段都能为小麦提供各种养料，尤其是促进小麦后期稳长不早衰方面有特殊作用。高产条件下，基肥用量一般应占总用量的40%~60%，磷、钾肥一般全部作基肥施入。

2.种肥

种肥由于集中而又接近种子，肥效又高又快，对培育壮苗有显著作用。种肥的作用因土壤肥力、栽培季节等条件而异，对于基肥少的瘠薄地以及晚茬麦或春小麦，增产作用较大；而对于肥力条件好或基肥用量多以及早播冬小麦，种肥往往无明显的增产效果。小麦苗期根系吸收磷的能力弱，而苗期又是磷素反应的敏感期，所以磷肥作种肥对促进小麦吸收磷素，提高磷肥的利用率有很大的意义。种肥可采用沟施或拌种。

3.苗肥

苗肥的作用是促进冬前分蘖和巩固早期分蘖。小麦播种后15~30d进入分蘖期，此时要求有充足的养分供应，尤其是氮素，否则分蘖发生延缓甚至不发生。施用苗肥，还能促进植株的光合作用，从而促进碳水化合物在体内的积累，提高抗寒力。

一般在小麦播种后15~30d或3叶期以前施下，用量为总施肥量的20%左右。

4.腊肥

腊肥能提高冬小麦冬后拔节期至孕穗、抽穗期的土壤养分供应水平，促进物质积累和呼吸作用。

5．拔节肥

拔节肥可以加强小花分化强度，增加结实率，改善弱小分蘖营养条件，巩固分蘖成穗，增加穗数，延长上部功能叶的功能期，减少败育小花数，提高粒重，因而具有非常重要的作用；但要防止过肥倒伏。以叶面肥为主。

6．根外喷肥

根外喷肥是补充小麦后期营养不足的一种有效施肥方法。由于麦田后期不便追肥，且根系的吸收能力随着生育期的推进日趋降低，因此，若小麦生育后期必须追施肥料时，可采用叶面喷施的方法，这也是小麦增产的一项应急措施。

六、小麦施肥技巧

1．马鞍促控型

苗期促，返青至拔节期控，拔节以后攻穗重；适用于高产小麦。

2．连续促进型

基肥足，苗肥速，穗肥巧；适用于土壤肥力低或生育期短的小麦。

3．前重后稳型

重施基肥和种肥、粗肥与精肥，迟效肥与缓效肥结合；适用于雨水少及雨季集中的地区。

七、不同类型小麦的施肥技术

1．冬小麦施肥技术

冬小麦在年前播种，经过冬天后，在翌年成熟收获。其营养生长阶段（出苗、分蘖、越冬、返青、起身、拔节）的施肥，主攻目标是促分蘖和增穗，而在生殖生长阶段（孕穗、抽穗、开花、灌浆、成熟），则以增粒增重为主。根据小麦的生育规律和营养特点，应重视基肥和早施追肥。基肥用量一般应占总施肥量的60%~80%，追肥占20%~40%为宜。

（1）基肥的施用

“麦喜胎里富，基肥是基础”。基肥不仅对幼苗早发、培育冬前壮苗、增加有效分蘖是必要的，而且也能为培育壮秆、大穗、增加粒重打下良好的基础。对于土壤质地偏黏，保肥性能强，又无浇水条件的麦田，可将全部肥料一次施作基肥，俗称“一炮轰”。具体方法是：把全量的有机肥、2/3氮、磷、钾化肥撒施地表后，立即深耕，耕后将余下的肥料撒垡头上，再随即耙入土中。这样，可使耕作层全层都混有肥料，既有利于前期形成壮苗，又可防止后期脱肥早衰。对于保肥性能差的沙土或水浇地，可采用重施基肥、巧施追肥的分次施肥方法，即把2/3的氮肥和全部磷钾肥、有机肥作为基肥，其余氮肥作为追肥。施种肥是最经济有效的施肥方法。一般每亩施尿素2~3kg和过磷酸钙8~10kg，也可用小麦配方专用肥料10kg左右。

微肥可作基肥，也可拌种。作基肥时，由于用量少，很难撒施均匀，可将其与细土掺和后撒施地表，随即耕翻入土。用锌、锰肥拌种时，每千克种子用硫酸锌2~6g、硫酸锰0.5~1g，拌种后随即播种。

（2）追肥的施用

巧施追肥是获得小麦高产的重要措施。追肥的时间宜早，多在冬前追肥，常有“年外不如年里”的说法。追施肥料大都习惯追施氮肥，但当基肥未施磷肥和钾肥，且土壤供应磷、钾又处于不足的状况时，应适当追施磷肥和钾肥。对于供钾不足的高产田，也可在冬前每亩追施3kg左右的钾肥。对于供肥不足的麦田，切忌过量追施氮肥，且追肥时间不宜偏晚，否则，易引起贪青晚熟，招致减产。

（3）根外喷肥

根外喷肥是补充小麦后期营养不足的一种有效施肥方法。由于麦田后期不便追肥，且根系的吸收能力随着生育期的推进日趋降低。因此，若小麦生育后期必须追施肥料时，可采用叶面喷施的方法，这也是小麦增产的一项应急措施。小麦抽穗期可喷施2%~3%的尿素溶液。喷施尿素不仅可以增加千粒重，而且还具有提高籽粒蛋白质含量的作用。必要时，也可喷施0.3%~0.4%的磷酸二氢钾溶液，对促进光合作用、加强籽粒形成有重要作用。尿素和磷酸二氢钾溶液的喷施量为每亩50~60kg。微肥喷施浓度一般为0.1%。喷施锌肥宜在苗期和抽穗以后进行，可喷施1~2次。硼肥可在小麦孕穗期喷施，锰肥可在拔节、扬花期各喷1次，喷肥的时间宜选择在无风的下午16时以后，以避免水分过快蒸发，降低肥效。

2. 春小麦施肥技术

春小麦是甘肃河西五地市的主要作物。春小麦和冬小麦在生长发育方面有很大区别，其特点是早春播种，生长期短，从播种至成熟仅需120d左右。

根据春小麦生育规律和营养特点，应重施基肥和早施追肥。近年来，有些春小麦产区采用一次施肥法，全部肥料均作基肥和种肥，以后不再施追肥。一般做法是在施足有机肥的基础上，每亩施硫酸铵30~40kg、过磷酸钙50kg。这个方法适合于旱地春小麦，对于有灌溉条件的麦田，还是应考虑配合浇水分期施肥。

由于春小麦在早春土壤刚化冻5~7cm时顶凌播种，地温很低，应特别重施基肥。基肥每亩施用农家肥2~4t加硫酸铵25~30kg、过磷酸钙30~40kg，或小麦专用配方肥料40~50kg。根据地力情况，也可以在播种时加一些种肥，由于肥料集中在种子附近，小麦发芽长根后即可利用。一般每亩施精制商品有机肥100kg+硫酸铵10kg+过磷酸钙15~5kg混合施用，或者用小麦专用配方肥10~20kg。春小麦是属于“胎里富”的作物，发育较早，多数品种在3叶期就开始生长锥的伸长并进行穗轴分化。因此，第一次追肥应在3叶期或3叶1心时进行，要重施，大约占追肥量的2/3，亩施高氮配方肥15~20kg，或硫酸铵10~15kg+尿素5~10kg，主要是提高分蘖成穗率，促壮苗早发，为穗大粒多奠定基础。追肥量的1/3用于拔节期，此为第二次追肥，每亩施高氮配方肥15kg，或施硫酸铵10kg+尿素5kg。

3．强筋小麦施肥技术

强筋小麦比一般小麦生育后期吸氮力强，因而施足农家肥就显得更为重要。每亩产量要达到450~500kg，应在耕地前每亩施优质农家肥4~5t，如农家肥不足，可以施商品有机肥100~200kg，在此基础上，每亩施纯氮12~14kg，五氧化二磷（P_2O_5）9~10kg，氧化钾（K_2O）6~9kg。如果土壤氧化钾含量在200mg/kg土以上，也可以不施钾肥或减少钾肥施用量。每亩施硫酸锌1~1.5kg。基肥应采用分层施肥的方法，把农家肥、磷、钾、锌和氮肥的70%结合深耕施入底层，以充分发挥肥效，供给小麦生长中后期需要，提高肥料利用率，基施氮肥的30%犁地后撒垡头，或耙地时撒地面后耙入土中，以供给小麦苗期的需要。至于基施氮肥用量占总施氮量的比例，视地力情况而定，一般田块和旱地麦应重施基肥，高肥力麦田可基肥、追肥并重。

4．弱筋小麦培肥技术

每亩产量300~350kg的麦田，在施足农家肥的基础上，一般每亩施小麦专用配方肥料40~50kg。粗肥在犁地前均匀施入田间，然后翻入下层。磷肥施入土壤后，移动性小，不易流失，肥效较慢，只有被土壤中的酸和作物根系分泌的有机酸分解后，才能被作物吸收，所以不宜作追肥，应作基肥一次性施入。为了提高肥效，可预先将磷肥与有机肥混合和共同堆沤后施用。速效钾含量在80mg/kg土以下的缺钾田块，可施入硫酸钾或氯化钾10kg左右作基肥，以补充钾素的不足。

第二节　玉米

玉米是一种高产、稳产的粮食作物，在甘肃省粮食生产中占有重要的地位，其播种面积和总产量仅次于小麦，是甘肃省第二大粮食作物。据有关资料报道，甘肃省玉米种植面积1300万亩，总产量390.4万吨。

一、玉米需肥规律

1．玉米对肥料三要素的需肥量

玉米是需肥水较多的高产作物，一般随着产量提高，所需营养元素也增加。玉米全生育期吸收的主要养分中，以氮为多，钾次之，磷较少。玉米对微量元素尽管需要量少，但不可忽视，特别是随着施肥水平提高，施用微肥增产效果更加显著。

据资料报道，一般每生产100kg籽粒，需吸收氮2.57kg、磷0.86kg、钾2.14kg，三要素的比例约为1∶0.33∶0.83。吸收量常受播种季节、土壤肥力、肥料种类和品种特性的影响。据全国多点试验，玉米植株对氮、磷、钾的吸收量常随产量的提高而增多。

2．玉米对各养分需求特点

玉米吸收的矿质元素多达20余种，主要有氮、磷、钾3种大量元素，硫、钙、镁等中量元素，铁、锰、硼、铜、锌、钼等微量元素。

（1）氮

氮在玉米营养中占有突出地位。氮是植物构成细胞原生质、叶绿素以及各种酶的必要因素，因而氮对玉米根、茎、叶、花等器官的生长发育和体内的新陈代谢作用都会产生明显的影响。

玉米缺氮的特征是株形细瘦，叶色黄绿。首先是下部老叶从叶尖开始变黄，然后沿中脉伸展呈楔形，叶边缘仍呈绿色，最后整个叶片变黄干枯。缺氮还会引起雌穗形成延迟，甚至不能发育，或穗小粒少产量降低。

（2）磷

磷在玉米营养中也占重要地位，一方面磷是核酸、核蛋白的必要成分，而核蛋白又是植物细胞原生质、细胞核和染色体的重要组成部分。此外，磷对玉米体内碳水化合物代谢有很大作用；由于磷直接参加光合作用过程，有助于合成双糖、多糖和单糖；磷促进蔗糖在植株体内运输；磷又是ATP和ADP的组成成分；因此，对于能量传递和贮藏都起着重要作用。良好的磷素营养，可以培植玉米壮苗，扩大根系生长，这对养分、水分的吸收、抗寒抗旱特性都有实际意义。在生长后期，磷对植株体内营养物质运输、转化及再分配、再利用有促进作用。磷由茎叶转移到果穗中，参与籽粒中的淀粉合成，使籽粒积累养分顺利进行。

玉米缺磷，幼苗根系减弱，生长缓慢，叶色紫红；开花期缺磷，抽丝延迟，雌穗受精不完全，发育不良，粒行不整齐；后期缺磷，果穗成熟推迟。

（3）钾

钾对维持玉米植株的新陈代谢和其他功能的顺利进行起着重

要作用。因为钾能促进胶体膨胀，提高水合度，使细胞质和细胞壁维持正常状态，由此保证玉米植株多种生命活动的进行。此外，钾还是某些酶系统的活化剂，因此钾在碳水化合物代谢中起着重要作用。总之，钾对玉米生产发育以及代谢作用的影响是多方面的。如对根系的发育，特别是须根形成、体内淀粉合成、糖分运输、抗倒伏、抗病虫害都起着重要作用。

玉米缺钾，生长缓慢，叶片呈黄绿色或黄色。老叶边缘及叶尖干枯呈灼烧状是其突出的标志，缺钾严重时，生长停滞，节间缩短，植株矮小，果穗发育不正常，常出现秃顶，籽粒淀粉含量降低，千粒重减轻，容易倒伏。

（4）硼

硼能促进花粉健全发育，有利授粉、受精，结实饱满。硼还能调节与多酚氧化酶有关的氧化作用。

缺硼时，在玉米早期生长和后期开花阶段植株呈现矮小，生殖器官发育不良，易成空秆或败育，造成减产。缺硼植株新叶狭长，叶脉间出现透明条纹，稍后变白变干，缺硼严重时，生长点死亡。

（5）锌

锌是对玉米生长发育影响比较大的微量元素。锌的作用在于影响生长素的合成，并在光合作用和蛋白质合成过程中起促进作用。

缺锌时，因生长素不足而细胞壁不能伸长，玉米植株发育甚慢，节间变短，幼苗期和生长中期缺锌，新生叶片下半部出现淡黄色，甚至白色。叶片成长后，叶脉之间出现淡黄色斑点，或缺绿条纹，有时中脉和边缘之间出现白色或黄色组织条带，或是坏死斑点，此时叶面都呈现透明白色，风吹易折。严重缺锌时，开始叶尖呈淡白色泽病斑，之后叶片突然变黑，几天后植株死亡。玉米中后期缺锌，使抽雄期与雌穗吐丝期相隔日期加大，不利于授粉。

（6）锰

玉米对锰较为敏感。锰与植物的光合作用关系密切，能提高叶绿素的氧化还原电位，促进碳水化合物的同化，并能促进叶绿素形成。锰对玉米的氮素营养也有影响。

玉米缺锰，其症状是顺着叶片长出黄色斑点和条纹，最后黄色斑点穿孔，表示这部分组织破坏而死亡。

（7）钼

钼是硝酸还原酶的组成，缺钼将降低硝酸还原酶的活性，妨碍氨基酸、蛋白质的合成，影响氮正常代谢。

玉米缺钼症状是玉米幼嫩叶首先枯萎，随后沿其边缘枯死。有些老叶顶端枯死，继而叶边和叶脉之间出现枯斑，甚至坏死。

（8）铜

铜是玉米植株内抗坏血酸氧化酶、多酚氧化酶等的成分，因而能促进代谢活动。铜与光合作用也有关系，铜又存在于叶绿体的质体蓝素中，它是光合作用电子供求关系体系的一员。

玉米缺铜时，叶片缺绿，叶顶干枯，叶片弯曲，失去膨压，叶片向外翻卷。严重缺铜时，正在生长的新叶死亡。泥炭土易缺有效铜，因铜与有机质形成稳定性强的螯合物。

3. 玉米生育期对肥料三要素的需求规律

在不同的生育阶段，玉米对氮、磷、钾的吸收是不同的：

（1）氮素的吸收

春玉米苗期至拔节期吸收氮占总氮量的9.24%，日吸收量0.22%；拔节期至授粉期吸收氮占总量的64.85%，日吸收量

2.03%；授粉至成熟期，吸收氮占总量的25.91%，日吸收量0.72%。夏玉米苗期至拔节期氮素吸收量占总量的10.4%~12.3%，拔节期至抽丝初期氮吸收量占总量的66.5%~73%，籽粒形成至成熟期氮的吸收量占总量的13.7%~23.1%。

（2）磷素的吸收

春玉米苗期至拔节期吸收磷占总量的4.30%，日吸收量0.10%；拔节期至授粉期吸收磷占总量的48.83%，日吸收量1.53%；授粉至成熟期，吸收磷占总量的46.87%，日吸收量1.3%。夏玉米苗期吸磷少，约占总磷量的1%，但是玉米需磷的敏感时期。抽雄期吸收磷达高峰，占总磷量的38.8%~46.7%。籽粒形成期吸收速度加快，乳熟至蜡熟期达最大值，成熟期吸收速度下降。

（3）钾的吸收

春玉米体内钾的累积量随生育期的进展而不同。苗期吸收积累速度慢，数量少，拔节前钾的累积量仅占总量的10.97%，日累积量0.26%；拔节后吸收量急剧上升，拔节至授粉期累积量占总量的85.1%，日累积量达2.66%。夏玉米钾素的吸收累积量似春玉米，展3叶时累积量仅占2%，拔节后增至40%~50%，抽雄吐丝期累积量达总量的80%~90%，籽粒形成期钾的吸收处于停止状态。由于钾的外渗、淋失，成熟期钾的总量有降低的趋势。

研究表明，玉米对氮、磷、钾三要素的吸收量都表现为苗期少，拔节期显著增加，孕穗至抽穗期达到最高峰的需肥特点。

玉米苗期生长缓慢，只有施足基肥，施好种肥，才可满足其需要；拔节以后至抽雄前，茎叶旺盛生长，内部的穗部器官迅速分化发育，是玉米一生中养分需求最多的时期，必须供应较多的养分，达到穗大、粒多；生育后期，植株抽雄吐丝和受精结实后，籽粒灌浆时间较长，仍需供应一定量的肥水，使之不早衰，确保正常灌浆。春玉米全生育期较长，前期外界温度较低，生长较为缓慢，以发根为主，栽培管理上适当蹲苗，需求肥水的高峰比夏玉米来得晚，到拔节、孕穗时对养分吸收开始加快，直到抽雄开花达到高峰，在后期灌浆过程中吸收数量减少。春玉米需肥可分为2个关键时期，一是拔节至孕穗期，二是抽雄至开花期。因此，玉米施肥应根据这些特点，尽可能在需肥高峰期之前施肥。

二、玉米施肥技术

1. 玉米高产对土壤条件的要求

玉米适应性较强，对土壤的要求不太严格，但由于玉米植株高大，根系发达，吸收力强，在整个生育过程中需要从土壤中吸收养分、水分较多，但耐涝性较弱。因此，要使玉米高产稳产，对土壤的要求有：一是土层深厚，有机质和速效养分含量高；据高产玉米土壤分析结果表明，一般耕层土壤中有机质含量达1.5%~2%，含氮0.08%以上，速效磷60mg/kg以上，速效钾80mg/kg；二是土壤结构良好，土质疏松，保水、保肥能力强，渗水透气性能好；三是土壤酸碱度适宜于玉米生长的范围，为pH 5~8，但以pH 6.5~7最为适宜。

2. 施肥原则

(1) 基肥

基肥占总肥量的50%左右，配方肥料应与有机肥同施。基肥一般条施或穴施。播种时施适量的化学氮肥作种肥，对壮苗有良好的效果。一般每亩施硫酸铵或硝酸铵5~7kg为宜。微量元素肥料用于拌种或浸种，用硫酸锌拌种时，每千克种子用2~4g，浸种多采用0.2%的浓度。

(2) 种肥

播种时施用的肥料，称为种肥。对壮苗有良好效果，一般亩施硫酸铵或硝酸铵5~7kg和钾肥5~6kg，混合施于播种穴内，且尽量把种肥与种子隔开，以防烧种影响出苗。

（3）追肥

①苗肥。主要是促进发根壮苗，奠定良好的生育基础。苗肥一般在幼苗4~5叶期施用，或结合间苗（定苗）、中耕除草施用，应早施、轻施和偏施。整地不良、基肥不足、幼苗生长细弱的应及早追施苗肥；反之，则可不追或少追苗肥。对于套种的玉米，在前作物收后立即追肥，或在前作物收获前行间施肥，以促进苗壮。

②拔节肥。是指拔节前后7~9叶期的追肥，生产上又称攻秆肥。这次施肥是为了满足拔节期间植株生长快，对营养需要日益增多的要求，达到茎秆粗壮的目的，但又要注意不要营养生长过旺，基部节间过分伸长，易造成倒伏，所以，要稳施拔节肥。施肥量一般占追肥量的20%~30%。肥料以腐熟的有机肥为主，配合少量化肥，一般每亩施腐熟堆肥、厩肥1000kg，或高氮配方肥料7~10kg，应注意弱小苗多施，以促进全田平衡生长。

③穗肥。是指雄穗发育至四分体期，雌穗进入小花分化期的追肥。这一时期是决定雌穗粒数的关键时期，距抽雄10~15d，一般中熟品种展开叶9~12片，可见叶数14片左右，此时植株出叶呈现大喇叭的形状。因此，这次追肥是促进雌穗小花分化，达到穗大、粒多、增产的目的。所以，生产上也称攻穗肥。穗肥一般应重施，施肥量占总追肥量的60%~80%，并以速效肥为宜。但必须根据具体情况合理运筹拔节肥和穗肥的比重。一般土壤肥力较高、基肥足、苗势较好的，可以稳施拔节肥，重施穗肥；反之，可以重施拔节肥，少施穗肥。

④粒肥。粒肥的作用是养根保叶，防止玉米后期脱肥早衰，以延长后期绿叶的功能期，提高粒重。一般在吐丝初期追施。粒

肥应轻施、巧施，即根据当时植株的生长状况而定。施肥量约占总追肥的5%。如果穗肥不足，发生脱肥，果穗节以上黄绿、下部叶早枯的，粒肥可适当多施，反之，则可少施或不施。

3.春夏玉米配方施肥技术

（1）春玉米施肥技术

玉米生长期长，植株高大，对土壤养分的消耗较多。因此对春玉米来说更应注意合理施肥。又因春玉米生长期长，光热资源充足，增产潜力大，为了获得高产并保持土壤肥力，应注意施用有机肥。一般每亩施优质农家肥3000kg以上。没有灌溉条件的地区，为了蓄墒保墒，可在冬前把有机肥送到地中，均匀撒开翻到地下；有灌溉条件的地区既可冬前放入有机肥，也可在春耕时施入有机肥。春玉米对养分的需求量较大，还要大量补充化肥。甘肃由于早春土壤温度低，干旱多风，磷、钾肥在土壤中的移动。一般全部用作基肥。春玉米生长期长，氮在土壤中又易损失，故氮肥宜分几次施用；苗期氮的需要量较少，以全生育期总施氮量的20%作基肥；拔节孕穗期，生长明显加快，养分需求量加大，应以全生育期总施氮量的40%在小喇叭口期追施；抽雄以后，植株生长更为旺盛，需肥需水量大增，应以全生育期施氮量的40%在大喇叭口期追施。玉米对锌比较敏感，因此要注意补充锌。可在有机肥中掺入硫酸锌，一般每亩用量为1kg；也可以在苗期喷，1~2次硫酸锌溶液，浓度为2%。

（2）夏玉米施肥技术

由于夏玉米播种时农时紧，有许多地方无法给玉米整地和施入基肥，大都采用免耕直接播种，但夏玉米幼苗需要从土壤中吸收大量的养分，所以夏玉米追肥十分重要，追肥时还应考虑时期和追肥量在不同时期的分配。只有选择最佳的施用时期和用量，才会获得最好的增产效果。追肥宜采用。“前重后轻”的方式，根据中国农业科学院作物研究所试验证明：“前重后轻”的方式比“前轻后重”的追肥方式增产12.8%。追肥总量的2/3在拔节前期施入，大喇叭口期施入1/3，着重满足玉米雌穗分化所需要的养分。根据全国化肥网试验结果表明，夏玉米每亩产350~450kg，每亩尿素用量为30~40kg，按“前重后轻”追肥方式，在玉米拔节期每亩施入20~25kg，大喇叭口期每亩再施入10~15kg较好。

第三节　马铃薯

一、马铃薯施肥规律

马铃薯又称土豆、洋芋、山药蛋等，是茄科属1年生草本植物。其食用部位是地下茎块，富含淀粉、粗蛋白质等，可粮菜兼用；在工业上用途也较广泛，可生产淀粉、酒精等。马铃薯喜冷凉温和气候，能耐轻霜，喜光照、较耐旱，适宜种植在土层深厚、结构疏松，富含有机质的丘陵低山及洪积冲积平原地带，在其他土壤条件下也能生长，因此马铃薯栽培范围很广。

马铃薯在甘肃已上升为除小麦和玉米之外的第3大粮食作物。目前甘肃省种植面积已超过1000万亩，总产量突破1100万吨。

1．生长条件

马铃薯的无性繁殖过程，从发芽开始顺序经过发芽期、幼苗期和发棵期3个生长期，继而进入结薯期和休眠期，而完成一个生育周期。收获的块茎经过一段休眠之后，在4℃下即可发芽，13℃时芽生长最快。茎叶生长的最适温度为23℃；块茎形成期的最适温度，白天为14~24℃，夜间为12~17℃。短日照和强光照有利于块茎的膨大，温度过高形成的块茎小。

2. 根系吸肥特性

马铃薯用块根繁殖所发生的根系，均为不定根，没有主、侧根之分，称为须根系。用种子繁殖植株发生的根，有主根和侧根之分，称为直根系。块茎发芽后，先从幼芽基部长出初生根，后在茎的叶节处抽出匍匐茎，发生3~5条匍匐根。初生根水平方向扩展30cm左右，深达60~70cm，形成主要的吸收根群。适于土层深厚、结构疏松、排水良好、通透性良好、富含有机质的壤土、沙壤土，黏重土壤不宜栽种。土壤pH 6~7.5均可生长，以pH 5~6的微酸性土壤为宜，土壤含盐量应低于0.3%。马铃薯的初生根和匍匐根需吸收各种营养物质。

3. 需肥量

马铃薯生长需要较多的养分，对钾需求更为突出，一般生产1000kg鲜薯需吸收N5kg、$P_2O_5$2kg、K_2O10.6kg，三者平均比例为1：0.4：2，由此可见，马铃薯是典型的喜钾作物。

4. 主要养分的作用

氮使茎、叶生长繁茂，叶色浓绿，光合作用旺盛，增加有机物质积累，蛋白质含量提高。在幼苗期和发棵期供给充足的氮素，对保证前期根茎叶的健壮生长有重要作用。若氮肥过多，特别是在生产后期过多，促使植株徒长，组织柔嫩，推迟块茎成熟，产量降低。

磷促进植株生育健壮，提高块茎品质和耐贮性，增加淀粉含量和产量。若磷不足，则植株和叶片矮小，光合作用减弱，产量降低，薯块易发生空心、锈斑、硬化、不易煮烂，影响食用品质。

钾能增进植株抗病和耐寒能力，加速养分转运，使块茎中淀粉和维生素含量增多。若钾不足，则生长受抑制，地上部分矮化，节间变短，株丛密集，叶小呈暗绿色渐淡转变为古铜色，叶缘变褐枯死，薯块多呈长形或纺锤形，食用部分呈灰黑色。因此，充足的钾营养能促进淀粉合成，对块茎膨大有明显的效果。

硼有利于薯块肥大，也能防止龟裂，对提高植株净光合生产率有特殊作用。缺硼则薯块变小，并发生龟裂。

铜能提高蛋白质含量，对增加植株呼吸作用，增加叶绿素含量，延缓叶片衰老和增强抗旱能力都有良好作用。同时，也有提高植株净光合生产率的作用。

5.需肥动态

马铃薯对氮、磷、钾的吸收随植株生长而变化。马铃薯生育期分为休眠期、发芽期、幼苗期、发棵期和结薯期。随着马铃薯生育期的延长，养分吸收率也随之加大，其吸肥量随生长时间秧棵增重而增加。苗期少，发棵期陡然上升，结薯初期达到吸肥量最高峰，然后急剧下降。一般幼苗期吸收养分较少，不足全生育期吸收总量的10%；发棵期氮、磷、钾吸收率分别占30%左右；一半以上的养分是在结薯期吸收的。各生育期吸收氮、磷、钾按总吸肥量的百分比为：幼苗期6%、8%、9%；发棵期38%、34%、36%；结薯期56%、58%、55%。氮素是从萌芽后到花蕾着生期前后含量最多。磷的含量随着植株生长期的延长而降低。钾的含量在萌芽时低，萌芽后迅速增加，在开花期后反而下降。镁和钙都有随生长期延长而增高的趋势。茎叶中的养分在块茎开始膨大时向其中运转。块茎中无机成分氮和钾占其全吸收量的70%，磷占90%，钙占10%。

二、马铃薯施肥技术

1.施肥量

甘肃省东、西部各地区都有种植马铃薯，特别是定西市各县最为集中。由于土壤肥力很不一致，在土壤缺钾多的地区，应增施钾肥，在土壤缺磷多的地区，应增施磷肥，马铃薯对氮素需求应重视。大量试验表明，马铃薯在生产中氮、磷、钾化肥的适宜比例，北方地区 N：P_2O_5：K_2O 为 1：（0.45~0.55）：（0.45~0.55），平均为 1：0.5：0.5；南方地区为 1：（0.25~0.35）：（0.85~0.95），平均为 1：0.3：0.9。如果每亩产马铃薯 2000kg，一般需要每亩施腐熟的有机肥 3000~4000kg、氮肥（N）8~12kg，北方地区 N、P_2O_5、K_2O 的平均施肥量分别为 10kg、5kg、5kg，南方地区分别为 10kg、3kg、9kg。同时。氮肥的用量还要根据土壤肥力的高低及有机肥的施用量进行调节，土壤瘦地或农家肥少，则化肥的氮素应向上增加，若是肥地或农家肥多，则化肥的氮素应向下减少。

在有条件的地方，应积极推广测土配方施肥，通过取样及土样分析，针对性地提出合理的氮、磷、钾配比，同时配施适量的中、微量元素，生产或配制成马铃薯专用配方肥，直接用于马铃薯生产，促进马铃薯增产增收。

2．不同时期肥料的分配

结合马铃薯地上部、地下部生长特点和需肥特性，马铃薯施肥技术应遵循以施农家肥为主、化肥为辅，基肥为主、适当追肥的原则。

（1）重施基肥

基肥用量一般占总施肥量的 2/3 以上，其中氮肥占 50% 左右，基肥以腐熟农家肥或商品有机肥为主，增施一定量化肥。根据确定的总体施肥量，在每亩产 2000kg 左右的地块，基肥可施农家肥 1500~2500kg 或商品有机肥 100~200kg，配方肥 50~60kg，将化肥施于离薯块 2~3cm 处，避免与种薯直接接触，施肥后覆土，也可将化肥与商品有机肥混合施用，可提高化肥利用率。

（2）及早追肥

追肥分2次，保苗肥和促薯肥。肥料的分配，一般留下50%左右的氮肥作追肥，追肥中的2/3氮肥追施保苗肥，余下的1/3氮肥根据植株的生长状况，追施促薯肥。春薯因前期温度较低，基肥要施足氮肥，或要早追氮肥，以促使薯苗早生快发。

幼苗期（齐苗后）追施氮肥，结合中耕培土每亩用尿素5~8kg对水浇施。马铃薯开花后，一般不进行根际追肥，特别是不能在根际追施氮肥，否则施肥不当造成茎叶徒长，阻碍块茎的形成、延迟发育，易产生小薯和畸形薯，干物质含量降低，易感晚疫病和疮痂病。

3.施肥方法

马铃薯是块茎作物，喜欢疏松的沙性土壤，要求气温凉。施肥时应有较多的农家肥或商品有机肥配合化肥作基肥，这样能改善土壤的物理性，有利于生长和结薯。

（1）基肥

种植前施肥，在种植时沟施或穴施，深15cm左右。追肥，第一次宜对水施于株旁，第二次用条施或穴施，在行间挖7~10cm深的沟或穴，施肥后即培土，以防肥料流失。

（2）追肥

追肥分2次：①保苗肥，在齐苗后进行，促进茎、叶生长；②促薯期，在植株发棵期和结薯期进行，满足结薯所需的养分，促进早结薯，多结薯。

（3）叶面肥

马铃薯对硼、锰、锌微量元素比较敏感，如果土壤缺硼或缺锰、锌或其他微量元素，可以每亩用0.1%~0.3%硼砂或硫酸锰、硫酸锌或0.5%磷酸二氢钾，或尿素的水溶液进行根外喷施，一般每隔7d喷1次，共喷2~3次，每亩用溶液50~70kg即可。

马铃薯开花后，主要以叶面喷施方式追施磷、钾肥，每隔8~15d叶面喷施0.3%~0.5%磷酸二氢钾溶液50kg/亩，连续2~3次，若出现缺氮现象，可增加100~150g尿素喷施。通过根外追肥可明显提高块茎的产量，增进块茎的品质和耐贮性。

第四节　谷子

谷子属禾本科一年生草本植物，起源于中国，种植历史悠久，据考古资料证明，在六七千年前的新石器时代，谷子就已成为重要的种植作物。现在甘肃陇东、中部地区仍有种植。

谷子去皮即为小米，其营养价值很高，尤其适合产妇、老弱病人和婴幼儿食用。小米含蛋白质9.7%左右、脂肪1.7%左右、碳水化合物77%，每100g小米含色氨酸192mg、蛋氨酸297mg、胡萝卜素100mg、维生素$B_1$2.96mg、维生素$B_2$0.45mg。在其氨基酸的构成中，人体必需的8种氨基酸的含量比大米、小麦、玉米、高粱都高。小米中的维生素B_1和维生素E的含量均高于其他粮食作物。小米中的胡萝卜素的含量比较丰富，是其他作物中较缺乏的。另外，小米中还含有大量矿质元素。

小米谷草纤维素少，质地柔软，容易消化，含可消化蛋白质0.7%~1%，可消化养分47%~51.1%，是喂养大牲畜的重要优质饲草。谷粒与谷草的比例为1∶（1~2），亩产300kg谷子，就可收获300~600kg谷草，可为发展畜牧业提供良好饲草。

一、谷子的生物学特性

谷子适应性广，耐干旱，耐瘠薄，抗逆性强。在土壤瘠薄、水源缺乏的旱地可以种植，在肥水条件较好的地块种植，可以获得高产。谷子颖壳比较坚硬，极耐贮藏，在冷凉、干燥、通风条件下，贮藏10年甚至几十年都不会霉烂、虫蛀。

谷子从播种到成熟，根据其外部形态特征的显著变化，可分为出苗期、拔节期、抽穗期、开花期和成熟期5个生育时期。谷子是喜温的短日照作物，生产上常把生育期为60~100d的谷子品种称为早熟品种，100~120d的称为中熟品种，120d以上的称为晚熟品种。

1．种子萌发与出苗

种子经过吸水膨胀和养分转化，幼胚便开始萌动。胚根突破种壳向下生长，胚芽鞘从种壳尖端露出，胚芽在胚芽鞘的保护下出土，胚芽鞘露出地面见光后停止生长，芽鞘破裂，从中伸出第一片真叶。通常第一叶露出地面1cm，即为出苗。种子萌发所需水分不多，吸水量约占种子重量的26%即可发芽，谷子发芽最适宜的田间持水量为50%左右。不同质地的土壤，谷子发芽所需的土壤含水量也不一致。据测定，沙质壤土一般以9%~10%为宜，壤土以11%~13%为宜，黏土到14%~15%时才能发芽。谷子发芽的最低温度为5℃，最适温度为24℃。谷子出苗后的第一、第二片叶，主要靠种子贮藏的营养物质供其生长，因此，在生产上选择大粒而饱满的种子至关重要。

2．根的生长

谷子的根系由种子根、次生根和支持根组成。当种子萌发时，首先长出一条种子根（胚根），种子根上再生出侧根，吸收水分和养分供幼苗生长。从3叶期开始，在靠近地表的茎节上生出次生根，一般主茎可长出次生根6~7轮，若肥水充足，春谷可长出9轮次生根，最下面的4层根密集在一起，每层根数3~5条。从第5层开始，越往上每层根的根数和根量越多，根也越粗。抽穗前在近地面的茎节上可长出2~3轮气生根。谷子的根群主要分布在0~50cm的土层内，以0~30cm的土层中分布最多。根系最深可达150cm。谷子拔节后，次生根生长迅速，至抽穗期达到高峰，其后生长较弱。

3．分蘖

谷子幼苗出现5~6个叶片时开始分蘖。分蘖由分蘖节发生，从叶腋伸出。密集于表土层中2~4个茎节最易产生分蘖。分蘖力强的品种，由一级分蘖还可再发生二级分蘖。分蘖的多少除与品种有关外，还取决于土壤肥力状况、种植密度、播种期和温度条件。在土壤肥沃、温度较高的条件下分蘖较多，早播稀植比晚播密植的分蘖多。

4．叶的生长

叶是由茎生长点的叶原基发育而成的，由叶鞘、叶片、叶舌等部分组成。叶鞘为圆筒形，包围在茎的周围，边缘着生浓密的茸毛，起保护茎的作用。谷子第一片叶为椭圆形，呈“猫耳”状，其他叶片呈披针形，最后一片叶短而阔，称为“旗叶”。叶片是光合作用和蒸腾作用的主要器官，叶片的数目与茎节数目相同，主茎叶片数目的多少与该品种的生育期长短有关，一般为15~25片，个别早熟品种只有10个叶片。

谷子不同叶位叶片的光合效率不同，上部叶位叶片的光合效率较高，中下部叶位叶片的光合效率较低，上部叶片所制造的光合产物主要供应谷穗器官的形成。在栽培上，要重视拔节至孕穗期的肥水管理，促进上部叶片增大，防止后期早衰，充分发挥上部叶片的最大功能效率，才能获得高产。

5．茎的生长

谷子的茎由茎顶端的生长点分生，后经茎节伸长而形成，呈圆柱状或扁圆柱状，中空有节。茎秆是输送水分和养分的主要渠道，同时也能制造、贮藏部分营养物质，并支持整个植株直立。谷子的茎秆高低因品种而异，一般在60~100cm，晚熟品种较高，而早熟品种较低。茎秆的节数也因品种而不同，一般在地面以上可以见到7~14节，地下有6~7个很短的节间。干旱时间越长，基部节间就越短，抗倒伏的能力越强。所以生产上常在苗期控制肥水，通过蹲苗来增强谷子的抗倒伏能力。

6．抽穗、开花和籽粒形成

谷子幼穗发育完成之后，穗子从旗叶鞘中伸出，开始抽穗。春谷抽穗在7月下旬至8月上旬，夏谷抽穗约在8月中旬。从开始抽穗到谷穗全部抽出，大约需要3d。据研究，缩短光照能使谷子提早抽穗；干旱则延迟抽穗，如遇“卡脖旱”，可能造成抽穗不畅或抽不出穗来。谷子抽穗后3~4d开始开花。谷子是自花授粉作物，雌雄同花，开花时，鳞片吸水膨大，之后内、外稃渐渐张开，呈现45°~60°的裂口。一般雌雄蕊同时伸出，花药伸出后裂散花粉，花粉借花药纵裂的弹力散落到柱头上授粉。谷子在每日傍晚到次日上午开花，以半夜后直到午前开花数最多，中午以后开花很少。一穗开花的次序是中上部的顶端小花先开放，然后向上向下扩展。谷穗开花后的第3~5d开花数最多，占开花总数的60%以上，一般一穗开完花需要10~15d，因品种而异。大穗型品种，开花集中在开花后的第4~6d，一穗开花需要13~14d；中穗型品种，开花集中在开花后的第3~5d，一穗开花需要11~12d；小穗型品种，在开花后的第3~4d就达到开花高峰，全穗只需9~10d开完。总之，谷穗越小，开花期越集中，一穗开花需时越少。

雌花受精后子房开始膨大，胚和皮层各部分迅速形成，茎叶制造和贮藏的养分以及根系吸收的养分大都向籽粒输送。开花后15~16d籽粒的长、宽、厚不再增加，达到最大饱满程度，至第25d鲜重达到高峰，之后因籽粒含水量降低，鲜重逐渐下降，干重则继续增加。谷子籽粒的成熟过程可分为子房膨大期（7~8d）、灌浆期（8~10d）、籽粒成熟期（10~12d）。在农业生产上，一般将谷子的成熟过程分为乳熟期、蜡熟期、完熟期。

二、谷子的需肥特点及施肥技术

1.谷子的需肥特点

谷子一生需要吸收氮、磷、钾等16种必需的营养元素，但是春谷和夏谷吸收营养元素的数量不同。

据莱阳农学院研究，夏谷在亩产35~500kg的条件下，每生产100kg籽粒所需的养分，因土壤类型不同而有一定的差别。棕壤：需吸收氮1.25kg、磷0.53kg、钾1.15kg，氮、磷、钾的吸收比例为1：0.42：0.92；潮土：需吸收氮1.2kg、磷0.36kg、钾1.35kg，其比例为1：0.3：1.13；褐土：需吸收氮1.4kg、磷0.41kg、钾1.7kg，其比例为1：0.29：1.21。另据西北农业大学资料，生产100kg夏谷籽粒，需从土壤中吸收纯氮2.5kg、磷1.2kg、钾2.4kg，其吸收比例为1：0.48：0.96。

夏谷吸收氮素的主要时期在出苗后第19~51d，历时32d。对氮素的吸收强度有2个高峰：一是在出苗后的第29d左右（孕穗前期），二是在出苗后的第49d前后（抽穗期）。夏谷对磷素吸收的主要时期在出苗后的第24~56d，即拔节期至开花盛期，历时32d。夏谷吸收磷的主要时期比吸氮晚5d左右，而吸收磷的强度呈现出两个高峰：第一个高峰出现在出苗后第29d（拔节期），第二个高峰出现在出苗后的第69d（籽粒乳熟期）。夏谷吸收钾素的主要时期在出苗后的第24~51d，即拔节期—抽穗期，历时27d。其吸收强度呈现出两个高峰：第一个高峰在出苗后的第29d（孕穗前期），第二个高峰在出苗后的第49d（抽穗期）。钾素在夏谷体内的含量在出苗后的第64d达到最大值，之后不再增加，并且呈逐渐下降趋势。

据西北农业大学资料，每生产100kg春谷籽粒约从土壤中吸收纯氮4.7kg、磷1.6kg、钾5.7kg，其吸收比例为1∶0.34∶1.21。

春谷对氮素的吸收积累主要在拔节—抽穗阶段，吸收积累量占全生育期的60%~90%，特别是在拔节孕穗阶段吸收积累量最多，吸收强度也最大。在抽穗到成熟阶段，春谷对氮吸收积累量因生产条件而不同：低产条件下，氮素吸收量占全生育期总量的23.5%；中产条件下，占15.6%；高产条件下，仅占8.9%。在不同栽培条件下，春谷全生育期对氮素的吸收累积量差异也较大；在亩产低于150kg的条件下，每亩春谷仅能吸收纯氮4.3kg左右；在亩产量200~250kg的生产条件下，每亩春谷可吸收纯氮5.7kg左右；在亩产量400~500kg的生产条件下，吸收纯氮17.4kg左右，比在低产条件下增加3倍以上。由此可见，氮肥供应充足是实现春谷高产的重要条件之一。

春谷全生育期对磷的吸收量较小：在亩产低于150kg的低产条件下，每亩春谷吸收磷2.5kg左右；而在亩产400~500kg的高产条件下，吸收磷也仅为2.6kg左右。春谷对磷的吸收强度，不同栽培条件下，出现的时期是不同的。在低产条件下，春谷对磷的吸收强度最大的时期是在孕穗阶段，而在高产条件下，乳熟阶段对磷的吸收能力最强。在苗期阶段，低产条件下的春谷对磷的吸收积累量比在高产条件下为大，吸收强度也较大；在拔节抽穗的生育中期，低产条件下的春谷对磷的吸收量和吸收强度仍然大于高产田；但是到了抽穗成熟阶段，高产条件下的春谷对磷的吸收量和吸收强度比低产条件下显著增大。即在低产条件下，春谷生育的前期和中期吸收积累磷较多；而在高产条件下，则是后期对磷的吸收积累较多。

春谷对钾素营养的需求量显著高于对磷的需求量，而与对氮营养的需求量相差不多。春谷在幼苗期需钾量较少，在5%左右，拔节后，由于茎叶的迅速生长，钾素的吸收量明显增多，拔节到抽穗阶段，春谷对钾素营养的吸收量达到高峰。据试验研究，在亩产春谷371.9kg的产量水平下，全生育期每亩春谷对钾素的吸收量为11.66kg，而拔节到抽穗阶段对钾素的吸收量就达到8.61kg，占全生育期吸收量的73.84%。以后，吸收量则逐渐降低，至生育后期，体内钾的总量不仅不增加，而且还有外渗现象。

2. 谷子的施肥技术

谷子是耐干旱、耐瘠薄的作物。但是，要想获得预期的产量，必须实行配方施肥。具体的施肥量可根据养分平衡法求得。以夏谷为例，如果亩产量达到400~500kg的水平，其生物产量要达到1000~1200kg，按每生产100kg籽粒，需吸收纯氮2.5~3.0kg、磷11.2kg、钾4~5kg计，根据生产经验，在中等土壤肥力条件下，每亩需施有机肥2000~2500kg、尿素16~23kg、过磷酸钙40~60kg、氯化钾15kg。钾肥的施用可因土壤种类而异，潮土、褐土类在有机肥施用充足的情况下，可少施或不施钾肥，而棕壤则一定要施用钾肥。对于沙土、沙壤土等易缺硼土壤，要注意施用硼肥。

根据磷素肥料移动性小，钾易被土壤吸附不易流失的特点，可以将磷、钾肥作基肥施用，如果作追肥，应尽早施用。氮素化肥易挥发淋失，肥效较短，所以要分期施用，施用时要深施覆土。

施足基肥是实现谷子高产的基础，可以将全部的有机肥、磷肥、钾肥、微量元素肥料和1/3左右的氮肥作为基肥施用。施好种肥也是一项重要的增产措施。春谷苗期土壤温度低，肥料分解慢，此时幼根的吸收能力弱，用速效化肥作种肥，对于促进幼苗根系发育，培育壮苗及以后壮株都有很重要的作用。一般不提倡用尿素作种肥。用硫酸铵作种肥时，应保证种子和硫酸铵都是干燥的，而且应随掺随播种，每亩5kg为宜。用磷酸一铵或磷酸二铵作种肥时，每亩用量2~3kg，要避免直接接触种子，以免影响种子发芽或烧苗。

在土壤肥力较低，基肥和种肥的施用量又不足的情况下，拔节以后要及时追肥。在无霜期短的地区，为防止谷子生育后期贪青晚熟，影响产量，氮肥应在拔节期重施，孕穗期轻施。施基肥时未能施入的有机肥、磷肥、钾肥和微肥也应在拔节期全部追施进去。如果氮肥已在施基肥、种肥时用去30%左右，可在拔节期追施氮肥总量的45%~50%，其余的氮肥在孕穗期施用。这种施肥比例，既能促进谷子前期和中期的生长发育，又可以保证谷子灌浆期对养分的需求。

如果土壤较肥沃，谷苗较健壮，或者追肥数量较少，也可以将拔节期和孕穗期追肥合并为一次追肥施用，施用时间应比拔节肥稍晚一些，但不能晚于孕穗期。在地力好、基肥足、目标产量高的地块，应轻施拔节肥，重施穗肥，拔节肥以占总量的30%以下为宜。

谷子的孕穗肥宜在抽穗前7~10d施用，高产田应增加孕穗肥的用量，可以将总氮量的40%~50%作为孕穗肥施用；低产田可以将总氮量的20%~25%用作孕穗肥。施孕穗肥可以与中耕培土和浇水结合进行。在开花期，谷子如果出现脱肥现象，可以结合浇水追施少量氮肥，特别是保肥能力差的沙性壤土，要增加追肥次数，随时补充肥料。在谷子的灌浆期也可以采用根外喷肥的方法，喷施1%~2%尿素或者0.2%~0.4%磷酸二氢钾，每次每亩喷50~75kg水溶液，能够延长叶片的功能期，促进灌浆，增加粒重。

在缺硼土壤采用叶面喷硼技术时，要正确使用硼酸或硼砂溶液的浓度、用量、喷洒时期和次数。可以用0.1%~0.2%硼砂或硼酸水溶液，每亩喷施50~75kg，也可以和0.5%尿素配成混合液喷施。在谷子齐穗前一周喷洒一次，间隔10d可以再喷洒一次。

第十一章　油料作物施肥技术

第一节　油菜

一、油菜养分吸收规律

甘肃省种植的油菜以甘蓝型和白菜型为主，种植的甘蓝型油菜属春性品种，主要分布在河西沿山冷凉区和中部陇中洮岷地区；白菜型油菜又称甜油菜或小油菜，主要特征是株型较矮，抗病能力较弱，产量较低，增产潜力不大。其冬性品种是在严寒干旱条件下形成的独特生态型，具有耐低温、耐寒、生长快、适应性强等特点。甘肃省种植的白菜型油菜属冬性品种，主要分布在陇南地区和陇东地区，此类型油菜也是甘肃省的主要油料作物之一。

甘肃省油菜种植面积已达274.41万亩，总产达到33万吨，占甘肃省油料作物总面积的50%以上。

根据各地农业气候资源、土壤类型、农业生产特点、油菜品种生态气候条件，产量差异等，甘肃省油菜种植区区划为河西春油菜种植区、陇东冬油菜种植区、陇南冬油菜种植区及陇中春油菜种植区。甘肃油菜产量河西走廊西部为稳定高产区，河西走廊东部为不稳定高产区，河西春油菜种植区油菜种植面积为67.4万亩，平均单产140kg/亩；陇中盆地和陇南山区为稳定低产区，陇中春油菜种植区油菜种植面积为34万亩，平均单产130kg/亩，陇南冬油菜区油菜种植面积为74.4万亩，平均单产90kg/亩；陇东高原为不稳定低产区，陇东冬油菜区油菜种植面积为76.6万亩，平均单产90kg/亩（王毅荣，2006）。

油菜是需氮较多的作物，油菜吸收的氮素随着生育进程而不断向各器官分配，其分配的中心是各生育阶段的新生器官。氮肥对油菜的增产作用受到土壤氮与磷水平的影响。油菜缺氮时新叶生长慢，叶片少，叶色淡，逐渐褪绿呈现紫色，茎下叶缘变红，严重的呈现焦枯状，出现淡红色叶脉；植株生长瘦弱，主茎矮、纤细，株形松散，角果数量少，开花较早且开花时间短，终花期提早。

油菜是对磷素营养非常敏感的作物，磷素可以促进油菜根系发育，增强抗寒、抗旱能力，并促进早熟，提高种子含油量。油菜体内的磷素与氮素一样总是向生命最活跃的部分运转分配，具有明显的顶端优势。油菜缺磷时，幼苗表现子叶变小，颜色深暗，质厚竖起，真叶发生延迟，叶小，呈现较深紫红色，发叶数大量减少，抽薹后茎细枝少，株形瘦小，其中发红发僵是田间油菜缺磷的形态特征。但需与寒潮过后出现的发红现象区别。

钾能增强光合作用，增强细胞液浓度，对提高油菜抗寒性有很好的效果；钾还能促进维管束的发育，增加厚角组织的强度，提高抗倒伏的能力；高产油菜对钾的需要量很大。

硼是油菜输导系统和受精作用中必不可少的微量元素，油菜需硼特别多，对缺硼敏感，为容易缺硼的作物之一。缺硼时，油菜表现的典型症状是“花而不实”即进入花期后因花粉败育而不能受精结实，导致不断抽发次生分枝，继续不断开花，使花期大大延长；氮肥充足时，次生分枝更多，常形成特殊的帚状株形；叶片多数出现紫红色斑块即所谓“紫血斑”，结荚零星稀少，有的甚至绝荚，成荚的所含籽粒数少，畸形。

油菜分甘蓝型和白菜型两大类，不同类型对氮（N）、磷（P_2O_5）、钾（K_2O）的吸收比例不同，一般甘蓝型为1∶0.42∶1.4，白菜型为1∶0.44∶1.1，甘蓝型吸肥量一般比白菜型高30%以上，产量高50%以上，且甘蓝型油菜需钾量明显比白菜型高。甘蓝型油菜不同生育时期对氮、磷、钾的吸收有较大的差异，播种至苗期分别占总吸收量的13.4%、6.4%、12.3%，苗期至抽薹期分别占总吸收量的34.4%、28.0%、37.6%，抽薹期至初荚期分别占总吸收量的27.2%、24.8%、28.9%，初荚期至成熟期分别占总吸收量的25.0%、40.8%、21.2%。

二、油菜配方施肥技术

根据目标产量进行氮肥用量推荐是目前确定油菜施肥量常用的方法，是一种结合专家和生产实际的推荐施肥方法。

氮肥施用方法为基肥占全生育期氮肥施用总量的1/2，2次追肥平均施用余下的氮肥。

对于磷的管理，当土壤有效磷低于5mg/kg，磷素管理的目标是通过增施磷肥提高作物产量和快速培肥土壤，故磷肥用量应为作物吸收带走量的2倍；当土壤有效磷在5~10mg/kg时，磷素管理的目标是通过增施磷肥提高作物产量和土壤有效磷含量，故磷肥用量应为作物吸收带走量的1.5倍；当土壤有效磷在10~20mg/kg时，磷素管理的目标是维持现有土壤有效磷水平，故磷素用量应与作物吸收量相当；当土壤有效磷大于20mg/kg时，施用磷肥的增产潜力不大，个别高产或超高产地区可以适量补充磷，一般地区则无须施磷肥。

当土壤速效钾低于50mg/kg时，钾素管理的目标是通过增施钾肥提高作物产量和土壤有效钾含量，故钾肥用量应为作物吸收量的1.2倍；当土壤速效钾在50~100mg/kg时，钾素管理的目标是维持现有土壤有效钾水平，故钾肥用量应与作物吸收量相当；当土壤速效钾为100~130mg/kg时，钾素管理的目标是作为苗期钾素“起动肥”供油菜苗期生长需要，故钾肥用量为作物吸收量的1/3左右；当土壤速效钾大于130mg/kg时，施用钾肥的增产潜力不大，个别高产地区可以适量补充钾，一般地区则无须施钾肥。

由于油菜对微量元素敏感，特别是油菜缺硼时会形成花而不实，严重减产。基肥中每亩应施用硼砂或硼酸0.5~1.0kg，硫酸锰1~2kg/亩，硫酸锌1~2kg/亩。

市场上已有多种油菜专用肥出售，若准备购买专用肥，在施肥时可将不足部分用单质肥料补足，或者根据油菜的目标产量和形成100kg经济产量从土壤中吸收的养分质量自制专用肥，可达到同等效果。

第二节 胡麻

胡麻属亚麻科，为一年生草本植物。亚麻有油用、纤维用和油纤兼用3种类型，油用亚麻通常称为胡麻。胡麻种子含油35%~45%，出油率一般达30%~35%。胡麻油既可食用，又是油漆、肥皂、橡胶和制革等工业的原料，榨油后的油粕是很好的饲料和肥料。亚麻纤维是高级纺织原料。由于纤维吸水后会膨胀，有天然的防水作用，可做防水布、渔具、军用织物和飞机翼布等。甘肃河西、陇东、中部各县都有胡麻种植。

一、胡麻的生物学特性

1．根

胡麻的根为直系根，有主根和侧根，都较细弱。主根入土深度可达1m左右，绝大多数的侧根20~30cm的耕层里。

2.茎

胡麻的茎为圆柱形，一般茎高0.5~1m，呈绿色或深绿色，表面有蜡质。通常有第一次分枝和第二次分枝，分枝多在下部（纤维用亚麻的分枝多在上部）。在皮层内有单纤维细胞组成的维管束，每个维管束内通常含单纤维20个左右。

3.叶

胡麻的叶为全缘，无叶柄和托叶，呈深色或深绿色，互生，下部的叶片呈匙状，中部的叶片呈纺锤形，上部的叶片呈披针状或线状。

4.花

胡麻的花着生于分枝和小分枝的顶端，为自花授粉作物，出苗后50~60d开始开花，花期10d左右。花有花萼和花瓣各5片。花的颜色多为淡蓝色或白色，有时也发现有淡红色和黄色的。雄蕊5枚，花丝为浅蓝色，花药为黄绿色。雌蕊有5个花柱，其长短与雄蕊相等，并与花丝交错而生，子房内具5室，每室藏有胚珠2粒。

5.果实和种子

胡麻的果实为蒴果，呈圆桃形，每个蒴果内通常有10粒种子。种子呈扁圆形，前端稍尖锐。种子表面光滑，为浅黄色或暗褐色，种子由种皮、内胚乳和胚组成。种子的大小差别甚大，一般大粒种子的千粒重为7~9g，中粒种子为5~7g，小粒种子为3~5g。种子在4~5℃时就可以发芽，当土壤耕层地温达7~8℃时就可播种。

二、胡麻的需肥特点及施肥技术

1. 胡麻的需肥特点

胡麻正常生长发育必须吸收16种营养元素。胡麻对氮素化肥极为敏感，故对氮肥的施用量，应采取十分慎重的态度。氮肥施用量不足，使其产量和质量都低；氮肥施用量过大，会使生育期延长，纤维长度变短，降低胡麻的品质，同时容易受病菌感染，发生病害，造成减产。胡麻对氮素用量如此严格的要求，这在其他作物中很少见到。胡麻对氮素形态的要求与一般经济作物相反，胡麻喜欢氨态氮肥，如硫酸铵、碳酸氢铵、氯化铵及尿素（尿素施入土壤中会很快转化为碳酸氢铵）等。施用氨态氮肥，麻茎健壮，长纤维数增多，纤维弹性和伸展度都强。在诸多氨态氮肥中，尤以氯化铵最好，这是亚麻不同于其他作物的又一特点。

胡麻对磷的需要量不大，只相当于玉米需磷量的1/3，但对磷肥品种则要求以过磷酸钙或重过磷酸钙为适宜。另外，磷酸一铵、磷酸二铵既含易被吸收的磷，又含胡麻所喜好的氨态氮，也是胡麻适宜的肥料品种。

胡麻对钾肥非常敏感，即使土壤有效钾含量非常丰富，含量相当于一般土壤2倍的情况下，施用钾肥仍可以明显地提高产量和改善品质。即使施用过量，也不会对胡麻造成危害。

胡麻喜氯，施用氯化钾好于其他钾肥。

据各地试验，在每亩产纤维60~66.7kg和籽粒40~53.3kg的情况下，需吸收氮1.5~2.5kg、磷4~5.3kg、钾6.67kg，氮、磷、钾的吸收比例为1∶（2.12~2.67）∶（2.67~4.45）。

胡麻对硼特别敏感，硼又是胡麻最易缺乏的微量元素。在持续严寒和多雨的春季及持续干旱、炎热的夏季更易缺硼。缺硼不但会降低胡麻的产量和品质，而且易感染病害，严重时还会使植株死亡。硼肥是胡麻必须施用的肥料，这是胡麻不同于其他作物的又一特点。胡麻对锌也很敏感。

胡麻对氮、磷、钾三要素的吸收规律与其他作物明显不同。胡麻从出苗期到枞形期虽然只有22d，但吸氮量却占整个生育期吸氮总量的36.2%；从枞形期到现蕾期只有14d，吸氮量却占整个生育期吸氮总量的33.3%，此时是胡麻的吸氮高峰期，可见胡麻的吸氮高峰期来得非常早。胡麻从蕾期到开花期到蒴果形成期，吸氮量只占整个生育期吸氮总量的30.5%，从蒴果形成期到种子及麻茎完全成熟时，还有20d左右，此时已完全不再吸收氮素。由此可见，对胡麻施用氮素应该早施，要求底肥施足、种肥施够、追肥应慎重，如果错过了胡麻的吸氮高峰期再施氮肥，不但无益，而且有害。胡麻的吸磷规律同氮大体相同，从枞形期到现蕾期出现吸磷高峰，此间只有14d，吸磷量却占整个生育期吸磷总量的43.9%；从现蕾期到开花期再到蒴果形成期，吸磷量明显下降，这几乎是胡麻独有的吸磷特点。胡麻蒴果形成期以后不再吸磷。因此，对胡麻施用磷肥也应早施，强调基肥施足，种肥施够。如果追肥，不应迟于枞形期。从枞形期到现蕾期也是胡麻吸钾的高峰期，到开花期吸钾结束。因此，钾肥也应早施。

2．胡麻的施肥技术

应根据胡麻的需肥特点、土壤的供肥性能、预期的产量目标、肥料的当季利用率以及气候条件等，用养分平衡法计算出氮、磷、钾的合理用量。胡麻施肥的总原则是低氮、高磷、钾更高。但还应根据各地的具体情况确定氮、磷、钾的用量和比例。根据各地经验，对缺氮的土壤，氮、磷、钾的施用比例应为1∶2∶3；在不太缺氮的地区，氮、磷、钾的施用比例应为1∶3∶4或1∶2∶4。氮素的用量每亩以不超过2.67kg纯氮为宜，即折合尿素6kg或氯化铵11kg或硫酸铵13kg。

硼、锌是胡麻所需的最重要的微量元素。因此，除用硼、锌做种子处理外，基肥应加大硼、锌的用量，每亩施用硼酸或硼砂2~2.5kg、硫酸锌2~2.5kg，与其他化肥一起施入土壤。

胡麻的施肥方式有基肥、种肥和追肥。基肥可结合秋耕施入，也可以在春季整地时施入。秋耕时每亩施农家有机肥2000~2500kg；若在春季整地时施，每亩可施农家有机肥1000~1500kg。磷、钾肥和1/3的氮肥可随有机肥一起施入，磷和钾的用量以10~15kg为宜。施肥深度10~15cm。种肥一般每亩用硫酸铵3.5~5.5kg或尿素1.5~2.5kg，种肥应与种子保持一定距离，以防止烧苗。追肥可视情况而定，播种前基肥、种肥施用不足和土壤瘠薄的地块，应及时追肥，以促进壮苗。一般每亩施氯化铵7~10kg或尿素4~6kg。若播种前基肥、种肥都按计划施用了，那么在枞形期（吸氮高峰之前），应将剩余的氮素化肥追施入土，切不可追施过晚。如果土壤缺钾，每亩可追施氯化钾5~10kg，追施时间也应在枞形期，不可太晚。

第三节　向日葵

向日葵作为甘肃和宁夏主要的油料和经济作物，近些年来各地都有栽种，面积不断增加。

向日葵俗称葵花、葵花籽、日头花、太阳花，为菊科1年生草本植物，与大豆、花生及油菜同列为世界四大食用油料作物。向日葵仁含有丰富的油分及蛋白质，油分以含不饱和脂肪酸之亚油酸、油酸及维生素E为主，为有益身体健康之高级食用植物油。向日葵栽培的适应性较其他主要经济作物广，它可生长于广大纬度范围内，少雨量及短生长季节地区，尤以大部分温带地区最适宜生长。一般来说，从北纬49°至南纬41°，凡可种植玉米的地区均可栽培。向日葵耐土壤贫瘠，通常以排水良好、富于有机质之沙土或壤土生长最佳，虽然其耐盐性较高，但碱性土壤不宜种植。

一、向日葵的营养特性

向日葵植株高大，茎粗叶茂，需肥量较多，是一种喜肥作物。据文献资料报道，向日葵每生产100kg籽实需吸收氮（N）3.3~6.1kg，磷（P_2O_5）1.5~2.5kg，钾（K_2O）6.3~13.9kg。

向日葵不同的生长发育阶段，对营养种类和数量的需求也不同，因而在各部位的矿物质含量也不同。

据资料介绍，向日葵从出苗至成熟，生育期一般在120d左右。从出苗至现蕾的55d中，需要氮素占全生育期吸收氮素的55%，而现蕾至开花仅17d，吸收氮素就占32%，开花至成熟45d，吸收氮素占33%。可见从现蕾至开花是向日葵旺盛生长时期，也是集中需氮时期。在向日葵全部营养过程中，氮素主要集中在叶片里，仅在生理成熟时期集中在籽实中。

向日葵最容易吸收和利用水溶性磷酸盐。磷在向日葵茎叶相对含量随着植株的生长而降低。在生理成熟时期，花盘里磷的含量减少。磷在开花前主要积累在叶片里，在开花期集中在花盘里，成熟期集中在籽实里。向日葵整个生育期都吸收磷素营养，特别是后期需要量较多。从出苗至现蕾，吸收磷素占全生育期的21%；

现蕾至开花占33%；开花至成熟占46%。

钾在现蕾期主要集中在茎里，花期集中在叶片里，成熟期集中在花盘里。向日葵从出苗到现蕾，吸收的钾占全生育期吸收量的40%，现蕾至开花占26%，开花至成熟占34%，向日葵是需钾较多的作物。

向日葵从现蕾至开花，特别是花盘形成至开花是其养分吸收的关键期。出苗至花盘形成期需磷素较多，花盘形成至开花末期，需氮较多，花盘形成至蜡熟期吸收钾较多。

二、向日葵施肥技术

1.施肥量

根据宁夏马玉兰的研究和介绍，向日葵基肥以有机肥为主，每亩施农家肥1700~2300kg、过磷酸钙35~55kg，结合整地施入。种肥每亩施过磷酸钙10~20kg，以侧施较为稳妥。一般食用葵不宜追施氮肥，油用葵在现蕾期每亩追施尿素10~16kg。在现蕾和开花期喷0.4%~0.5%的磷酸二氢钾溶液各1次，微量元素在现蕾期可追施0.2%硼砂、0.3%硫酸锌和0.3%硫酸锰，均可产生显著的增产效果。

根据宁夏近年来向日葵田间肥效试验资料，结合向日葵施肥现状调查资料及采样测试结果，不同区域、不同产量水平推荐施肥量不同（见表11-1、11-2）应用配方施肥建议卡，首先要重视施用有机肥，在施用有机肥的基础上（1500~2000kg/亩），按卡施用化肥。施用较多的优质农家肥可减少尿素7~9kg（或碳酸氢铵18~24kg）、重钙3~4kg，不需配施钾肥。向日葵氮肥分为基肥和追肥，基肥追肥比例为0.6∶0.4，磷肥和钾肥全部作为基肥施用。

表11-1　自流灌区向日葵单质肥料配方施肥建议卡

产量水平（kg/亩）	总施肥量			基　肥			追肥（尿素）（现蕾期）（kg/亩）
	N（kg/亩）	P_2O_5（kg/亩）	K_2O（kg/亩）	尿素（或碳酸氢铵）（kg/亩）	重钙（或普钙）（kg/亩）	硫酸钾（kg/亩）	
150	9.0	3.0	0	11.7（32）	6.5（25）	0	7.8
200	12.1	4.1	2.1	15.8（43）	8.9（34）	4.2	10.5
250	15.3	5.3	3.7	20.0（54）	11.5（44）	7.4	13.3
300	18.6	6.5	5.9	24.3	14.1（54）	11.8	16.2

注：在施用农家肥基础上施好化肥。

表11-2　自流灌区向日葵配方肥配方施肥建议卡

产量水平（kg/亩）	基　肥				追肥（尿素）（现蕾期）（kg/亩）
	配方肥养分百分比与用量		重钙（或普钙）（kg/亩）	硫酸钾（kg/亩）	
	总（N-P_2O_5-K_2O）（%）	数量（kg/亩）			
150	35（18-10-7）-S	30.0	0	0	7.8
200	35（18-10-7）-S	40.3	0	0	10.5
250	35（18-10-7）-S	51.0	0	0	13.3
300	35（18-10-7）-S	62.0	0	3.1	16.2

2. 施肥技术

向日葵的施肥技术，需根据向日葵目标产量、营养吸收特点、土壤性质、温度变化、降雨情况等有关因素来确定适宜的施肥数量、施肥时期和施肥方法，并结合其他栽培措施，以充分发挥施肥的增产作用：根据各地高产典型经验和科学研究，要想获得高产，必须采用“基肥、种肥、追肥三肥下地，有机肥和化肥相结合”的施肥原则。

（1）基肥

可以作向日葵基肥用的肥料种类很多，如家畜粪尿、人粪尿、家禽粪、堆肥、绿肥、土杂肥等。这些肥料肥效时间长，养分齐全，含量较高，施肥后对土壤肥力的提高和向日葵产量都有良好作用。基肥施用数量主要根据土壤肥力水平和肥料质量来确定，增加基肥施用量，能相应地提高向日葵产量。

基肥施用有条施、撒施、穴施3种方法。基肥集中条施，肥料靠近向日葵根系。条施方法是施肥前把肥料弄细，随耕地把肥料施入犁沟内。撒施的方法是在耕地前，把肥料均匀撒在地面，然后耕翻入土内。穴施一般是在肥料较少的情况下集中施肥。肥料较多时，应一部分撒施，一部分集中施。

一般情况下，基肥宜及早施用。在春播地区，随秋耕施入基肥，可以促进肥料分解。夏播区因作物收获后要及早抢种，劳动力紧张，可在前作增施较多有机肥作基肥，同样能提高向日葵产量。

在有机肥料作基肥施用时，还可配施氮、磷、钾化学肥料，这样既可以满足苗期对速效养分的需求，还利于中后期生长，尤其是当不施有机肥或有机肥施用量较少时，需要用相应的化肥补足养分。

有机肥的施用量，一般以每亩1.5~2.0t为宜，高产田每亩施2.5t以上，磷肥若作基肥，一般田施过磷酸钙30kg，高产田施50kg左右。

（2）种肥

向日葵出苗后，初生根系较少，吸收养分能力较弱，所以种肥应以速效养分为主。如过磷酸钙、尿素、硝酸铵、氯化钾、硫酸钾等化学肥料，以及腐熟后的人粪尿、草木灰、牛粪、羊粪等农家肥料。种肥的用量，据各地经验，应以土壤肥力水平、基肥用量多少、栽培方式不同而定。肥沃土壤，基肥用量又多，可少施种肥；地力瘠薄，基肥用量又少，应增加种肥数量。用化学肥料，一般每亩施硫酸铵10kg左右，过磷酸钙15~30kg，氯化钾或硫酸钾10~15kg或草木灰30~50kg。金昌等地也有施入颗粒硼肥0.5~1kg，颗粒锌肥1~2kg，颗粒锰肥1~2kg。向日葵施肥吸收于前期以磷为主，中后期以氮、钾为主，同时结合肥料特点，磷、钾肥多作基肥或种肥施入，而氮肥1/3~1/2作基肥和种肥，1/2~2/3作追肥。

种肥施用方法，应按肥料性质和栽培措施合理施用。种肥如果是腐熟良好的有机肥料，对种子出芽和幼根没有什么影响，可以直接接触种子或盖在种子上。如果是化学肥料，可穴施或条施于播种沟内，必须和种子有适当距离，否则将产生不良后果，影响出苗。

（3）追肥

向日葵是需肥较多的作物。单靠基肥和种肥不能满足现蕾后对养分的需要，所以增施追肥更为重要。向日葵追肥技术必须按照不同生育时期需肥状况来掌握。

可用作追肥的肥料有尿素、硫酸铵、碳酸氢铵、氯化钾以及腐熟的人粪尿、草木灰等。

追肥时间的确定，除要根据土壤供肥能力、气候条件以及施用基肥、种肥数量外，更主要的是根据向日葵不同生育时期、需肥情况来确定。

1年1熟的春播向日葵，在基肥或种肥比较充足时一般不追施苗肥，而夏、秋播种的向日葵，则需追施苗肥。向日葵产量的多少，现蕾至开花是关键，这个时期营养生长和生殖生长同时进行，是旺盛生长阶段。因此，也是追肥的重要时期。一般在7~8对真叶和花盘3cm左右时各追施1次氮、钾肥。

追肥数量，一般为每亩尿素7.5~10kg，或硫酸铵10~15kg，或碳酸氢铵20~25kg；或氯化钾10~15kg；或葵花专用肥25~30kg。

追肥方法可分条施和穴施2种，但主要是穴施。在距向日葵基部6~10cm处开穴，然后施入肥料，随即覆土。穴深视肥料种类及土壤墒情而定。碳酸氢铵天旱土干时应深施，使肥料和湿土接触，易于发挥肥效，也可结合浇水进行追肥。

第十二章 经济作物施肥技术

第一节 棉花

甘肃省棉花生产主要集中在河西走廊棉花种植区，包括酒泉、张掖、武威三市的敦煌、瓜州、金塔、玉门、高台、临泽、民勤7县（市）。近年来，主产区各级政府把棉花生产作为调整农业结构和节水农业的重点产业来抓，在政策扶持、信息引导、科技带动和棉花高产创建活动的大力推动下，甘肃省棉花生产保持良好的发展态势。甘肃省棉花播种面积稳定保持在20万亩左右。据有关资料报道，甘肃省棉花种植面积历史最高时曾达到118.89万亩。近年来棉花价格下跌、种植棉花成本增加，且由于多年大面积重茬种植、棉铃虫灾害逐年加重等原因，种植面积出现大幅度下降。

河西走廊棉花种植区属西北内陆棉区的北疆——河西走廊亚区，东西跨度长达700多千米，各棉花种植区被广阔的戈壁分割成大小不等的若干单元，棉花种植区之间的生态环境相差大。棉花栽培品种以特早熟、早熟品种为主，推广栽培的主要品种有硕丰2号、酒棉8号、新陆早33号、新石K4、JC-2、JD-3、陇棉2号、金垦1号、赣棉10号等棉花良种。河西走廊棉花种植区属全国5大棉区的西北内陆特早熟棉区，生产上普遍采用地膜覆盖技术，全生育期140~170d。考虑对棉花生长的影响因子不同，种植区划分不同。根据棉花种植区棉花分布范围、温度和热量等主要决定因子，一般将河西走廊现有棉花种植区划分为早熟棉花种植区、特早熟棉花种植区、风险棉花种植区和不宜棉花种植区4种类型。也有资料根据棉花种植区分布范围、海拔高度、热量、温度，将河西走廊棉花种植区划分为适宜种植区、次适宜种植区、可种植区、不能种植区4类（刘明春，2002）。

适宜种植区：包括敦煌市南部的11个乡镇及瓜州县西部的4个乡镇，海拔1000~1200m。本区热量条件充足，80%保证率下≥10℃积温在3450~3810℃，能够满足棉花早熟品种的热量要求，8~9月平均气温17~25.2℃，8~9月日照时数548.8~612.6h，无霜期146d。植棉面积占河西走廊棉花种植区37%，皮棉总产占45%。正常年景可获得较高产量，皮棉产量可达100~140kg/亩，平均120kg/亩。主要气候灾害为蕾铃期的高温、干热风天气易造成蕾铃脱落。

次适宜种植区：包括玉门花海镇、金塔县、高台北部、民勤的东镇和红沙梁等乡镇，海拔1200~1300m，本区热量条件基本能满足棉花早熟品种要求。80%保证率下≥10℃积温在3100~3300℃，8~9月平均气温15.7~21.7℃，8~9月日照时数538.2~604.7h，无霜期133~141d。植棉面积占河西走廊棉花种植区的38%，皮棉总产占45%。产量一般，皮棉产量为90~130kg/亩，平均110kg/亩。主要气候灾害为早春大风和后期霜冻。

可种植区：包括瓜州东部的踏实、桥子、布隆吉、三道沟4个乡和玉门南部、嘉峪关市的东北部，酒泉市的西湖、泉湖、银达、临水、三墩等8个乡镇，高台县境内铁路以北，张掖市的小河、乌江、靖安、三闸、梁家墩等，山丹县的红寺、金昌市的双湾和朱王堡、武威北部，民勤的昌宁、重兴堡、蔡旗3个乡镇。该区海拔1300~1500m。80%保证率下≥10℃积温在2660~2700℃，热量条件较差，多数年份热量条件不能满足棉花生长需求，8~9月平均气温14.8~20.7℃，8~9月日照时数489.2~552.7h，无霜期130~155d。植棉面积和总产均占河西走廊棉区的15%左右，皮棉占总产5%左右。棉花产量水平较低，皮棉产量为50~80kg/亩，平均65kg/亩。主要气候灾害为霜冻。

不能种植区：包括除上述三区外的其余乡镇，海拔在1500m以上。光热资源均不能达到特早熟棉花的要求，即使采取早期地膜覆盖、田间物理及生物（化控）措施，棉花亦不能完成其生长史，产量很低或无收成。

一、棉花养分吸收规律

棉花是一种生长周期长的纤维作物，在国民经济中占有重要地位。棉花生育期一般为145~175d，根据生育时期的形态指标，可以将棉花的一生分为苗期、蕾期、花铃期和吐絮期4个主要时期。其中现蕾以前为营养生长阶段，现蕾以后至开花以前进入营养生长与生殖生长同时进行阶段，开花以后至吐絮阶段以增蕾、开花和结铃为主，但在盛花期以前营养生长和生殖生长并进，且均明显加快，是两旺时期，至盛花期营养生长达到高峰，盛花期后营养生长则逐渐减弱，生殖器官生长占绝对优势，棉铃成长成为营养转运中心。棉花一生中生长发育的特点是营养生长与生殖生长同时进行，时间长，两者既相互依存又有矛盾，因而营养器官和生殖器官合理均衡地生长与发育是获得高产的关键。

棉花需要养分较多，一般来说，每生产100kg皮棉，需要从土壤中吸取纯氮（N）12~15kg，五氧化二磷（P_2O_5）5~6kg，氧化钾（K_2O）12~15kg。根据已有研究，棉花苗期吸收养分较少，占一生养分吸收量的1%左右，到现蕾时吸收养分占3%左右，现蕾至开花期占27%，开花至成铃后期吸收养分占60%左右，这个时期的棉株茎、枝和叶都长到最大，同时大量开花结铃，积累的干物质最多，对养分的吸收急剧增加，因此花铃期是施肥的关键时期，进入吐絮期后，吸收养分占总吸收量的9%左右。不同地区、不同产量水平棉花每生产100kg皮棉所需氮、磷、钾的数量和比例均有不同，总的趋势是随产量水平提高需要氮、磷量比例减少，需钾量比例增加。产量越高，单位产量的养分吸收量越低，养分的利用效率越高。

二、棉花配方施肥技术

1. 棉花施肥的原则

从氮、磷、钾养分的特征来看，氮素具有“易变易动”的特征，在土壤—作物体系中很容易转化和损失。因此，氮素的管理应以实时的土壤和作物氮素监控为主，强调氮素的分期调控。相对于氮素而言，磷、钾养分在土壤中容易保持且具有较长期后效，磷、钾的管理应在保持养分平衡的前提下采用恒量监控的方式。

大量的研究证明，充足的基肥是棉花苗期营养器官生长发育健壮的保障。根据棉花生长发育和营养规律，蕾期、花铃期和吐絮期是棉花养分需求量最大的时期，80%以上的养分都是在这几个生育阶段吸收的。因此，这三个时期是棉花施肥调控最为关键的时期。

根据氮、磷、钾养分的这些特性和棉花自身的营养规律，棉花施肥的原则是氮肥要基肥与追肥结合，前轻后重，即施足基肥、轻施种肥与苗肥、稳施蕾肥、重施花铃肥。具体而言，作为基肥和种肥的氮量之和不超过总施氮量的40%；60%以上的氮肥应作为追肥分配到蕾期、花铃期，并且大部分应当在花铃期施用。磷、钾肥应作基肥施用。

2. 棉花肥料总量控制和基肥/追肥分配原则

合理的施肥首先要确定施肥总量，在确定了氮肥总量的前提下，就要考虑如何将肥料合理地分配为基肥和追肥。根据棉花生长发育和营养规律，蕾期、花铃期和铃期是棉花养分需求量最大的时期，80%以上的养分都是在这几个生育阶段吸收的，因此也是施肥调控最为关键的时期。在棉花施肥中，要因地制宜地掌握施足基肥、施用种肥、轻施苗肥、稳施蕾肥、重施桃（花铃）肥和补施秋（盖顶）肥等环节。

3. 根据土壤肥力水平和目标产量确定施肥量

根据测土配方施肥原理，棉花施肥要考虑土壤养分状况和区域生产状况。

4. 棉花基肥和追肥施用方法

通常棉花的氮肥需要根据需肥规律分次施入，磷、钾肥全部作为基肥施入为宜。

从既遵循棉花营养规律，又具备田间可操作性的角度出发，基肥在总施氮量中的比例应当低于追肥所占的比例；追肥应当在蕾期、花铃期进行。花铃期以后，棉田封行，无法机械施肥，如果使用人工也可以考虑追施第三次氮肥。例如，西北棉区基肥与追肥的分配比例以30%~40%作基肥、60%~70%作追肥为宜；追肥在浇头水和二水前施用，其中蕾期追肥量为总追肥量的40%，花铃期追肥量为总追肥量的60%。

磷肥以作基肥全层施用为好，即在播种前或移栽前将磷肥均匀地撒在地面，翻耕耙耱，可使磷肥均匀地分布于全耕作层土壤中，这样根系与磷肥接触面大，磷肥利用率高。为了减少土壤对磷肥的固定，磷肥最好与农家肥堆沤或混合后全层施用。

钾肥以作基肥为好。西北地区土壤缺钾较少，近年来西北一些棉田施钾肥也有明显效果，因此也要注意施用钾肥。

对于同一生态区域，一般来说，作物的目标产量基本接近，肥料推荐用量应根据土壤的养分含量进行调整，肥料用量的变化带来施肥时的基肥及追肥比例发生相应的变化。

甘肃和新疆棉区干旱缺水，因此膜下滴灌这一节水新技术得到了快速的发展。膜下滴灌技术的应用为氮肥的实施调控带来了极大的便利，可以根据需要在不同生育时期随水追肥。因此，确定水、氮合理搭配是关键技术。在此推荐的施肥方法是：磷、钾肥采取衡量监控技术确定总量，全部作为基肥于播前施入土壤，氮肥随水滴灌到棉田。

5. 棉花微量元素肥料施肥

中、微量元素施肥原则应以"因缺补缺"，可以通过经验、土壤测试或田间缺素试验确定一定区域中、微量元素土壤缺乏程度，并确定补充元素，一般微量元素最高不得超过2kg/亩。

硼肥的施用，当土壤有效硼<0.4~0.8mg/kg时，每亩用硼砂0.4~0.8kg作苗期土壤追施，花铃期以0.02kg硼砂溶液喷施较好。蕾期、初花期、花铃期连续喷0.2%硼砂溶液3次为最好，每次每亩用水量50~80L。

在缺锌土壤中（土壤有效锌0.7~1.5mg/kg），每亩用硫酸锌1~2kg，如果已施锌肥作基肥，一般可以不再追施锌肥；如果未施锌肥作基肥，可在苗期至花铃期连续喷2~3次0.2%硫酸锌溶液作根外追肥，两次喷施锌肥之间相隔7~10d。

甘肃省棉花主产区河西走廊及新疆产区普遍有效锰元素供应不足，还应注意施用锰肥，每亩2kg硫酸锰。

第二节 大豆（黄豆、青豆、黑豆）

大豆属豆科，为一年生草本植物。它起源于我国，栽培历史悠久。根据品种间感光性和感温性的强弱，以及不同耕作制度和播种期，可分为春大豆、夏大豆、秋大豆和冬大豆四种类型。大豆既是粮食作物，又是油料作物。大豆籽粒中含蛋白质42%、脂肪20%、糖类30%~33%，并含有8种人体必须的氨基酸，有“素肉”之称。大豆油中含有60%以上的不饱和脂肪酸，有防止因胆固醇增高而引起心脑血管硬化的功能。大豆油还是很好的工业和医药原料。大豆饼是营养价值很高的精饲料，同时也是很好的细肥。大豆叶和秸秆的蛋白质、脂肪含量都高于谷子、小麦、玉米秸秆，是良好的粗饲料。大豆有根瘤菌共生，可固定空气中的游离氮素。因此，大豆又是很好的养地作物。

大豆在甘肃播种面积虽然不大，但全省各地都有种植，基本以春大豆为主。

一、大豆的生物学特性

1.种子

大豆的种子由子房的胚珠受精后发育而成。成熟的大豆种子由种皮和胚两部分组成，无胚乳。种子的形状可分为圆形、椭圆形、肾脏形、扁圆形等。种子的大小与环境条件有关，通常用百粒重表示，百粒重在14g以下的为小粒种，14~20g的为中粒种，20g以上者为大粒种。种皮的颜色与种皮栅栏组织细胞所含的色素有关，可分为黄色、青色、黑色、褐色及双色5种，而以黄色居多。脐是种子脱离珠柄后在种皮上留下的痕迹，上部有一凹陷的小点，称为合点，是珠柄维管束与胚连接处的痕迹；下部有一小孔，称为珠孔，当种子发芽时，胚根由此孔伸出。大豆种子的种皮位于种子的最外层，由表皮、下表皮和内薄壁细胞组成。大豆种子的胚由胚根、胚轴、胚芽和2片子叶组成。胚轴包括上胚轴和下胚轴，上连胚芽，下连胚根，胚中2片肥厚的子叶贮藏着丰富的营养物质，是幼苗初期的养分来源，也是经济价值最高的部分。

2.根

大豆的根由主根、侧根和根毛组成。初生根由胚根发育而成，侧根在发芽后3~7d出现，根的生长一直延续到地上部分不再增长为止。在耕层深厚的土壤条件下，根系发达，根量的80%集中在5~20cm的土层中，10%分布在20~30cm的土层内，入土深度一般在60~80cm，深者可达100~120cm。侧根从主根的中柱鞘中分生出来，先向四周水平伸展，可达40~50cm，然后向下垂直生长，深度可达100cm。大豆主侧根的尖端产生大量根毛，是吸收养分和水分的重要部分。在主、侧根上都生有根瘤。通常在大豆幼苗期只有一对真叶时，就能生根瘤，15d后开始固氮，生长前期固氮较少，自开花期迅速增加，盛花期到鼓粒期固氮量最多，约占总固氮量的80%，是向大豆提供氮素的高峰期。在接近成熟时，大豆养分向荚、粒输送，根瘤菌的活动因养分不足而受抑制，固氮能力逐渐下降。

在土壤养分适宜的条件下，大豆的根系发达，分布范围广，根瘤多而大，活力强。若土壤水分不足，则根系生长缓慢，甚至停止生长。大豆根系生长最适宜的温度为20~25℃，温度过高（35℃以上）对根系的发育有不良影响；过低则会降低地上部分的光合效率，根部既不能得到足够的同化产物，又降低了代谢机能。

3.茎

大豆的茎包括主茎和分枝。茎发源于种子中的胚轴和胚芽。栽培大豆品种有明显的主茎，茎秆坚韧，近圆柱形，稍带棱角，个别品种粗大扁平。株高一般75~110cm，高者可达150cm，矮的仅30cm。主茎和分枝都有节，主茎一般有12~20个节，有的多至25节以上，有的早熟品种仅有8~9节。下部节间短，上部节间长。大豆幼茎颜色有绿色和紫色，绿茎开白花，紫茎开紫花。茎上生有茸毛，呈灰白或棕色，茸毛的多少和长短常用作鉴定品种的标志。

大豆按主茎生长形态可分为蔓生型、半直立型和直立型。蔓生型：主茎不发达，植株高大，茎秆细弱，节间长，分枝多，匍匐地面或半直立。半直立型：主茎较粗，但上部细弱，有缠绕倾向，在肥水充足和阴湿条件下，植株易倒伏。直立型：植株较矮小，节数少，节间较短，茎秆较粗壮，直立不倒。

4.叶

大豆的叶片有子叶、单叶和复叶之分。大豆出苗后，首先露出地面的2片肥厚的叶叫子叶，内含丰富的营养物质，为种子萌发和幼苗初期生长提供养分。子叶出土前有黄、绿两种颜色，出土后见到阳光即变为绿色，可进行光合作用。当子叶内的养分耗尽后，就自然萎黄脱落。随着幼苗的生长，2片对生叶（又名单叶）随之展开，近似卵圆形，大小相同，均为胚芽中的原始叶。单叶展开后，主茎和分枝上的各节所着生的叶片陆续长出，为互生复叶。复叶一般具有3片小叶，个别品种也有出现5~8片小叶的复叶。

大豆的复叶由托叶、叶柄和叶片三部分组成。叶片全缘。托叶一对，很小，呈三角形，位于叶柄与茎连接处的两侧，有保护腋芽的作用。叶柄连着叶片和茎。叶柄的作用，一是把叶片支撑到适当的空间接受阳光，二是运输水分和养分。叶柄基部有一膨大的关节叫叶枕。叶枕两边组织的膨压差异可使大豆上部复叶中间的小叶随日照而转向。

大豆叶片的形状、大小因品种而异。叶形可分为椭圆形、卵圆形、披针形和心脏形等。

5.花序

大豆的花序着生在叶腋间或茎顶端，为总状花序。一个花序上的花朵通常是簇生的，俗称花簇。花簇上所生的花朵数因品种而异，通常为15~20朵，多的可达35朵，每节有1~3个花序。一般花簇可分为长轴型、中长轴型和短轴型3种。

每朵花由苞片、花萼、花冠、雄蕊和雌蕊组成。苞片有2个，很小，呈管形，苞片上生有茸毛，有保护花芽的作用。花萼位于苞片的上部，有5片萼组成，绿色，着生茸毛，下部联合成管状，上部开裂。花冠为蝴蝶形，位于花萼内部，由5个花瓣组成。5个花瓣中，上面一个大的叫旗瓣，在花未开放时旗瓣包围其余4个花瓣。旗瓣两侧有2个形状和大小相同的翼瓣；最下面的2瓣基部相连，弯曲，形似小舟，叫龙骨瓣。花冠的颜色分为白色、紫色两种。雄蕊在花冠内部，共10枚，其中9枚的花丝连在一起成管状，1枚分离，花药着生在花丝的顶端。开花时，花丝伸长向前弯曲，花药裂开，花粉散出。花粉粒多为圆形，也有三角形、椭圆形、不规则形的，一朵花的花粉约有5000粒。雌蕊被雄蕊包围，位于花的最中心，包括柱头、花柱和子房三部分。柱头为球形，在花柱顶端，花柱下方为子房，1室，内含胚珠1~4个，个别的有5个，以2~3个居多，子房膨大后着生茸毛。

大豆为雌雄同花，自花授粉作物，花朵在开放前就已完成了授粉，天然杂交率一般为0.6%。授粉后8~12h即完成受精。一朵花从花蕾膨大到开放需3~4d，每天开花的时间，各地不尽相同，但一般从上午6时开始开花，8~10时最盛，下午开花甚少。全田开花株数达到10%的日期为始花期，达50%以上为盛花期，达90%以上为终花期。

6. 荚

大豆的荚由子房发育而成。大豆荚由表皮、薄壁组织、维管束的隔离层组成。成熟的豆荚，长2~6cm，宽0.5~1.5cm。荚的形状有直形、弯镰形和微弯镰形。大豆每荚籽粒数有一定的稳定性，一般栽培品种每荚2~4粒种子。豆荚成熟前呈绿色，成熟后呈灰色、褐色、黑色等。荚壳由2片合成，合口的一面附着种子珠柄，称为腹缝线，另一面称为背缝线。种子成熟后，豆荚可沿腹、背缝线裂开，称为炸荚。当田间幼荚长度达2cm以上的植株占50%以上时，称为结荚期。籽粒在豆荚里呈明显凸起，其体积达到最大值时称为鼓粒，当田间50%以上的豆荚达到此标准时，称为鼓粒期。

二、大豆的需肥特点及施肥技术

1. 大豆的需肥特点

大豆正常生长发育需要从空气和土壤中吸收16种必需的营养元素。据陈伦寿等研究，每生产100kg大豆，需纯氮7.2kg、磷1.8kg、钾4.0kg，吸收比例为1∶0.25∶0.55。另据中国农业科学院林继雄研究报道，每生产100kg大豆，需吸收氮8.1~10.1kg、磷1.8~3.0kg、钾2.9~6.3kg，此外，还有钙2.3kg、镁1.0kg、硫0.67kg以及一定数量的微量元素。每生产100kg大豆平均吸收氮9.12kg、磷2.4kg、钾4.6kg，其吸收比例为1∶0.26∶0.51。

大豆在各生育期对三要素养分的积累量不同。在开花前，氮和磷的积累量分别占总量的1.5%和17%；到开花期分别增加到28.6%和24.2%；到了结荚鼓粒期猛增到56.2%和40.8%；到鼓粒后期至成熟，分别为2.1%和17.26%。而钾素在开花前到开花期，吸收积累量占总量的32.2%，到结荚鼓粒期上升到61.9%，鼓粒后期到成熟时下降为5.9%。由此可见大豆的需肥特点是：从出苗到开花前，氮、磷、钾的吸收积累量较小，开花始期是大豆吸收养分的转折点，盛花期是吸收养分的激增期，结荚期为养分的吸收高峰，鼓粒期以后吸收量又逐渐下降。同时，还可以看出，大豆的营养生长和生殖生长在很长的时间内是并行的。大豆和禾本科作物不同，有根瘤菌共生，根瘤菌从空气中固定的氮素和大豆根系从土壤中吸收的氮素相互影响，形成了独特的吸氮规律。据研究测定，大豆根瘤菌每亩地大约可固定空气中的氮素4~7kg，高者可达6.5~11kg，可以满足大豆对氮素营养需求量的30%~50%，在适宜的条件下，可提供所需氮素的70%~80%，而且大豆产量越高，由根瘤菌提供的氮素比例越大。研究还证明，磷素在大豆不同的生育期对根瘤的数量和重量都有明显的促进作用，可以增强大豆的单株固氮能力，达到以磷增氮的效果。钾素能促进大豆植株的生长和根部组织的发育，增加根瘤菌的数量，增强根瘤菌的活动能力。

2.大豆的施肥技术

大豆的施肥应根据其需肥特点、土壤肥力高低和目标产量而确定施肥量。据中国农业科学院林继雄研究，大豆施肥较为合理的三要素配比为1∶1.6∶1。施肥方式可采取基肥、追肥相结合，大量元素与中微量元素相结合，有机无机相结合，土壤施肥与根外喷施肥相结合。

对于春大豆，每亩用腐熟优质有机肥1000~2000kg，在秋耕前均匀撒施于地表，耕翻入土，深度一般15~20cm，使肥土充分混合。在播种前每亩再施40%的复混肥（11-18-11）20~40kg，通过耕翻使之与土壤充分混合，然后播种。对于夏大豆，由于麦收后农事繁忙，有条件的，可将40%的复混肥20~40kg与有机肥1000~2000kg混匀，撒施于地表，随即翻耕入土，然后播种。大豆的追肥应根据苗情而定，对于叶片小、生长细弱的豆田，可每亩追施尿素5~8kg。开花结荚期是大豆一生中需肥最多的时期。凡植株生长瘦弱，结荚期不能及时封行的豆田，在初花期每亩应追施尿素8~10kg，有明显的增产效果。

对于土壤有效钼含量低于0.1mg/kg的缺钼土壤，可用钼酸铵拌种。具体用量：每千克种子用钼酸铵2g，先用水将钼酸铵溶解，兑水配成2%~3%的溶液，均匀喷于种子上，边喷边拌，溶液不宜过多，以免种皮起皱，造成烂种。拌好晾干后即可播种。

若播种时不用40%的复混肥，可用氮、磷、钾按比例自己配制掺混肥料，更经济实惠。甘肃多为碱性土壤，自己配制掺混肥料时氮肥可用硫酸铵、碳酸氢铵、尿素、硝酸铵，磷肥可用过磷酸钙、重钙、磷一铵，钾肥可用硫酸钾或氯化钾。将上述肥料品种按纯养分配比后与有机肥料混匀，于耕翻前均匀撒施于地表，然后耕翻入土，即可播种。

大豆的根外喷肥，应根据大豆长势而定。对需要喷肥者，可用1%~2%的尿素溶液加0.2%~0.4%的磷酸二氢钾溶液，每亩用量50~75kg，在阴天或晴天下午4时后喷施；也可以加入0.1%~0.3%硼酸和0.2%~0.5%钼酸铵溶液喷施，可以明显增加大豆的荚数、粒数和粒重。

大豆是需钙较多的作物，基肥应重视施用过磷酸钙，追肥应适当增加硝酸铵钙。

第十三章　蔬菜类作物施肥技术

第一节　白菜类蔬菜

一、大白菜（娃娃菜，结球白菜）

大白菜（娃娃菜，结球白菜）是甘肃主要的高原夏菜品种，全省各地均有栽种，尤以兰州市和河西五市面积最大。

1．白菜的营养特性

白菜以叶为产品，对氮的要求最为敏感。氮素供应充足则叶绿素增加，制造的碳水化合物随之增多，也促进了叶球的生长而提高了产量。若氮素过多而磷、钾不足，则白菜植株徒长，叶大而薄，结球不紧且含水量多，品质下降，抗病力减弱。磷能促进叶原基分化，使外叶发生快，球叶的分化增加，而且也促进它向叶球运输。充分供给钾肥，使白菜叶球充实，产量增加，并且可增加白菜中养分含量而提高品质。

缺氮的白菜全株叶色变淡，植株生长缓慢；缺磷则叶背的叶脉发紫，植株矮小；缺钾则外叶叶缘发黄，甚至叶缘枯脆易碎；白菜缺钙易发生干烧心。生长盛期缺硼，常在叶柄内侧出现木栓化组织，由褐色变为黑褐色，叶周围枯死，结球不良。

每生产100kg白菜约吸收氮150g、磷70g、钾200g，在每亩产5000kg的情况下大约吸收氮7.5kg、磷3.5kg、钾10kg，三要素大致比例为1：0.47：1.33。由此可见，吸收的钾最多，其次是氮，磷最少。白菜各生长期内三要素的吸收量不同，大体上与植株干重的增长量成正比。发芽期至莲座期约只有总吸收量的10%，而结球期约吸收90%。各个时期吸收三要素的比例也不相同，发芽期至莲座期吸收的氮最多，钾次之，磷最少。结球期吸收的钾最多，氮次之，磷仍最少。这是因为在结球期，白菜需要较多的钾促进外叶中光合产物的制造，同时还需要大量钾促进光合产物由外叶向叶球运输并贮藏起来。

根据白菜生长需肥量和土壤养分供给能力测算，结合当前白菜施肥实际水平进行综合分析，确定施肥量：①目标产量8000kg的中上等地选中晚熟品种，每亩施优质农家肥7500kg、氮23kg、磷10.5kg、钾15kg；②目标产量6000kg的中等地，选中早熟品种，每亩施优质农家肥6500kg、氮20kg、磷9kg、钾13kg；③目标产量5000kg的下等地，一般选择早熟、中早熟品种，每亩施农家肥5000kg、氮16kg、磷6kg、钾9kg左右。

2.白菜施肥技术

（1）施足基肥

白菜生长期长，需要大量肥效长的优质有机肥，因此大量施用厩肥作基肥十分重要。一般每亩地施厩肥不应少于5000kg。在耕地前先将60%的厩肥撒在地里深翻入土，耙地前把40%的厩肥撒在地面耙入浅土中，然后起垄。配方肥料和过磷酸钙宜在施厩肥时一并条施，每亩用量50~75kg。

（2）播种施好提苗肥

为了保证幼苗期得到足够养分，需要追施速效性肥料为“提苗肥”。每亩用硫酸铵5~8kg，于直播前施于播种穴、沟内与土壤充分拌匀，然后浇水播种。

（3）发棵肥

莲座期生长的莲座叶是将来在结球期大量制造光合产物的器官，充分施肥浇水是保证莲座叶强壮生长的关键，同时还要注意防止莲座叶徒长而导致延迟结球。“发棵肥”应在田间有少数植株开始团棵时施入，一般每亩施入硫酸铵15~20kg，磷、钾肥各7~10kg。直播白菜施肥应在植株边沿开8~10cm的小沟，施入肥料并盖严土；移栽的白菜则将肥料施入沟穴中，与土壤拌匀再栽苗。若莲座后期有徒长现象，则须采取“蹲苗”措施。

（4）结球肥

结球期是形成产品的时期，同化作用最强盛，因此需肥水量大。在包心前5~6d施用结球肥，用肥效持久的完全肥料，特别是要增加施钾肥。一般每亩施硫酸铵25kg，磷酸铵和硫酸钾各10~15kg，或有机粪肥1600~2500kg，草木灰50~100kg作结球肥。为使养分持久，最好将化肥与腐熟的厩肥混合，在行间开8~10cm深沟条施为宜。这次追肥有充实叶球内部、促进“浇水”的作用，因此又称“灌心肥”。

3.种好娃娃菜，施肥很关键

甘肃省中西部高原地区天气冷凉、污染小、日照充足、温差大，非常适合种植娃娃菜。娃娃菜是小棵型结球白菜，生育期55~65d，适宜温度为10~22℃，高于25℃生长不良，低于10℃生长缓慢，5℃以下生长量极小。短期的0~-2℃寒冷可以恢复，长期则遭冻害。日照时间700h以上。种植时要与非十字花科作物2~3年轮作倒茬。

娃娃菜对氮磷钾需求量比例为1：0.45：1.57，按亩产5000kg计，亩需纯氮N13kg，纯磷$P_2O_5$5.5kg，纯钾K_2O18.7kg，同时还需要纯钙CaO4kg，纯镁MgO1kg。养分苗期需求最少，莲座期较多，结球期最多，占总养分需求量的80%。娃娃菜适宜生长在土层深厚肥沃而富含有机质的土壤。娃娃菜施肥有一定的特殊性，只施用二铵、尿素不是科学施肥。

下面列出娃娃菜施肥路线图，供参考：

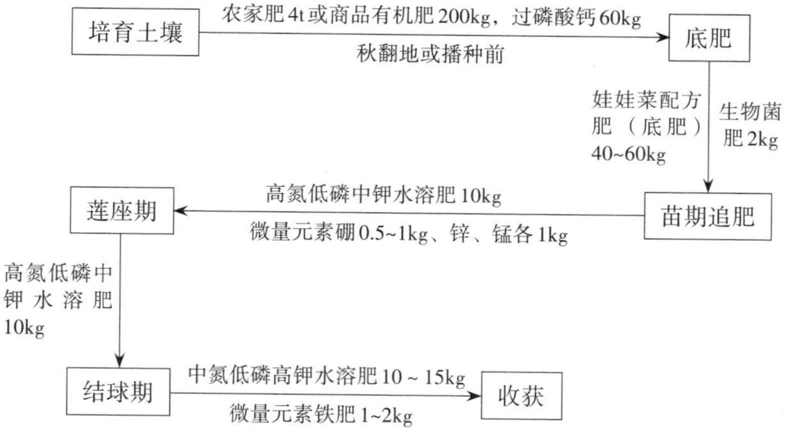

图13-1 娃娃菜施肥路线图

表13-1 娃娃菜施肥建议用量

时期	农家肥或商品有机肥	过磷酸钙	氮磷钾配方肥	氮磷钾水溶肥	微量元素肥料	生物菌肥
播种前底肥	4000kg或200kg	60kg	40~60kg	—	—	菌肥2kg
苗期追肥	—	—	—	高氮型15kg	硼0.5~1kg 锌1kg 锰1kg	—
莲座期追肥	—	—	—	高氮型15kg	—	—
结球期追肥	—	—	—	高钾型15~20kg	铁1~2kg	—

大白菜、娃娃菜种植要改变偏施二铵、尿素或平衡性肥料的施肥习惯，必须以施入有机肥为主，氮、磷、钾肥以及中微量元素肥料配合。娃娃菜对钙元素需求很大，缺钙会使娃娃菜生长发育不良，极易感染病菌。应重视在底肥中配施过磷酸钙补充土壤中的钙含量。

二、甘蓝（包括普通甘蓝、皱叶甘蓝、紫甘蓝）

甘蓝也是甘肃高原夏菜栽种的主要品种。

1.甘蓝的营养特性

甘蓝又名土苤蓝、洋蔓菁、洋疙瘩、洋大头菜。十字花科，芸薹属。以肥大的肉质根为主要产品。因容易栽培、产量高、茎叶均可利用，甘肃各地栽培渐多。肉质根可以炒食、煮食和腌渍，茎叶可以作饲料。

甘蓝根部肥大，呈球形或纺锤形，单棵重0.5~3.5kg。叶色深绿，叶面有白粉，叶肉厚，叶片裂刻深。总状花序，花黄色。芜菁甘蓝能与芜菁及甘蓝杂交，留种时应注意隔离。芜菁甘蓝为长荚果，成熟时果荚开裂，种子散落，应及时采收。种子略呈球形，深褐色，千粒重3.3g左右。

甘蓝耐寒耐热性强。种子能在2~3℃时发芽，生长适温为13~18℃，幼苗能耐-1~2℃低温。幼苗的耐热、耐旱性较强，能在7~8月高温季节播种。

氮是蛋白质的主要成分，是植物生命活动的基础。蔬菜作物缺氮时表现植株矮小，叶色淡绿以至黄色，茎细小，多木质化。甘蓝类如甘蓝、花椰菜等缺氮时老叶和茎部会出现紫红色。

甘蓝缺磷症状没缺氮那么明显，叶背、叶脉紫红色，叶面暗绿色，叶缘枯死，结球小而易裂。

缺钾时会引起甘蓝中碳水化合物的合成受阻，机械组织不发达，细胞壁变薄，质地变软易倒伏。表现的症状为老叶叶尖和边缘发黄，后变褐，叶片上常出现褐色斑点或斑块，但叶中部靠近叶脉处叶色常不变，严重时幼叶也表现同样症状。

2．甘蓝施肥技术

结球甘蓝根系吸水吸肥能力强，喜肥耐肥，需要较多的氮素，尤其是晚熟品种比早熟品种需要更多。其中早期需要氮素较多，莲座期对氮素的需要量达到高峰，叶球形成期需要较多的磷、钾肥。整个生育期吸收氮、磷、钾的比例为$N:P_2O_5:K_2O=3:1:4$。

（1）基肥

结合整地每亩施入腐熟的有机肥或堆肥4000~5000kg，磷酸铵8~10kg，硫酸钾10~20kg。

定植时结合栽苗再施400~500kg腐熟的有机肥，将肥料施入定植穴，使肥土掺和均匀。

（2）追肥

结球甘蓝的追肥宜早，定植后4~5d结合浇缓苗水，每亩随水冲施硫酸铵7~10kg，可加快幼苗成活。

莲座后期在开始包心时，结合浇水追肥1~2次，每次每亩用硫酸铵15~20kg或腐熟的有机肥800kg随水冲施。对于中晚熟品种，由于其生长时期较长，在包球中期需多追肥1次，每亩用硫酸铵10kg，施用方法同前2次追肥。这样施肥后，结球甘蓝可保持不间断地旺盛生长，对增加产量和提高品质效果显著。

三、花椰菜、青花菜

花椰菜又称菜花或花菜，青花菜又称绿菜花、西兰花，均属十字花科芸薹属甘蓝种的变种，原产地中海至北海沿岸。花椰菜19世纪中叶传入中国南方，青花菜19世纪末20世纪初传入中国南方。花椰菜是甘肃高原夏菜的主栽品种，河西走廊、中部地区、陇东、陇南均有种植。花椰菜和青花菜以白色、绿色或紫色花球供食用，风味好，营养价值很高。

1. 花椰菜的生物学特性

（1）根

花椰菜主根较粗大，须根发达，主根入土深度达60~70cm，主要根群多集中于30cm的耕层中。营养生长期茎短缩，较结球甘蓝粗，在形成花球前，茎上端增粗，暂时贮藏养分，茎上腋芽不萌发，阶段发育完成后，抽生花茎。叶阔披针形或长卵形，营养生长期具叶柄，并有叶片，叶色浅蓝绿，表面具有蜡粉。显球时心叶自然向内卷曲，可保护花球免受日光直射变色和受霜害，一般20片叶构成莲座叶丛。花球由肥嫩的花薹（主轴）、50~60个一级肉质花梗、花梗上具有的若干花枝以及花枝上众多的花蕾短缩聚合而形成。花球球面呈左旋辐射轮纹排列，轮数5轮。正常的花球呈半球形，表面呈颗粒状，质地致密。花器形成后，花球发展成为养分的贮藏器官。在温度、光照等条件适宜时，花球逐渐松散，花枝顶端继续分化，形成正常花蕾，花薹、花枝逐渐发育并伸长，花蕾也逐渐膨大，继而抽薹、开花、结实并形成种子。

（2）花和果实

花椰菜的花为复总状花序，完全花，花萼绿或黄绿色，花冠淡黄或黄色，4强雄蕊，子房上位，异花授粉，虫媒花。果实为长角果。

花椰菜属于半耐寒性蔬菜，喜冷凉气候，生长温度12~22℃；发芽温度为25℃左右；幼苗生长的适宜温度为20~25℃；莲座期生长温度为15~20℃；花球形成期的适宜温度为17~18℃，25℃以上花球形成受阻，且花球松散，品质和产量下降。花椰菜要求中等光照强度，在花球形成过程中，如遇到过强的光照常使颜色变黄，降低产品的品质。花椰菜喜湿润的环境，适宜的土壤相对湿度为70%~80%，空气相对湿度为85%~90%。花椰菜耐旱、耐涝能力较弱。花椰菜要求耕层深厚疏松、有机质含量高、保水保肥的土壤。花椰菜的生长发育周期分为营养生长和生殖生长阶段。营养生长阶段又分为发芽期、幼苗期和莲座期。生殖生长阶段又分为花球形成期、抽薹期、开花期和结荚期。

2．花椰菜的需肥特点

花椰菜和其他作物一样，正常的生长发育需要16种必需的营养元素。据刘宜生研究，一般收获1000kg商品花球，需吸收氮7.7~10.8kg、磷3.2~4.2kg、钾9.2~15.0kg，氮、磷、钾的吸收比例为1∶（0.39~0.42）∶（1.19~1.39），但因品种和栽培条件不同而有一定的差异。另据劳秀荣报道，每生产1000kg绿花椰菜的养分吸收量为氮10.88kg、磷2.1kg、钾4.91kg，若每亩产2500kg菜花，约消耗土壤氮27kg、磷5.3kg、钾12.5kg，氮、磷、钾的吸收比例为1∶0.2∶0.46。

不同生育期对养分的需求量不同。在未出现花蕾前，吸收养分少，定植后20d左右，随着花蕾的出现和膨大，植株对养分的吸收急剧增加，一直到花球膨大盛期。营养生长期对氮的需要量最大，并且硝态氮的肥效最好。其次为钾肥。而在生长的中后期，即花芽分化和花球形成膨大阶段，除要求充足的氮素外，还需要大量的磷、钾元素，以促进糖的积累和蛋白质合成，提高产量和品质。同时，对硼、镁、钙、钼需求量比较大。生长期如果缺硼，茎中部中空，严重时花球内部开裂，花球呈现褐色斑点并带苦味。缺钼时叶片卷起呈杯状，花球发育不良。缺钾易患黑心病。

3．花椰菜的施肥技术

花椰菜的施肥应以有机肥为主，化肥为辅，所施有机肥应充分腐熟，符合行业标准的要求，化肥应符合国家标准的要求，实行平衡施肥，充分满足花椰菜对各种营养元素的需求。只要达到上述要求，就不会对土壤环境产生不利影响，可达到无公害生产的目的。

花椰菜栽培可分为露地栽培和保护地栽培两种方式。

（1）花椰菜露地栽培施肥技术

花椰菜露地栽培有春、夏、秋3茬。

①培育壮苗。除选择好相应季节栽培的优良品种外，关键是配制好营养土。营养土分为育苗营养土和分苗营养土。育苗营养土的配制：因花椰菜发芽期根系较弱，故需要养分充足、通透性好、水分充足的营养土。配制时，宜用2~3年未种过十字花科作物的园田土4份，腐熟的畜禽粪有机肥4份，草炭或陈炉渣2份。每立方米营养土加入复合肥2~3kg、硼砂10~20g，混匀后过筛，分装营养钵内，浇水，及时播种。分苗营养土的配制：分苗时花椰菜的幼根适应性已增强，营养土应具有一定黏性，防止移栽时散坨。配制时，宜用腐熟的畜禽粪有机肥4份、园田土6份，以增加营养土的黏性。若是营养土过于黏重时，应适当增加有机肥的比例。每立方米营养土中再加入复合肥3~5kg、硼砂20~40g。将配好的营养土混匀，过筛、均匀铺入苗床，浇足底水，待花椰菜出苗及长至3~4片真叶时，及时分苗于其上。

②定植前基肥。基肥应以有机肥为主，每亩施腐熟的农家有机肥3000kg左右、配方肥或高磷复合肥30~50kg、硼砂50g左右，对缺钼土壤，每亩施钼酸铵10~20g。先将硼砂和钼酸铵用水化开，均匀喷在有机肥上，然后均匀撒施于地表，结合整地，深耕30cm，将肥料翻入土壤。细耙、整平、做畦，准备定植。

③追肥。定植缓苗后，浇缓苗水，中耕蹲苗，以促进根系和

花球发育。当花球直径3~5cm时，结束蹲苗，并及时浇水追肥。在整个花球膨大期间，应保持土壤湿润，一般每隔5~7d浇一次水，10~15d追一次肥。每次每亩追施高氮复合肥5~10kg，喷施0.2%~0.4%磷酸二氢钾、0.1%~0.3%硼砂或0.02%~0.05%钼酸铵，以防早衰，提高产量和花球品质。

四、菜心

菜心，别名菜薹、广东菜薹，属十字花科，小白菜的一个变种，一年生草本植物，原产于中国，是南方特产蔬菜之一。在广东、广西等省区栽培历史悠久，一年四季均可生产。近些年甘肃河西引种栽培面积逐年增多，是重要的供港蔬菜品种。

菜心营养价值很高，据分析，每100g鲜菜中含蛋白质1.3g、碳水化合物0.72~1.08g、粗纤维0.5g，还含有磷、铁、钙等矿质元素和多种维生素。菜心气味清香、口味鲜美，主要用作炒食、凉拌等。

1.菜心的生物学特性

（1）根

菜心的主根不发达，须根多，主要根群分布在10~20cm的土层中，水平伸展3~10cm，根的再生能力较强。植株直立或半直立，抽薹前茎短缩、短小、绿色。

（2）叶

基部叶片开展至斜举，叶形为宽卵圆形或椭圆形，绿色至黄绿色，叶缘波状，基部有或无裂片，叶脉明显，叶柄狭长，淡绿色，上面有浅沟。花茎（菜薹）圆形，绿色，薹叶卵形或披针形，花茎下部叶柄短，上部叶无柄。

（3）花、果实和种子

总状花序有分枝，完全花，花冠黄色，花瓣4片呈“十”字形，4枚雄蕊，雌蕊1枚。果实为长角果，成熟时黄褐色。种子近圆球形，种皮黄褐色至褐色。

菜心对温度的要求不严格，月平均温度在11~28℃的条件下都可以顺利生长发育，但不同品种对温度的适应能力有较大的差异。菜心属长日照植物，但多数品种对日照长短要求不严格，花芽分化和菜薹生长快慢主要受温度的影响。但要求较强的日照条件，充足的日照有利于菜薹生长。菜心耐旱力弱，但又怕涝。在生产上，以经常保持土壤湿润又不积水为宜。菜心对土壤条件要求不太严格，一般土壤都可以种植，但为了获得高产、稳产，应选择富含有机质、保水、保肥、通透性良好、排灌方便的沙壤土或壤土种植为宜。菜心的生育过程可分为发芽期、幼苗期、叶片生长期、菜薹形成期和开花结实期5个时期。

2．菜心的需肥特点

菜心和其他作物一样，正常生长发育需要16种必需的营养元素，但以土壤中氮、磷、钾的需求量较多，其他营养元素的需要量很少。据研究，菜心一生中吸收氮、磷、钾比例为1∶0.29∶0.97。以氮素最多，钾次之，磷最少。菜心生长前期需要的养分量很小，至叶片生长期，需要的养分量逐渐增多，菜薹形成至开花期吸收的养分量最多，此时供应充足的肥水，有利于获得较高的产量。实践证明，施用有机肥料，对菜心根系的生长和提高菜薹的品质都有明显的促进作用。

3．菜心施肥技术

菜心可直播在园田，也可育苗移栽，但以育苗移栽为宜。在不同的栽培季节，应选择不同的育苗方式。夏、秋季栽培，可在露地育苗，早春和冬季栽培需在大棚中育苗。

（1）培育壮苗

夏、秋季露地育苗，应选择地势较高处作苗床。每亩用充分腐熟的农家有机肥4000kg、过磷酸钙50kg和硫酸钾或氯化钾15~20kg。翻耕床土与粪肥充分混合，使土肥相融，整平做成高畦，浇足底水，待墒情适宜时播种。播种后踩实，盖上细土。夏、秋季露地育苗常受高温干旱和雷雨的影响，应在苗床上设遮阴棚防烈日暴晒，或设塑料膜天棚防暴雨。幼苗出土子叶展开时，及时疏苗，真叶展开后进行间苗。

（2）定植前基肥

温暖季节菜心定植在露地，寒冷季节应定植在温室或塑料大棚内。栽植菜心的园田应选择地势向阳、土质肥沃、排灌方便的沙壤土或壤土地块。每亩用腐熟的农家有机肥3000~4000kg、磷酸一铵或磷酸二铵40~50kg，均匀撒施于地表，然后深耕翻入土中，细耙整平，做成平畦，定植后浇透定植水。

（3）追肥

菜心是速生蔬菜，生长期短，根系浅，栽植密度大，在施足基肥的基础上，在生育期间还要多次追施速效氮、磷、钾肥，以提高产量和品质。追肥要掌握好3个时机：在定植缓苗后，进行第一次追肥，这次追肥量要少，每亩可追施硫酸铵30~40kg或尿素15~20kg，结合中耕将肥料埋入土中，促进根系的发育和叶片生长；当植株开始现蕾抽薹时，进行第二次追肥，每亩施用硫酸铵50~60kg或尿素25~30kg和适量磷、钾肥，随灌水渗入土壤，主要作用是促进菜薹伸长和叶片扩大，增加产量，改善品质；如果继续采收侧薹，则应在大部分主薹采收后，侧薹开始发生期进行第三次追肥，追肥的数量和种类，应视植株生长情况而定，当植株生长较弱、叶片较薄、叶色较淡时，应适量增加追肥数量，可用磷酸一铵或磷酸二铵追肥，在高温季节还可用0.2%~0.4%磷酸二氢钾进行叶面喷施。而在植株长势强壮时，则应适当减少追肥数量。

五、紫菜薹

紫菜薹，别名红菜薹、红油菜薹等，属十字花科，是芸薹种白菜的一个变种，一年生草本植物，以嫩花薹供食用。

紫菜薹的主要食用器官为花薹，营养丰富。每100g鲜菜中含蛋白质1.3~2.1g、碳水化合物1.4~4.2g、脂肪0.3~0.5g、纤维素0.7g，还含有钙、磷、铁等矿质元素及多种维生素。紫菜薹的花薹品质柔嫩清香，食用方法很多，可炒食、凉拌，又是汤菜的上等原料。

1.紫菜薹的生物学特性

(1) 根

紫菜薹为浅根系植物，主根不发达，须根多，再生能力强。

(2) 茎、叶、花薹

紫菜薹的茎短缩，着生基生叶片。叶片紫绿色，椭圆形或卵圆形，叶缘波状，基部深裂或少数裂片，叶脉明显，叶柄长，紫红色。花薹近圆形，紫红色，内部白色，高30~40cm。腋芽可萌发多数侧花薹。花薹叶片细小，倒卵形或近披针形，基部抱茎成为耳状。

(3) 花、果实和种子

花为总状花序，完全花，花冠黄色。果实为长角果，长5~7cm，2室，含多数种子。种子近圆形，紫褐色或黑褐色。

紫菜薹的生长发育与菜心基本相同，也要经历发芽期、幼苗期、叶片生长期、菜薹形成期和开花结果期5个生育时期，所不同的是紫菜薹的营养生长时间比菜心长些。紫菜薹茎上的基生叶发生多，叶片生长期较长；另外，其腋芽的萌发力强，能不断萌发侧薹，所以菜薹形成期也较长。菜薹的产量由主薹和侧薹组成，一般每株可采收侧薹7~8根，最多可达30根以上，侧薹在产量中占的比例较大。

紫菜薹是喜冷凉的蔬菜。种子发芽适宜温度为25~30℃，幼苗期20℃左右生长迅速，叶片生长期以20~25℃为宜。紫菜薹在幼苗期和叶片生长期进行花芽分化，对温度要求不太严格，光照长短也无明显影响。紫菜薹发育适于较低温度，通常在15℃左右紫菜薹发育最好，25℃以上即发育不良。紫菜薹属长日照植物，生长要求较充足的日照条件，弱光下难以获得高产。紫菜薹既怕旱又怕涝，生育期间应经常保持土壤湿润。紫菜薹对土壤的适应性广，但由于根系较浅，故应选择在土质肥沃、有机质含量较高、保水保肥能力强的壤土或沙壤土上种植。

2. 紫菜薹的需肥特点

紫菜薹和其他作物一样，正常生长发育需要16种必需的营养元素。由于紫菜薹与菜心同属十字花科，经研究证明，其对主要营养元素的需求比例与菜心基本相同。

3. 紫菜薹的施肥技术

紫菜薹一般采用育苗移栽的方式栽培。

（1）培育壮苗

育苗地应选择肥沃的壤土或沙壤土，每亩用腐熟的农家有机肥3000~4000kg，过磷酸钙50kg，硫酸钾或氯化钾15~20kg，均匀撒施于地表，深翻入土，细耙整平后做畦。浇足底水，视墒播种。幼苗出土真叶展开时要及时间苗，保证幼苗有足够的营养面积，并用硫酸铵进行追肥，促进幼苗生长。当达到5片真叶时，及时移栽。

（2）定植前基肥

移栽紫菜薹的园田应选择地势向阳、土质肥沃、排灌方便的壤土或沙壤土，每亩用充分腐熟的农家有机肥3000~4000kg、磷酸一铵或磷酸二铵40~50kg，均匀撒施于地表，然后翻耕入土，细耙整平，做成平畦。移栽定植后，浇足定植水。

（3）追肥

紫菜薹生长期长，菜薹延续采收的时间也比菜心长，要使菜薹质量鲜嫩，必须加强肥水管理。在施足基肥的基础上，还要多次追肥。在定植后，每亩可施用硫酸铵40kg或尿素20kg；叶片旺长期，每亩施硫酸铵50~60kg或尿素25~30kg；现蕾后开始抽薹时，每亩可施氮磷钾复合肥30~40kg。菜薹的不断采收和形成，需消耗营养，因而要适量追肥，每次追肥后都应注意浇水。入冬前要控制肥水，防止因生长过旺而遭受冻害。

第二节　茄果类蔬菜

茄子是甘肃省普遍种植的蔬菜品种，既有露地栽培，又有设施大棚栽培。

一、茄子

1.茄子的营养特性

茄子为1年生草本植物，在热带为多年生灌木。茄子根系发达，成株根系深达1.5m以上，根系横向直径超过1m，保护地栽培的茄子根系主要分布在0~30cm的耕层内。茄子根系的再生能力较差，木质化较早，不宜多次移植。

茄子对温度要求比较严格，17℃以下生长缓慢，15℃以下落花，10℃以下引起生理代谢失调。花芽分化的适宜温度白天为20~25℃，夜间为15~20℃，温度偏低时，花芽分化延迟，但长柱花多；反之，在温度偏高条件下，花芽分化提早，但中柱花和短柱花比例增加，尤其是夜间高温短柱花更多。生育适温为22~30℃，白天25~28℃，夜间16~20℃有利于茄子发育。

茄子生长期长，喜温怕霜，喜光不耐阴。茄子是喜肥作物，土壤状况和施肥水平对茄子的坐果率影响较大。在营养条件好时，落花少，营养不良会使短柱花增加，花器发育不良，不易坐果。此外，营养状况还影响开花的位置，营养充足时，开花部位的枝条可展开4~5片叶，营养不良时，展开的叶片很少，落花增多。茄子对氮、磷、钾的吸收量，随着生育期的延长而增加。苗期氮、磷、钾三要素的吸收仅为其总量的0.05%、0.07%、0.09%。开花初期吸收量逐渐增加，到盛果期至末果期养分的吸收量占全期的90%以上，其中盛果期占2/3左右。各生育期对养分的要求不同，生育初期的肥料主要是促进植株的营养生长，随着生育期的进展，养分向花和果实的输送量增加。在盛花期，氮和钾的吸收量显著增加，这个时期如果氮素不足，花发育不良，短柱花增多，产量降低。

每生产1000kg茄子，吸收各元素量分别为N 2.7~3.3kg、P_2O_5 0.7~0.8kg、K_2O 4.7~5.1kg、CaO 1.2kg、MgO 0.5kg。每亩产茄子4000~5000kg，需N 12.8~16kg、$P_2O_5$3. 8~4.7kg、K_2O 18~22.5kg。

氮素充足，植株茎粗叶茂，生长茁壮，可大幅度提高果实产量；磷可促进根系生长和花芽分化；钾可提高产量和改善品质。从全生育期来看，茄子对钾的吸收量最多，氮、钙次之，磷、镁最少。茄子对各种养分吸收的特点是从定植开始到收获结束逐步增加，特别是开始收获后养分吸收量增多，至收获盛期急剧增加。其中在生长中期吸收K_2O的数量与吸收N的情况相近，到生育后期钾的吸收量远比氮素要多，到后期磷的吸收量虽有所增多，但与钾、氮相比要少得多。

茄子植株缺氮时生长势弱，分枝减少，花芽分化率低，发育不良，落花率高，坐果率低，果实膨大受阻，皮色不佳，叶片小而薄，叶色淡，光合效能明显降低。缺磷时茎叶呈现紫红色，生长缓慢，花芽分化延迟，着花节位升高。缺钾时幼苗生长受阻，严重影响产量和质量。因此，茄子生长期间有三怕：前期怕湿冷，中期怕荫蔽，后期怕干旱。

氮素过量时，易引起茎叶等营养器官的徒长，枝叶郁闭，遮阴挡光，落花烂果严重，诱发病虫害，降低产量和品质。若施肥过量而使土壤溶液浓度过高或钾、钙、氮过多时，容易影响对镁的吸收，易导致缺镁病，叶脉附近变黄。若叶片上出现白斑或部分坏死，是有害气体造成的伤害。

2. 茄子施肥技术

（1）育苗肥

茄子苗期对营养土质量的要求较高，只有在质量高的营养土上才能培养出节间短、茎粗壮和根系发达的壮苗。一般要求在11m^2的育苗床上，施入腐熟过筛有机肥200kg、磷酸铵3kg、硫酸钾1.5kg，将床土与有机肥和化肥混匀。如果用营养土育苗，可在菜园土中等量地加入由4/5腐熟马粪与1/5腐熟人粪尿混合而成的有机肥，也可参考番茄育苗营养土的配制方法。如遇到低温或土壤供肥不足，可喷施0.326%~0.5%的尿素溶液。

为了有效地防治猝倒病，可覆盖药土。药土是用50%多菌灵或硫菌灵可湿性粉剂8~10g，与12kg营养土混合而成。药土可以在幼苗出土前一次性撒在床面上，也可在播种前用2/3撒在床面上，播种时用1/3撒在种子上。有时药土对幼苗根系生长有抑制作用，一旦出现抑制作用，大量多次浇水可以缓解。

（2）基肥

茄子容易感染黄萎病，栽培茄子的保护地应避免重茬。如果隔茬时间较短，一定要进行保护地消毒。按保护地内空间计算，$1m^3$用硫磺4.0g、80%敌敌畏0.1g、锯末8.0g混合均匀后点燃，密闭24h后再通风。消毒后的保护地按每亩5000~6000kg腐熟的农家有机肥，再加15~25kg的磷酸铵和15~20kg硫酸钾，均匀地撒在土壤表面，并结合翻地均匀地耙入耕层土壤。

（3）追肥

茄子定植前每亩施农家有机肥5000kg，磷肥25~35kg。当“门茄”达到“瞪眼期”（花受精后子房膨大露出花时），果实开始迅速生长，此时进行第一次追肥。每亩施纯氮4~5kg（尿素9~11kg或硫酸铵20~25kg），当“对茄”果实膨大时进行第二次追肥，“四面斗”开始发育时，是茄子需肥的高峰，进行第3次追肥。前3次的追肥量相同，以后的追肥量可减半，也可不施钾肥。

二、辣椒

辣椒也是甘肃普遍栽培的蔬菜品种，露地、大棚皆有栽培。

1. 辣椒的营养特性

辣椒属于喜温蔬菜，生长适宜温度为25℃~30℃，果实膨大期需高于25℃。成长植株对温度的适应范围广，既耐高温也较耐低温。甜椒对光照要求不严格，在光照长或较强的条件下，都可以完成花芽分化与开花过程。与其他果菜相比，为最耐弱光的蔬菜，强光对辣椒植株生长不利，易形成果实的日烧病。辣椒的耐旱力较强，随植株生长量增大，需水量也随之增加，但水分过多不利于生长。

辣椒从生育初期到果实采收期不断吸收氮肥，其产量与氮吸收量之间有直接关系。辣椒的辛辣味与氮肥用量有关，施用量多会降低辣味。供干制的辣椒，应适当控制氮肥，增加磷、钾肥比例。氮肥施用过量，营养生长过旺，果实会因不能及时得到钙的供应而产生脐腐病。在初花期特别要节制氮肥，否则，植株徒长，生殖生长推迟。

随着植株不断生长，磷的吸收量不断增加。不过，吸收量的变化幅度较窄，总吸收量约为氮的1/5。辣椒幼苗缺氮，植株生长不良，叶淡黄色，植株矮小，停止生长。成株期缺氮，全株叶片淡黄色（病毒黄化为金黄色），不论苗期或成株期缺氮都会成片发生，追施氮肥可以立即转青。

辣椒苗期缺磷，植株矮小，叶色深绿，由下而上落叶，叶尖变黑枯死，生长停滞，早期缺磷一般很少表现症状。成株期缺磷植株矮小，叶背多呈紫红色、茎细、直立、分枝少，延迟结果和成熟，并引起落蕾、落花。钾在辣椒生育初期吸收少，开始采摘果实后增多。辣椒缺钾多表现在开花以后，发病初期，下部叶尖开始变黄，然后沿叶缘在叶脉间形成黄色斑点，叶缘逐渐干枯，并向内扩展至全叶呈灼伤状或坏死状，果实变小，叶片症状是从老叶到新叶，从叶尖向叶柄发展。结果期如果土壤钾不足，叶片会表现缺钾症，坐果率低，产量不高。钙吸收量比番茄低，如不足，易诱发果实脐腐病。在整个生育期不可缺钙。定植初期吸收镁少，进入采收期吸收量增多，此时如果镁不足，叶脉间黄化呈缺镁症，影响植株生长和结实。辣椒缺硼时，叶色发黄，心叶生长慢，根木质部变黑腐烂，根系生长差，花期延迟，并造成花而不实，影响产量。

2．辣椒施肥技术

辣椒植株矮小，生长结果时间长，施肥是增产的重要措施。

（1）基肥

辣椒宜用迟效性肥料，每亩用厩肥约600kg，或迟效性磷肥，也可用磷酸铵约6kg，将上述肥料混匀后，结合整地沟施或穴施，覆土后移苗定植、浇水。

（2）追肥

第一次追肥在植株成活后，每亩施1%硫酸铵溶液约500kg，点根浇。第二次在植株现蕾时，用40%人粪尿约600kg或硫酸钙15kg对水4%水溶液点根浇。第三次于5月下旬，第一簇果实开始长大，这时需要大量的营养物质来促进枝叶生长，否则不但影响结果而且植株生长也受到抑制，宜用速效性肥料，每亩用50%人粪尿约800kg点根浇，或硫酸铵约10kg、磷酸铵约2kg混匀后条施或穴施，后浇水。第四次在6月下旬，天气转热，正是结果旺期，结合浇水，用肥量和施肥方法参照第三次追肥。第五次在8月上旬，气温高，辣椒生长缓慢，叶色淡绿，果实小而结果少，每亩施20%人粪尿约800kg或2%硫酸铵溶液，以促进辣椒秋后枝叶的生长和结果。第六次追肥在9月中旬，施用量和施肥方法参照第五次，保证生长后期的收获。辣椒施肥次数多是保证长时间生长结果和抗恶劣环境的需要，据杭州菜农的施肥经验，在早期开花以前的一段时间里应多施氮肥，促进枝叶的生长，增加开花数和开花数目（每一节开一簇花），但开花结果的时间会延迟一些。如果要提早采收，则在现蕾以前，少施氮肥多施磷、钾肥。

三、番茄

番茄是甘肃栽培的主要蔬菜品种，加工型制酱番茄以集中连片的露地栽培为主，鲜食番茄以大棚栽培为主。

1.番茄的营养特性

番茄的种植面积很大，种植区域也很广。番茄的一生分为发芽期、幼苗期和开花结果期。

发芽期从种子萌动到子叶展开直至第一片真叶显露。幼苗期从真叶显露到第一花序现蕾。此期为营养生长与生殖生长的并行时期，在光照充足、通风良好、营养完全等条件下可培育出适龄壮苗。开花结果期从第一花序现蕾至果实采收完毕，又分为始花结果期和开花结果盛期。始花结果期：从第一花序现蕾至坐果，是以营养生长为主向生殖生长为主的过渡阶段；开花结果盛期：从第一花序坐果至果实采收完毕，是产量形成的主要时期。

番茄对养分的吸收是随着生育期的推进而增加的。在生育前期吸收养分量小，从第一花序开始结果，养分吸收量迅速增加，到盛果期养分吸收量可占总吸收量的70%~80%。番茄对氮、磷、钾的吸收呈直线上升趋势，对钾的吸收量接近氮的2倍，钙的吸收量和氮相似，可防止蒂腐病的发生。

番茄缺氮，会造成植株瘦弱，叶色发淡，呈淡绿或浅黄色。叶片小而薄，叶脉由黄绿色变为深紫色，主茎变硬呈深紫色，蕾、花变为浅黄色，很容易脱落，番茄果穗少且小。果实小，植株易感染灰霉病和疫病。

番茄苗期缺磷时，叶片背面呈淡紫红色，而且叶脉上最初出现部分浅紫色的小斑点，随后逐渐扩展到整个叶片，叶脉、叶柄也会发展为紫红色，主茎细长，茎变为红色，叶片窄小，后期叶片有时出现卷曲，结实较晚，成熟推迟，果实小。

番茄缺钾时，幼叶卷曲，老叶最初呈灰绿色，然后叶缘呈黄绿色，直至叶缘干枯，叶片向上卷曲。有时叶脉失绿和坏死，甚至扩大到新叶。严重时黄化和卷曲的老叶脱落。落果多、裂果多、成熟晚，且成熟不一致、果质差。

番茄缺钙，上部叶片褪绿变黄，叶缘较重，逐渐坏死变成褐色。幼叶较小，畸形卷缩，易变紫褐色而枯死。花序顶部的花易枯死，产生“花顶枯萎病”。果实顶腐，在果实顶端出现圆形腐烂斑块，呈水浸状，黑褐色，向内凹陷，称为“脐腐病”。

番茄缺镁下部叶片失绿，叶脉及叶脉附近保持绿色，形成黄绿斑叶，严重时叶片有些僵死，叶缘上卷，叶缘间黄斑连成带状，并出现坏死点；进一步缺镁时，老叶枯死，全叶变黄。缺铁时叶片基部先黄化，呈金黄色，并向叶顶发展，叶前缘可见残留绿色，叶柄紫色。缺硼时幼叶叶尖黄化，叶片变形，严重缺硼时，叶片和生长点枯死。茎短而粗，花和果实形成受阻，嫩芽、花和幼果易脱落。叶柄变粗。坐果少，果实起皱，出现木质化斑点，成熟不一致。缺钼时中下部老叶变黄色或黄绿色，叶片边缘向上卷曲，叶片较小并有坏死点；严重时，叶片只形成中肋而无叶片，成为鞭条状；最后，叶片发白枯萎。缺锌时叶片间失绿，黄化或白化，节间变短，叶片变小，类似病毒症。缺硫时植株变细、变硬、变脆。上部叶片变黄，茎和叶柄变红，节间短，叶脉间出现紫色斑，叶片由浅绿色变黄绿色。

2.番茄施肥技术

（1）基肥

番茄露地栽培要重施基肥，即在施用有机肥的基础上，每亩基施硝酸磷钾肥35~40kg为好。

（2）追肥

在第一果穗膨大时结合浇水每亩施硝酸磷肥20kg，在第一果穗采收后每亩追施硝酸磷肥20kg作为盛果肥。在盛果期用20%硝酸磷肥、1%磷酸二氢钾、0.1%硫酸锌、0.25%的硼酸混合液，每隔7~10d喷施1次，可明显提高番茄的产量和维生素C的含量。

第三节 瓜类蔬菜施肥技术

一、黄瓜

1. 黄瓜的营养特性

黄瓜是甘肃露地和大棚蔬菜生产中的重要作物，现在全省各地均广泛栽培，是人们饮食中必不可少的一种蔬菜。

黄瓜的生长发育周期共分为发芽期、幼苗期、抽蔓期和结果期。发芽期从种子萌发至2片子叶展开为发芽期。此阶段生长所需养分完全靠种子贮藏的养分供给。幼苗期从真叶出现到展开4~5片真叶为幼苗期。此期主根继续延伸，侧根开始发生，花芽开始分化，营养生长和生殖并行。抽蔓期从5~6片真叶到第一个瓜坐住。此时蔓的伸长加快，出现卷须和侧枝，雌、雄花陆续开放。结果期从第一个瓜坐住到拉秧，这一时期茎叶生长，根系生长和瓜条生长并存，而且生长量很大，是肥水管理的关键时期。

黄瓜要求土壤疏松肥沃，富含有机质。黏土发根不良，沙土易发根，前期虽旺盛，但易于老化早衰。适于弱酸性至中性土壤，最适pH 5.7~7.2。当pH在5.5以下时，植株就发生多种生理障碍，黄化枯死；pH高于7.2时，易烧根死苗，发生盐害。

黄瓜对氮、磷、钾的吸收是随着生育期的推进而有所变化的，从播种到抽蔓吸收的数量增加；进入结瓜期，对各养分吸收的速度加快；到盛瓜期达到最大值，结瓜后期则又减少。它的养分吸收量因品种及栽培条件而异。平均每生产1000kg产品需吸收氮2.6kg、磷0.8kg、钾8.9kg、钙3.1kg、镁0.7kg，其中氮与磷的吸收值变化较大，其他养分吸收量变化较小。各部位养分浓度的相对含量，氮、磷、钾在收获初期偏高，随着生育时期的延长，其相对含量下降；而钙和镁则是随着生育期的延长而上升。黄瓜植株叶片中的氮、磷含量高，茎中钾的含量高。当产品器官形成时，约占60%的氮、50%的磷和80%的钾集中在果实中。当采收种瓜时，矿质营养元素的含量更高。始花期以前进入植株体内的营养物质不多，仅占总吸收量的10%左右，绝大部分养分是在结瓜期进入植物体内的。当采收嫩瓜基本结束之后，矿质元素进入体内很少。但采收种瓜时则不同，在后期对营养元素吸收还较多，氮与磷的吸收量约占总吸收量的20%、钾则为40%。黄瓜栽培方式不同，肥料的吸收量与吸收过程也不相同，生育期长的早熟促成栽培黄瓜要比生育期短的抑制栽培黄瓜肥料吸收量高。秋季栽培的黄瓜，定植1个月后就可吸收全量的50%，所以对秋延后的黄瓜来说，施足基肥尤为重要。早春黄瓜采用塑料薄膜地面覆盖后，土壤中有机质分解加速，前期土壤速效养分增加，土壤理化性状得到改善，促进了结瓜盛期以前干物质、氮、钾的累积吸收以及结果盛期磷素的吸收。

缺氮黄瓜叶片小，从下位叶到上位叶逐渐变黄，叶脉凸出可见，最后全叶变黄，坐果数少，瓜果生长发育不良。缺磷黄瓜苗期叶色浓绿、发硬、矮化，定植到露地后，就停止生长，叶色浓绿；果实成熟晚。缺钾黄瓜早期叶缘出现轻微的黄化，叶脉间黄化；生育中、后期，叶缘枯死，随着叶片不断生长，叶向外侧卷曲，瓜条稍短，膨大不良。

2.黄瓜施肥技术

在施肥技术上，首先要重视苗期培养土的制备，一般可用50%菜园土、30%草木灰、20%腐熟的干猪粪掺和而成。幼苗期不易缺肥，如发现缺肥现象可增加营养补液，其配方是：0.3%尿素和磷酸二氢钾混合液，也可结合浇水施用5%~10%充分腐熟的人粪尿进行追肥。在幼苗期适当增施磷肥，可增加黄瓜幼苗的根重和侧根的条数，加大根冠比值。种植黄瓜的菜田要多施基肥，一般每亩普施腐熟厩肥4000~5000kg，还可再在畦内按行开深、宽各30cm的沟，施入饼肥100~150kg加三元素复混肥40kg，然后覆平畦面以备定植。根据每亩生产5000kg以上产量的经验，从黄瓜定植至采收结束，共需追肥8~10次。定植后为促进缓苗和根系的发育，在浇缓苗水时追施迟效性的有机肥料，开沟条施或环施。在缺磷的园田土中，也可每亩再掺施磷（P_2O_5）10~15kg。其后的追肥以速效氮肥为主，每次每亩施用氮素3~4kg。在采瓜盛期，要增加追肥次数和数量，并选择在晴天追施。还可在喷药时叶面喷施1%尿素和磷酸二氢钾溶液2~3次，可促瓜保秧，力争延长采收时期。

目前，日光温室和大棚黄瓜栽培类型主要有冬春茬、春茬、秋茬和秋冬茬栽培，其中以冬春茬和春茬居多。

冬春茬和春茬栽培施肥新技术综述如下：

（1）配制疏松、肥沃的苗床土，为培育壮苗奠定基础

苗床土配制法：苗床土的成分包括田土、有机肥和化肥等，其配制方法有2种。

①堆制苗床土

6月取深层园田土或葱蒜类蔬菜地及大田地土壤4份，腐熟的纯鸡粪或猪粪3份，未腐熟的羊粪或麦草、麦糠等3份，三元复合肥每100kg苗床土加20g，分层堆积。土和粪较干时还应加适量水，然后轻轻踏实。每堆可堆制2~4m^3，堆完后用废旧塑料膜覆盖封严，进行发酵。播前过筛混匀备用。这种方法不仅可使苗床土充分腐熟，而且可借助夏季高温季节快速升高堆温，有效杀死苗床土中的病原菌，起到彻底消毒的作用。

②临时配制苗床土

配方一：取葱蒜类茬或未种过蔬菜的熟土4份，充分腐熟的鸡粪或猪粪3份，腐熟的羊粪或乱草3份，分别过细筛。每立方米床土掺加三元复合肥500g或硫酸钾500g，磷酸氢二铵250g，50%多菌灵可湿性粉剂60g，与土混匀即为营养土。将营养土填入苗床，整平拍实，浇透底水即可播种。

配方二：取葱蒜地的肥土4份，腐熟厩肥6份，加少量磷肥和草木灰，掺匀过筛待播或供纸筒分苗。

配方三：取葱蒜地的肥土3~6份，腐熟的厩肥3~6份，每15m^2的畦面加0.25kg尿素或0.5kg硫酸铵，0.5kg磷酸铵或，0.5~1.0kg草木灰混匀过筛，填入苗床拍实后播种或分苗。

配方四：腐殖质和园土的比例为1∶1，1m^2苗床上加0.5kg尿素和25kg草木灰。

（2）重施基肥，适时定植

保护地定植黄瓜必须重施基肥，这是根据保护地土壤特点和黄瓜生育要求而定的原则。如前所述，有机肥料有延缓黄瓜衰老，增加产量和改善品质的特殊功效，故基肥应重施充分腐熟的优质有机肥料。根据目前保护地土壤肥力和种植黄瓜的需肥量，最好通过测土确定施肥量，以确保菜园土有机质含量为3%~5%，全氮含量在0.2%，速效氮含量在200mg/kg以上，速效磷（P_2O_5）150~200mg/kg，速效钾（K_2O）300mg/kg左右为宜。若无条件进行测土施肥，则一般肥力条件下，一个50m长的冬暖大棚整地时，一次施入基肥量应为优质鸡粪6~8m^3（1m^3鸡粪重600~800kg），若用其他肥料，要求其含肥量与6~8m^3鸡粪相等。

有机肥料施用前必须充分腐熟，严禁施用未腐熟的有机肥料。在腐熟过程中适当添加麦秸、玉米秸秆等有机物，调节C/N比，提高有机质含量。倒粪时适当喷洒辛硫磷等杀虫剂，消灭粪肥中害虫。

在整地前可闭棚高温灭菌，并用硫磺粉熏蒸1次，高温闷棚4~6d。

定植前整地时，先将棚内土地浇1次透水，墒情适宜时深翻1遍。注意深翻质量，将土坷垃打碎，将所准备的粪肥撒施到地表层，浅翻细耙，将基肥混入表层土壤，然后整平做畦定植。

宜选择冷尾暖头晴朗无风的上午进行定植，按大小行划开沟线，将备有的优质有机细粪和尿素按线刨浅沟施入，再将苗坨定植到所划浅沟上。黄瓜定植时要浅栽，农谚有“黄瓜露坨，茄子没脖”之说，根据黄瓜属浅根系这一特性，浅栽易满足根系有氧呼吸和对地温的要求，促进根系发育，丰产优质有保证。

（3）巧施追肥，促根壮秧

黄瓜在生长过程中应多次追肥，每次追肥量不宜过大，少量多次，以勤追轻施为宜。

①巧施提苗肥

缓苗后以促根控秧为中心，尽量控制植株徒长，促进根系发育。但施肥量不能太大，据幼苗长势可适施1次提苗肥。一般每亩施尿素5~7.5kg，距植株5cm，开沟施入后覆土浇水。

提苗肥施后，植株生长逐渐加快，叶面积逐渐扩大。此期为黄瓜转折期，切不可追肥浇水，以免植株徒长而抑制坐瓜，主要以中耕为主。土壤中肥分和水分充足，多次中耕，使土壤疏松透气，促进根系发育，对防止后期早衰、植株死亡有特殊的意义。此期以水为调控手段，使植株顺利地由以营养生长为主转到以生殖生长为主的开花结果期，是持续高产的基础。

冬暖大棚种植的黄瓜在转折期内会出现死株现象，多为沤根和烂根而造成死亡，实际上是光、温、肥、水等因素调控不当所致。在气候好的年份和通光保温较好的冬暖大棚内死亡率比较高。在这种条件下有利于植株地上部生长，此时供水，使植株徒长的茎叶，在与根系竞争光合产物和养分中占优势，使根系生长受阻，吸收能力弱，在竞争中所得到的养分根本无法维持正常新陈代谢而导致死亡。根系死亡是一个由轻度萎蔫到重度萎蔫直至死亡的过程。当发现植株轻度萎蔫时，及时将植株由架上落下，并去掉大量叶片，根系将重新增生新根，继而恢复功能，再将植株上架，使其重新生长。

②重施结果肥

冬暖大棚黄瓜结果期约12月中下旬，结束于5月下旬或6月上旬。结果期有3个阶段，即冬季最寒冷阶段（12月下旬至翌年2月上旬）、天气逐渐变暖阶段（2月中旬至4月中旬）及天气转热阶段（4月中下旬至翌年5月上旬或6月上旬）。

第一，冬季最寒冷阶段（12月下旬至2月上旬）的肥水管理。冬暖大棚黄瓜在寒冷阶段以加强保温透光为重点，在“高温养瓜”的前提下，以肥水调温的措施也很重要。

黄瓜定植前7~10d，地下埋设羊粪、鸡粪和麦秸、玉米秸秆等混合而成的酿热物，提高棚内气温和地温的效果很明显。

相对密闭的冬暖大棚内，夜间植物排出以及土壤有机物分解释放CO_2，使得日出前CO_2浓度很高，日出后随黄瓜的光合强度提高CO_2浓度急剧下降，一般于8~10时降至200mg/L左右。此时正是黄瓜光合作用高峰期。因此，闭棚提高棚温，通风量减少，补充CO_2尤为重要。晴天上午光照充足应施用CO_2，阴天寡照可不施用。除定植时大量施用有机肥外，利用强酸和一些碱式盐反应产生CO_2是简便易行的方法。

进入结果期可以补充肥水，但应看天气、墒情、植株长势等确定浇水和施肥量。此期耗水量大，对水分供应不足有明显反应，故当土壤表层见干应及时浇水。当根系伸长，瓜柄颜色转绿时，植株由营养生长向生殖生长过渡，应及时追肥浇水。一般每亩施尿素或磷酸二铵15~20kg，暗沟随水冲肥。

冬季温度低，通风量少，空气湿度大。因此，不提倡叶面追肥，以免增加空气湿度。但是如果坐瓜较多及植株生长势弱时，应适当叶面喷施2~3次100倍糖（白糖）液加0.2%磷酸二氢钾和0.1%的尿素混合液，每隔7~10d1次，喷后要加强通风。

第二，天气逐渐变暖阶段（2月中旬至4月中下旬）的肥水管理。随着天气转暖，日照时数和强度不断增加，黄瓜很快进入盛果期，也是黄瓜的高产期，需肥量也达到高峰期。因此，应以协调营养生长和生殖生长平衡为重点。围绕光、温、水、肥为中心的管理。原则为：一是各种措施必须持续高产；二是坚决控制病虫害的发生。此阶段肥水管理是持续高产的关键。此时黄瓜植株吸肥量相当于露地定植50d后的吸肥量，而且有一半的吸肥量被果实携走，因此必须及时追肥浇水。然而由于土壤吸附性能和黄瓜吸收能力所限，每次追肥数量应视土质和植株长势而定，不能盲目滥用化肥。

表13-3　各种肥料一次施用最大限量

肥料种类	沙土（kg/亩）	沙壤（kg/亩）	壤土（kg/亩）	黏壤（kg/亩）
硫酸铵	10~24	18~36	24~48	24~48
尿素	6~10	10~18	12~24	12~24
复合肥	18~30	24~36	36~40	36~40
过磷酸钙	24	36	48	48
硫酸钾	3~9	6~12	9~18	9~18

此期追肥原则是：各种肥料的追施量是少量、多次施用，NO_3^-氮肥多而NH_4^+氮肥少，NH_4^+氮肥用量不要超过氮肥量的1/4。NH_4^+氮肥和酰胺态氮肥应深施。磷酸二铵、过磷酸钙、硝酸磷肥均可作磷肥追施，而硝酸磷肥是最理想的品种。硫酸钾、磷酸二氢钾均可作钾肥追施，而磷酸二氢钾是最理想的叶面喷施肥料，其浓度不要大于0.2%，并要注意其纯度，杂质过多对叶片有害。氯化钾肥慎用或最好不用，因氯离子会使叶片老化变脆。干旱或土壤溶液浓度过大会诱发植株生理性缺钙时，可酌情喷施0.4%硝酸钙溶液。根据上述原则，可在浇水时随水冲施相应的化肥，每次冲施要比表中所列数量少。也可将沤制腐熟的大豆、饼肥或尿肥与化肥交替冲施，效果最佳，即化肥水—清水—有机肥水—清水—化肥水交替施用。无论是肥水还是清水，均不能在阴天或阴天前浇灌，因为此期是棚室病害严重发生期，而温度高、湿度大有利于黄瓜生长；同时，也有利于霜霉病等几种病害发生，所以肥水调控棚室温度，提高植株抗病性尤其重要。

如上所述，黄瓜盛果期持续高产肥水管理的原则：一般每隔5~10d浇1次水，10~15d追1次肥，在暗沟内随水每亩冲施磷酸一铵或二铵15~20kg，按肥 ：水=1 ：10）冲施，在基肥未施钾肥时，可配合氮、磷肥追施硫酸钾10~20kg。浇水追肥应于晴天上午揭苫1h后开始，浇水后要加大通风量，降低空气湿度。

在土壤追肥的基础上，可根据植株长势，进行叶面喷施速效氮、磷、钾、钙肥和微量元素肥料，每隔7~10d叶面施肥1次。可交替喷施0.1%尿素和0.2%磷酸一铵混合液，或0.1%尿素和0.05%硼砂或0.05%硫酸锌混合液等。

此期CO_2气肥浓度应为1200~1500mg/L为宜。

第三，天气转热阶段（4月中旬至5月下旬或6月上旬）的肥水管理。此期持续高产的肥水管理同前一阶段，化肥水—清水—有机肥水—化肥水交替施用。每次追施适量磷、钾肥，并结合叶面喷施效果更好。植株蒸腾量和土壤水分蒸发量均在加大，因而浇水次数相应增多，间隔时间相应缩短。同时，注意疏叶落秧，使老株更新，增加群体透光通风度，可延长采收期，获得高产、高效益。

二、西瓜

西瓜是西北各省普遍栽培的作物，甘肃各地均有栽培。尤其兰州、白银、武威、金昌、张掖、酒泉等地西瓜久负盛名。

1.西瓜的营养特性

西瓜对氮、磷、钾三要素的吸收基本与植株干物质的增长相平衡，即生长发育前期吸收氮、磷、钾的量较小，坐果后急剧增加。据有关资料表明：西瓜在发芽期吸收量极小；幼苗期占总吸收量的0.5%；伸蔓期植株干重迅速增长，矿物质吸收量增加，占总吸收量的15%；坐果期、果实生长盛期吸收量最大，占全期的84%。

西瓜又是高效作物，需肥量大而集中：每生产1000kg果实，需纯氮5.8kg、纯磷3.7kg、纯钾8.5kg，整个生育期需钾量多，氮次之，磷最少；但不同生育阶段，对氮、磷、钾吸收的速度和数量有显著差异。西瓜对氮、磷、钾三要素的吸收，以钾最多，氮次之，磷最少。一般氮、磷、钾三者的比例为3∶1∶4。氮素营养水平直接影响西瓜营养体的大小和产量的高低。西瓜需氮量与西瓜的产量和土壤供肥能力密切相关。磷素促进根系的生长，并与花芽分化和花蕾的发育有关。磷有增产作用及增进品质的作用。无籽西瓜磷过量可导致已败育的种子种壳变硬、色深，因此施磷量应少。钾肥可显著提高西瓜果实含糖量，改善品质，提高植株抗病性。

不同生育期对各种营养元素的吸收量不同。氮的吸收极早，至伸蔓期增加迅速，果实膨大期达吸收高峰；钾的吸收前期较少，在果实膨大期吸收量急剧上升；磷的吸收初期较高，高峰出现较早，在伸蔓期趋于平稳，果实膨大期明显降低。西瓜在其生长发育过程中有两个极其重要的时期，即营养的临界期和营养的最大效率期，这两个时期如能充分供给养分，西瓜产量常有明显的提高。

（1）营养临界期

营养临界期是指营养元素过多或过少或营养元素间不平衡，对西瓜生长发育起着显著不良作用的那段时间。一般来说，西瓜生长发育初期，对外界条件较敏感，此时如果养分供应不足，对生长发育有明显的影响，由此造成的损失，以后施用大量肥料也难以补救。

（2）营养最大效率期

指西瓜生长发育过程中，需要的养分绝对数量最多、肥料的作用最大、增产效率最高的时期。西瓜果实膨大期，需肥量最大，如果缺肥，对西瓜产量影响极大，是西瓜的营养最大效率期。

西瓜植株对养分的吸收是连续性，除了营养临界期和营养最大效率期外，其他各生育阶段也应保证养分的供应。

西瓜对氮素反应敏感，一般每亩平均吸收氮素量为10kg左右。氮素缺乏，植株生长缓慢，茎叶细弱，下部叶色褪绿变黄，茎蔓新梢节间缩短，幼瓜膨大缓慢，果实小，品质差。磷可促进西瓜根系生长，增强根系吸收水肥能力，尤其在低温季节磷肥效果更为明显。缺磷，根系发育差，植株细小，叶背呈紫色，花芽分化差，开花迟，坐果率低，易落花和化瓜；且果肉中常出现黄色纤维和硬块，甜度下降，种子不饱满。西瓜吸钾量最大，分别为氮、磷的1.2和3.4倍。由于缺钾的植株抗性降低。输导组织不畅，养分合成及运输受阻，因而果实中糖分积累不足，致使西瓜产量降低，品质变劣。表现为植株生长缓慢，茎蔓细弱，叶面皱缩，老叶边缘变褐枯死，并逐渐向内扩展，严重时向心叶发展，叶色呈淡缘，叶缘焦枯。果实膨大慢，瓜个小，坐果困难，定瓜余地小；而且果实含糖量低，糖分梯度大，品质差。西瓜缺钙多发生在连续多年施用不含钙素肥料的地块。西瓜缺钙时顶叶黄化，下部仍保持绿色，这是缺钙与缺氮、磷、钾不同的典型特征。此外，西瓜缺钙伴随叶缘黄化，叶片向外侧卷曲，呈降落伞状，植株顶端部分变褐坏死，茎蔓停止生长，由于花芽分化时，子房中摄入钙量不足，常引起果实畸形。西瓜吸硼量较大田作物高，在有机肥较少、又不施用硼肥的土壤上易缺硼。此外，沙壤土及偏碱土壤均易降低硼的有效性而导致植株缺硼。西瓜缺硼时，新叶不伸展，叶面凸凹不平，叶色不匀；新蔓节间变短，蔓梢向上直立，且新蔓上有横向裂纹，脆而易断，断面呈褐色，严重时生长点死亡，停止生长，有时蔓梢上分泌红褐色膏状物。缺硼常造成花发育不全，果实畸形或不能正常结果。

2.西瓜施肥技术

（1）施肥量的计算

知道了西瓜需要吸收的养分量和土壤供应的养分量，两者相减可计算出应补给的肥料养分量：

应补给的肥料养分量=西瓜需要吸收的养分量-土壤供应的养分量

虽然计算出应补给的肥料养分数量，但不能按这个数量施肥。因为这里所说的肥料养分量，是指植物吸收后发生效用的养分的数量，而通常所施入的各种肥料中，除了含有西瓜可利用的成分外，还有许多西瓜不能吸收的其他成分。可被吸收利用的这部分成分叫作肥料的有效养分，肥料有效养分重量占肥料总重的百分数叫作肥料养分含量。即使这些有效养分，由于土壤吸收性能及其他原因，施入土壤后也不是100%被利用，由于以上两个原因，我们实际施肥量应大于补给的肥料养分量，两者关系可用下式表达：

$$西瓜施肥量=\frac{应补给的肥料养分量}{肥料养分含量\times肥料当季利用率}$$

（2）制定科学施肥方案

计算出某个地块的肥料需要量后，就可以确定施肥方案了。施肥方案的具体内容应包括：肥料种类、肥料的量、施用时间及施用方法。

①肥料种类。施用何种肥料，应根据作物和土壤的情况来确定，还应考虑经济效益和社会效益。有机肥所含养分全面，肥效稳定，且成本低，长期施用有机肥，可提高土壤的肥力水平；但肥效慢，当年利用率低，因此在西瓜生长旺期的营养最高期，只施有机肥往往不能满足作物需要，最好是有机肥料与化学肥料配合施用，既可满足西瓜对养分的需要，又能起到培肥土壤的作用。

②肥料的施用量及施用时间。由于所需施用的肥料往往不止一种，计算施用量及安排施用时间时就有一个先后顺序的问题。较为常用的而且又较简便的方法是先计算氮，再计算磷、钾肥。氮中又先计算有机肥，再计算复合肥，最后是单元素肥料。由于西瓜的不同生育期对氮、磷、钾的需要量是不均衡的，因此计算的施肥量不能一次全部施入耕地，而应根据西瓜的需肥规律及土壤、肥料的性质，将肥料分几次施用。北方降水量少，植株长势

容易得到控制，基肥施用比例较高，长期以水调肥，追肥的次数和用量较少。西瓜追肥要特别注重西瓜的膨果肥，既要满足西瓜膨瓜期营养的需求，又要注意营养生长过旺。只有这样，才能及时满足西瓜各生育期对养分的需要，达到增肥增产的最大经济效益。

（3）西瓜施肥应注意

①忌单一施用大量氮肥。西瓜施肥最讲究氮、磷、钾配合，如果单一施用大量氮肥，植株极易徒长，不利于开花坐瓜及果实发育。实践证明，幼苗期氮、磷、钾应为3.8∶1∶2.8，伸蔓期为3.6∶1∶1.7，瓜生长盛期为3.5∶1∶4.6。

②忌施用含氯肥料。西瓜属于忌氯作物，施用含氯肥料会影响糖分积累，使瓜味变淡。

③忌过多施用人粪尿。施用人粪尿过多，容易引起植株徒长，使坐瓜困难，瓜皮厚面味酸。

④忌表土层施肥。西瓜追肥要注意深施，施后及时覆土，特别是氮肥，如果表施，氮素容易挥发产生氨气，危害叶片，同时降低肥效。

⑤忌阴雨天气施肥。阴雨天气空气湿度大，土壤含水量高，此时施肥，不但肥料易流失，而且容易引起西瓜徒长。

⑥忌施肥部位离根太近。西瓜的施肥部位，一般要求距主根10cm左右，离得太近容易烧根。

⑦忌干旱时追肥。天气干旱，土壤含水量低，此时施用化肥，会使根系细胞的细胞质溶液向外渗透，导致植株生理性缺水而枯死。

三、南瓜

南瓜为葫芦科，属一年生蔓性草本植物。我国明朝初年就有关于南瓜的记载。现在甘肃各地普遍栽培。嫩南瓜中含有丰富的葡萄糖和维生素C，老熟南瓜中含有丰富的维生素A和淀粉。种子富含脂肪，是很好的炒制小食品。

1．南瓜的生物学特性

（1）根和茎

南瓜根系发达，主根最大入土深度可达2m左右，但主要根群分布在10~30cm的土层中。南瓜根系横向扩展范围很大，播种后25~30d，根系分布半径可达85~135cm，根系强大，吸收水肥的能力强。茎蔓匍匐生长，中空，五棱形有沟。茎蔓表面密生茸毛，茎蔓生长旺盛，长者可达7~8m，分枝能力强。叶腋着生卷须，卷须有3~4个分叉。

（2）叶

南瓜叶片互生，叶柄长而中空，叶片肥大，掌状5裂，缺刻浅，叶表面有柔毛，叶脉分枝处有明显的不规则白斑。

（3）花

南瓜花雌雄异花同株，花着生于叶腋。雌、雄花冠均为黄色，雌花子房明显、下位。雄花冠翻卷呈钟状，花梗5棱，瓜蒂近果处扩大成喇叭状。

（4）果实

南瓜果实有扁圆、圆筒和长筒等不同形状。果皮有墨绿、黄、红、绿皮上散生黄红色斑点等，果梗硬且木质化，横断面五棱形，与果实连接处膨大呈五角星座。

南瓜是耐热作物，生长发育的适宜温度为18~22℃，开花结果期温度不能低于15℃，只要温度不高于40℃，果实生长良好。根系生长最适温度为32℃，对土壤湿度要求不严，有较强的抗旱能力。南瓜属短日照作物，但对日照强度要求较高。南瓜对土壤适应范围广，各种土质的土壤均能种植南瓜。瘠薄的土壤也能种植南瓜。

南瓜的生育周期可分为4个生育时期：从种子萌动至子叶展平，第一真叶显露为发芽期，10d左右；从第一真叶显露到第五真叶展开为幼苗期，大约30d；从第五真叶展开到第一雌花开放为抽蔓期，10~15d；从第一雌花开放到果实成熟为结果期，50~70d。

2. 南瓜的需肥特点

南瓜正常生长发育需要16种必需的营养元素，但以土壤中的氮、磷、钾、钙、镁的吸收量较多，其他营养元素的吸收量很少。据试验研究，每亩生产4308kg南瓜，需吸收氮20.5kg、磷6.9kg、钾25.1kg，氮、磷、钾的吸收比例为1：0.34：1.22。据刘宜生报道，每生产1000kg南瓜果实，需吸收氮3.92kg、磷2.13kg、钾7.29kg，氮、磷、钾的吸收比例为1：0.54：1.86。另据劳秀荣报道，每生产1000kg南瓜，需吸收氮3.5~5.5kg、磷1.5~2.2kg、钾5.3~7.29kg，其氮、磷、钾的吸收比例为1：(0.4~0.43)：(1.33~1.51)。

南瓜的不同生育阶段，对养分的吸收量和吸收比例各异。幼苗期需肥较少，进入果实膨大期是需肥量最大的时期，尤其对氮素的吸收量急剧增加，钾素也有与氮相类似的趋势，磷的吸收量增加较少。据日本宫崎研究，南瓜从定植到拉秧的137d中，前1/3的时间对氮、磷、钾、钙、镁的吸收量增加缓慢，中间1/3的时间增长迅速，而最后1/3的时间内增长最为显著。南瓜整个生育期对养分的吸收量以钾和氮最多，钙次之，镁和磷最少。产量的增加与养分的吸收趋势完全一致。南瓜在生长前期若施氮过多，易引起茎叶徒长，头瓜易脱落；过晚施用氮肥，则影响果实膨大。

3．南瓜的无公害施肥技术

南瓜以前各地大多为零星种植，大田直播，不被重视。近几年，由于其抗病性强、使用农药少及特殊的保健作用，已成为优良的无公害蔬菜品种，在不少地方已成为特色产业，形成了一定规模。日光温室、塑料大棚早春栽培的早熟南瓜，已作为一种特产供应市场。现在南瓜栽培有育苗移栽和露地直播两种方式。因此，施肥方式有育苗施肥、定植前基肥和定植后追肥。

（1）育苗施肥

培育壮苗是南瓜丰产的关键，因此，配制苗床土显得尤为重要。苗床土可用葱蒜类菜地或未种过蔬菜的熟土4份、腐熟的畜禽粪3份、腐熟的秸秆等有机肥3份，混匀过细筛，每立方米再加入氮、磷、钾复合肥0.5kg、50%的多菌灵可湿性粉剂60g。或取腐殖土和菜地土按1：1比例混合，每立方米苗床加入1kg硫酸铵或0.5kg尿素、3~4kg硫酸钾或氯化钾。将上述混合物装入塑料营养钵或纸质营养钵育苗。

（2）定植前基肥

基肥以有机肥为主，一般每亩施腐熟好的有机肥4000~5000kg，结合播种前深翻，集中将肥料施入栽植沟中或穴中。如果有机肥不足，每亩可补施氮磷钾复合肥25~30kg，准备定植移栽。

（3）追肥

在南瓜移栽缓苗后，如果苗势较弱，叶色淡而发黄，可结合浇水追施发棵肥，每亩追施硫酸铵10~15kg或者尿素5~8kg。当植株进入生长中期，坐住1~2个幼果时，应在封行前重施催果肥，一般每亩追施硫酸铵20~30kg或者尿素10~15kg、硫酸钾5~10kg。此时若干旱，可结合浇水，随水冲施复合肥15~20kg。在果实开始采收后，为防止植株早衰，增加后期产量，还可追施少量有机肥或者氮、钾化肥。如果不收嫩瓜，而准备只收成熟的老瓜，后期则不必再追肥。中后期也可以喷施0.3%~0.5%尿素和0.2%~0.4%磷酸二氢钾，每7~10d喷一次，连喷2~3次，对补充养分十分必要。

四、西葫芦

西葫芦为葫芦科南瓜属，一年生草本植物，是甘肃露地和大棚普遍栽培的蔬菜。

1.西葫芦的生物学特性

(1) 根和茎

西葫芦根系强大，大部分根系分布在10~30cm的土层中，根系横向扩展40~70cm。根系木质化出现早，根系受损后不易恢复。由于茎的节间长短不同，西葫芦有蔓生类型、半蔓生类型和矮生类型。蔓生类型的西葫芦节间长，蔓长1~4m，主蔓第十节以后结瓜，晚熟，耐寒性弱，耐热性强，多在农村零星种植。矮生类型节间短，蔓长0.3~0.5m，第一雌花着生于第三至第八节，以后每隔1~2节即出现雌花，目前栽培品种或杂交种多属此种类型。半蔓生型蔓长0.5~1m，主蔓第八至第十节开始着生雌花，属中熟种，目前栽培较少。高温、肥水充足节间长；反之，节间短。

(2) 叶

西葫芦的叶片为掌状，5裂，叶片大，叶表面有刺毛，有的品种或杂交种叶表有白斑。叶柄长而中空，易折断。

(3) 花和果实

西葫芦为雌雄异花而同株的作物，花单生，黄色。矮生的早熟品种第一雌花多着生于第四至第五片叶腋间，以后每隔1~2叶片出现一朵雌花。果实形状多呈圆筒形，果皮颜色有白、绿、墨绿，有或无斑点、条纹，果面圆滑或稍有纵棱。

西葫芦生长发育的适宜温度为18~25℃，但在西葫芦的生育过程中，应当有一个适当的昼夜温差，一般白天维持25℃左右，夜间12~15℃，有利于西葫芦生长。种子发芽时的适宜温度为18~25℃。开花坐果期适宜温度为22~25℃，果实生长的适宜温度为18~25℃。西葫芦属短日照作物，即在短日照下，雌花出现早而且雌花数量多。光照充足，种植生长良好，果实生长快而且品质好。西葫芦对土壤要求不严，各种土壤都能良好生长。但为了获得高产，还应选择土层深厚且肥沃的壤土种植。

2.西葫芦的需肥特点

西葫芦正常发育需要16种必需的营养元素，但以土壤中氮、磷、钾的吸收量最大，其他营养元素的吸收量很少。据卢育华研究报道，每生产1000kg西葫芦，需吸收氮5.47kg、磷2.22kg、钾4.09kg，氮、磷、钾的吸收比例为1∶0.41∶0.75。

西葫芦不同生育期对肥料品类、养分的吸收量不同。出苗后到开花结果前，须供给充足的氮肥，以促进植株生长，为果实生长奠定基础。前1/3的生育阶段，对氮、磷、钾、钙的吸收量少，植株生长缓慢；中间1/3生育阶段，是果实生长旺盛期，随着生物量的剧增，对氮、磷、钾的吸收量也猛增，此时期增施氮、磷、钾肥有利于促进果实的生长，提高植株连续结果的能力；而在最后1/3生育阶段里，生长量和吸收量增加更显著。因此，在西葫芦栽培中，施缓效基肥和后期及时追肥对高产、优质更为重要。

3.西葫芦的施肥技术

西葫芦主根生长快，切断后再生能力差，故以直播为主。露地直播采收期晚，效益差，为了提前上市，提高效益，在生产中多以大棚育苗移栽为主。所以，西葫芦的施肥可分为露地栽培施肥技术和大棚栽培施肥技术两种。

（1）露地栽培施肥技术

①苗床营养土配制。一般选用未种过瓜类蔬菜的无病肥沃土壤6份、充分腐熟的畜禽粪4份，每立方米营养土中再加入过磷酸钙0.5~1.0kg，将肥土和粪肥过筛混匀后，分装到营养钵或苗床上，浇透水，再播种。

②重施基肥。每亩施完全腐熟的农家有机肥5000~7000kg。一般将有机肥的60%~70%撒施地表，然后结合耕翻施入土中。再按行距开沟或挖穴，将其余的30%~40%有机肥施入定植沟或穴中，整平，准备移栽。

③巧施追肥。定植后一周左右，要及时浇缓苗水，并结合浇水追一次催苗肥，每亩施硫酸铵10kg左右，促进幼苗生长，为多结瓜、结大瓜打好基础。缓苗后，可开沟每亩追施50kg氮磷钾复合肥。瓜秧封垄后，在结瓜期间随水每亩追复合肥10kg左右，共追施3~4次。

（2）保护地栽培施肥技术

①培育壮苗。营养土的配制一般用园田土4份、完全腐熟的畜禽粪6份，每立方米土中再加入硫酸铵2kg或尿素1kg、过磷酸钙1kg、硫酸钾0.5kg或氮磷钾复合肥2kg。土肥混匀后，喷清水和50%多菌灵500倍液及低毒杀虫剂，过筛后再堆沤7~10d，然后分装在纸袋或塑料营养钵中，排布于温室或小拱棚内，准备播种。出苗后，苗期一般不进行地面施肥。根据幼苗长势，喷施0.1%尿素或0.2%磷酸二氢钾，连喷2次。并选择晴天上午日出后30min施用二氧化碳气肥，浓度为800~1000mg/L，每天喷施1次，每次2h，连续5~7d。可促进瓜苗生长和雌花分化，提高早期产量。

②重施基肥。西葫芦冬春茬栽培，应施足基肥。每亩撒施完

全腐熟的有机肥5000~7000kg、氮磷钾复合肥20~30kg，深翻30cm。耕后闭棚升温烤地5~7d，或用硫磺、百菌清烟雾熏蒸灭菌。棚室彻底消毒通风后，准备移栽。

③巧施追肥。西葫芦定植缓苗后，应及时浇水，并每亩随水冲施硫酸铵5kg，然后控水蹲苗。进入结瓜期，营养生长和生殖生长同时并进，要协调好二者的关系，平衡施肥是关键。当根瓜开始膨大时，结合浇水，进行第二次追肥，每亩用氮磷钾蔬菜专用肥10~30kg。西葫芦进入盛果期，肥水管理非常重要。一般采收2个瓜即每隔15d左右追1次肥。每次每亩随水冲施复合肥35kg左右。同时在叶面交替喷施0.2%~0.4%磷酸二氢钾加100倍糖水或腐殖酸类复合肥，以弥补根系吸收养分的不足。

从第一根瓜坐住后开始，为弥补光照不足、气温低、光合作用弱、植株长势差，除适时适量叶面喷施磷酸二氢钾或光合微肥外，应特别注重二氧化碳气肥的施用。一般选择晴天上午日出后30min左右，当温度升至15℃时，开始施用浓度为1000~1300mg/L的二氧化碳气肥，3~5d1次，每次2h，可提高坐果率，延长结果期。

第四节　绿叶类蔬菜施肥技术

一、芹菜（包括西芹）

芹菜为伞形花科、二年生草本植物，别名芹、旱芹、药芹等，根据叶柄形态，芹菜分为中国芹菜和西洋芹菜（即西芹）。中国芹菜根据叶柄内髓腔的有无分为空心和实心，按照颜色深浅不同分为青芹、白芹、黄芹。

芹菜起源于地中海沿岸地区，后经高加索传入中国。我国栽培广泛，历史悠久，形成很多芹菜名产区。甘肃各地普遍都有芹菜种植，但尤以兰州、定西种植的芹菜久负盛名。芹菜营养丰富，1kg新鲜芹菜含蛋白质22g、碳水化合物20g左右，此外还含有矿物质和多种维生素。芹菜含芹菜油，具芳香气味，有降血压、健脑和清肠利便作用，可炒食、生食或腌渍。

1.芹菜的生物学特性

（1）根、茎、叶

芹菜为直根系浅根性蔬菜，根系主要分布在7~10cm的表土层中，横向扩展最大范围30cm左右，主根肥大，能贮存养分，主根受伤后可产生大侧根，因而耐移栽。芹菜营养生长期茎短缩，叶片似根出叶，生殖生长期茎伸长为花薹，并可产生一、二级侧枝。营养生长期叶为2回奇数羽状复叶，着生于短缩茎基部。每片叶有2~3对小叶，小叶3裂。叶柄发达，是主要食用部分。叶柄有空心和实心之分，由品种特性决定。然而不良的环境和营养条件，也可使实心变为空心。叶柄中维管束的薄壁细胞分布着油腺，分泌出的挥发油使芹菜具有香味。芹菜叶片由叶端向叶基顺序分化和生长，称之为向基性生长。

（2）花和果实

芹菜花为复伞形花序，单花、白色，萼片、花瓣、雄蕊各5枚，雌蕊2个心皮结合在一起，子房2心室。果实为双悬果，成熟时沿中线裂为两半，半果近似扁圆形，悬于同一心皮上，不再开裂，半果各含1粒种子。果皮革质，透水性差，果实含有挥发油。

芹菜为喜冷凉蔬菜，在较低的温度下生长较好。生长适宜温度为15~20℃。叶片生长适宜温度的昼温为23℃、夜温18℃、地温13~18℃，或昼温18℃、夜温13℃、地温13~23℃。低温是花芽分化必需的条件，然而，花芽分化所必需的低温天数为130d、苗龄为140d的大苗，需要低温的天数则缩短到40d。芹菜属弱光照作物，弱光条件下植株直立生长。芹菜在中性微酸性土壤上生长良好。富含有机质的壤土和黏壤土有利于芹菜生长。土壤相对湿度80%时，芹菜生育良好。湿度再大，芹菜都能适应，因其根系中空，有通气组织，适于湿生状态生长。

芹菜整个生育周期分为营养生长期和生殖生长期。营养生长期又分为发芽期、幼苗期、叶丛生长初期、叶丛生长盛期和休眠期。芹菜越冬，在低温条件下通过春化，春季在长日照和高温（20℃）下抽薹，形成花蕾、开花结实，完成生命周期。

2.芹菜的需肥特点

芹菜正常生长发育需要16种必需的营养元素，其中，土壤中氮、磷、钾、钙、镁的需要量大，其他营养元素的需要量很少。据山东农业大学卢育华研究，每形成1000kg产品，需从土壤中吸收氮2.0kg、磷0.93kg、钾3.88kg，氮、磷、钾的吸收比例为1：0.465：1.94。另据吕英华报道，每生产1000kg芹菜，需吸收氮1.8~2.6kg、磷0.9~1.4kg、钾3.7~4.0kg，氮、磷、钾的吸收比例为1：（0.50~0.54）：（1.54~2.06）。据刘宜生调查，每亩芹菜产量为4000kg时，需氮7.3kg、磷2.7kg、钾16kg、钙6.0kg、镁3.2kg。

芹菜在整个生育期中，对养分的吸收量与生物量的增加是一致的，各养分的吸收动态基本一致，呈“S”形曲线，秋播芹菜的营养生长盛期也是养分吸收的高峰期，即播种后68~100d，此期对氮、磷、钾、钙、镁的吸收量分别占总吸收量的84%以上，而其中钙和钾的吸收量高达98.1%和90.7%。

土壤干旱或氮、钾用量过大时，芹菜对钙的吸收受阻，钙不足时易发生心腐病，而钙供应过分时则易发生空心现象。硼对芹菜有特殊生理意义，缺硼时，叶柄易开裂。因此，施肥上应采取平衡施肥技术，不可偏废。

3．芹菜的施肥技术

芹菜一般采用育苗移栽的方式栽培。

（1）培育壮苗

芹菜应选择排灌方便，土壤疏松肥沃，保水保肥性能好，2~3年没种过伞形科作物的壤土作苗床。每平方米施入充分腐熟的优质有机肥25kg，氮、磷、钾含量45%（15-15-15）复混肥料100g，再加入多菌灵50g，翻耕细耙，做成高畦，进行播种育苗。

（2）基肥

芹菜需肥量大，在定植前应施足基肥，中等肥力的土壤每亩施入完全腐熟的优质农家有机肥4000~5000kg，氮、磷、钾含量45%（13-6-26）的芹菜专用肥40~50kg，缺硼土壤可加入硼砂或硼酸0.5~1.0kg。深耕20cm，使土壤和肥料充分混匀，整细耙平，按当地种植习惯做畦，准备定植。

（3）追肥

芹菜定植3~5d后，应浇缓苗水，定植后10~15d，每亩追施硫酸铵10kg或尿素5kg。以后每20~25d追肥一次，每亩追硫酸铵20kg或者尿素10kg，硫酸钾或氯化钾10kg。在采收前20d禁止追施氮肥，采收前10d停止浇水，以降低芹菜中硝酸盐的含量。

二、莴笋

莴笋为菊科、一年生草本植物，有叶用莴笋和茎用莴笋之分。甘肃各地以栽培茎用莴笋为主。莴笋营养价值较高，每千克食用部分含蛋白质10~14g、碳水化合物18~32g、维生素C 40~150mg及一些矿质元素。茎叶中含有莴苣素，味苦，有镇痛、催眠及降低胆固醇的作用。莴笋可生食、炒食、凉拌、做汤等。

1. 莴笋的生物学特性

（1）根和茎

莴笋的根为直系根，根系浅而密集分布于20~30cm的耕层内，侧根多，须根发达。茎为短缩茎，在花茎形成前，短缩茎只有1~3cm，生殖生长期抽出花茎，可高达60~110cm。

（2）叶

莴笋的叶为莲座叶，互生于短缩茎上，叶片光滑或皱缩，叶色有深绿、浅绿、黄绿、紫红、淡紫等，叶形有披针形、长椭圆形、长倒卵圆形。叶缘有波状、浅裂、锯齿形。

（3）花和果实

莴笋的花为圆锥形头状花序，淡黄色和白色，每花序有小花20朵左右。子房单室，自花授粉，异交率1%左右。果实为瘦果，黑褐色或银白色，附有伞状冠毛。

莴笋种子发芽适宜温度为15~20℃，幼苗期生长适宜温度为12~20℃，外叶生长适宜温度为18~22℃，结球期适宜的昼温为20~22℃，夜温为12~15℃，25℃以上时生长不良。莴笋为长日照作物，在长日照条件下发育快，莴笋要求中等强度光照，光照过强或过弱生长不良。莴笋在湿润的土壤中生长良好。莴笋结球期和莴笋肉质茎肥大期需水较多，水分不足，产品器官小而味苦；水分过多，易出现裂球或裂茎，软腐病发病率也高。莴笋的根系呼吸能力强，在壤土和黏质壤土上根系生长快，有利于植株对养分和水分的吸收。

2. 莴笋的需肥特点

莴笋和其他作物一样，正常生长发育需要16种必需的营养元素，以土壤中氮、磷、钾吸收量较多，其他营养元素吸收量很小。据山东农业大学卢育华研究，莴笋每形成1000kg产品，需从土壤中吸收氮2.08kg、磷0.71kg、钾3.18kg，氮、磷、钾的吸收比例为1：0.33：1.52。

莴笋一生吸收钾最多，氮次之，磷最少。不同生育时期需要量不同，在生育前期，需要量很小；莲座期以后，需肥量逐渐增加；莴笋至肉质茎肥大期需肥量达到高峰，此时要求充足的肥水。据研究，任何时候缺氮，都会抑制莴笋叶片的分化，使叶片减少，苗期缺氮影响显著。缺磷时，不但叶数少，而且植株变小，产量降低。生育中后期，在充分吸收氮、磷的同时，还必须保持氮、钾的平衡。

3．莴笋的施肥技术

莴笋本身病虫害较少，基本不需要喷施农药，只要实行配方施肥，充分满足莴笋对各种营养元素的需求，就能达到生产要求。

（1）茎用莴笋保护地栽培技术

茎用莴笋的茎肥大如笋，肉质细嫩，耐寒力较强，可采用露地栽培，也可采取保护地栽培。现以春早熟保护地栽培为例，介绍施肥技术如下：

①培育壮苗。营养土用肥沃园土6份、优质腐熟的有机肥4份，混匀过筛，每立方米加入硫酸铵200g或尿素100g、过磷酸钙200g、硫酸钾100g，混匀后，铺入苗床或装入营养钵，浇足底水，待适墒播种。

②定植前基肥。基肥以优质有机肥为主，每亩施充分腐熟的有机肥4000~5000kg、钙肥50kg、氮磷钾含量为45%（16-5-24）的蔬菜专用肥50kg，深翻20cm，使土肥混匀，耙细整平，做畦或起垄。定植前棚室要消毒处理。浇足水，准备定植。

③追肥。定植后及时浇缓苗水，并及时中耕松土，促进根系发育。缓苗后长出新叶时，可进行第一次追肥，每亩施硫酸铵7~

10kg。待莲座叶长成，植株已封垄，肉质茎膨大期，每亩追施氮磷钾含量45%（16-5-24）的蔬菜专用肥30kg。在采收前20d内，禁止施用速效氮素化肥，采收前10d停止浇水。

第五节　葱蒜类蔬菜施肥技术

以洋葱为例：

洋葱，俗称圆葱、葱头，为百合科葱属，二年生草本植物，原产于中亚和地中海沿岸，20世纪初传入中国，现在甘肃省各地已普遍栽培，尤其河西走廊各县集中联片种植和公司代订单种植发展迅速。洋葱以肥大的肉质鳞茎为产品，既可生食，又可熟食，而且营养丰富，每100g洋葱含蛋白质1.44g、糖类6.4g、纤维素0.88g，还含有钙、磷、铁等矿质元素和多种维生素。洋葱鳞茎的组织中含有蒜素，具有特殊的香味，有杀菌、通乳、利尿及治疗便秘等作用，洋葱还可以降血压、降血脂、降血糖，对糖尿病有辅助治疗作用。

1．洋葱的生物学特性

（1）根、茎和花薹

洋葱的根为弦线状须根，入土浅，主要根群分布在20cm左右的土层中，横展30~40cm。在营养生长期茎短缩成扁圆锥形的茎盘。生殖生长期生长锥分化为花芽，抽生花薹。花薹筒状中空、中部膨大，顶端形成伞形花序。

（2）叶

洋葱的叶由叶身和叶鞘组成。叶身暗绿色，管状中空，腹部凹陷，稍弯曲。叶鞘抱合形成假茎。

（3）鳞茎

洋葱的鳞茎由肥厚的叶鞘基部和膨大的幼芽共向构成，呈圆球形或扁圆球形。生长初期，叶鞘上下粗细相似，生长后期，叶鞘基部累积营养物质，逐渐肥厚而形成开放性肉质鳞片；在开放性肉质鳞片内还有2~5个幼芽（鳞芽），其中一个为顶芽，其余为侧芽，顶芽和侧芽均分化为幼叶，但不形成伸挺的叶身，这些无叶身的幼叶积累营养物质，直接肥厚形成闭合性肉质鳞片。鳞茎成熟时，最外1~3层叶鞘基部干缩成膜质鳞片，对鳞茎起保护作用。洋葱鳞茎的大小取决于叶鞘的数量、厚薄及幼芽的多少和肥大程度，而叶片数目的多少和叶面积大小主要取决于花芽分化早晚、幼苗生长期的长短和栽培管理水平。

（4）花、果实

洋葱一般在鳞茎形成的当年不抽薹开花，次年春季鳞茎栽植后，植株抽薹开花，夏季结种子。抽薹后，花薹顶端形成伞形花序，先期包裹于总苞中，后期总苞破裂，花序开放。每花序着生200~800朵花，花两性，异花授粉。果实为2裂蒴果，每果内含6粒种子。种子盾形，外皮坚硬，呈黑色。

洋葱的生长适温为12~20℃，20℃以下的较低温度有利于根系和叶的生长，温度过高，根、叶生长受到抑制。健壮的幼苗抗寒性很强，能忍耐−7~−6℃的低温。鳞茎膨大需要较高的温度，15~20℃膨大最快。洋葱属绿体春化型植物，植株必须达到一定大小并积累一定的营养，在一定的低温条件下才能通过春化阶段。花芽分化后，抽薹开花则需要较高的温度。洋葱适于中等光照强度。长日照是洋葱鳞茎形成所必需的条件，在长日照下，叶鞘基部和鳞芽开始积累营养物质，增厚而形成鳞茎。在短日照条件下，即使具备较高的温度，叶鞘基部也不能膨大形成鳞茎。洋葱抽薹开花也需要长日照条件。洋葱在萌芽期、叶片生长期和鳞茎膨大期需要充足的水分条件。洋葱的叶片为耐旱生态型，要求较低的空气湿度。鳞茎具有极强的抗旱能力，在极干燥的环境中，仍可保持肉质鳞茎中的水分，维持幼芽的生命活动。洋葱适于种植在肥沃疏松、保水保肥的壤土上。

2．洋葱的需肥特点

洋葱也和其他作物一样，正常生长发育需要16种必需的营养元素，以土壤中氮、磷、钾、钙、镁的需要量较多，其他的营养元素需要量很少。据刘宜生研究，当平均亩产1000kg葱头时，需吸收氮1.98kg、磷0.75kg、钾2.66kg、钙1.16kg、镁0.33kg，其吸收比例为1∶0.38∶1.34∶0.59∶0.17。另据西北农业大学刘建辉研究，每形成1000kg产品，需吸收氮2.06~2.37kg、磷0.70~0.87kg、钾3.73~4.10kg，其吸收比例为1∶（0.34~0.37）∶（1.73~1.81）。据劳秀荣报道，每生产1000kg葱头，需从土壤中吸收氮2.0kg、磷0.8kg、钾2.2kg，其吸收比例为1∶0.4∶1.1。

不同生长期，植株吸收营养的数量不同。幼苗期生长量小，吸肥量也少，氮、磷、钾的吸收量占营养生长期总吸收量的2.5%。随着植株的不断生长，需肥量逐渐增多，至叶片生长期养分的吸收量占总吸收量的18%。鳞茎膨大期是需肥的高峰期，氮、磷、钾的吸收量达总吸收量的79.5%。

3．洋葱的无公害施肥技术

洋葱的无公害施肥应以有机肥为主、化肥为辅，充分满足洋葱对各种营养元素的需求。所施有机肥应充分腐熟，化肥应是符合国家标准的产品。合理轮作，选择2~3年内未种过葱蒜类蔬菜的地块，满足上述条件就能达到无公害施肥的要求。至于施肥量，应根据目标产量、洋葱的需肥特点、土壤供肥性能等多种因素来确定。甘肃洋葱栽培多采取露地栽培方式，在早春保护地育苗，春季定植，夏季收获。施肥分育苗施肥、基肥和追肥3种方式。

（1）育苗施肥

育苗田应选择土壤肥沃疏松、保水保肥，2~3年内未种过洋葱类和棉花的地块，每亩施腐熟的有机肥3000kg、过磷酸钙30~50kg；深耕细耙，使土肥相混，做成平畦，然后播种。幼苗出土后，要保持土壤湿润，每10d左右浇1次水，苗高10cm左右间苗，并随浇水每亩追施腐熟的人粪尿1000~1500kg或尿素10~15kg，也可追氮、磷、钾含量为45%（18-7-20）的复合肥8~10kg，以促进幼苗生长。

（2）定植前基肥

基肥以有机肥为主，每亩施腐熟细碎的有机肥3000~4000kg，再配合施用氮、磷、钾含量为45%（18-7-20）的复合肥30kg，均匀撒施地表，然后深翻做成平畦，准备移栽。

（3）追肥

冬前定植的洋葱，缓苗后即进入越冬期，为使洋葱幼苗安全越冬，在土壤即将封冻前，适时浇越冬水后，撒施一层马粪或干草，保温保墒。翌春返青前，及时中耕，提高地温，促进根系生长。在叶片旺盛生长开始时，追第一次肥，每亩施腐熟细碎的厩肥或堆肥1000~1200kg，或氮、磷、钾含量为45%的复合肥15kg。如果底肥未施磷、钾肥，本次追肥可加过磷酸钙25~30kg及硫酸钾8~10kg。在叶片生长将要结束时，每亩可再追施硫酸铵20~25kg或尿素10~13kg，或含量为45%（18-7-20）的氮、磷、钾复合肥15~20kg，结合追肥及时浇水。

洋葱进入鳞茎迅速膨大期，开始追施催头肥，应连施2~3次，每次每亩追施含量为45%（18-7-20）的氮、磷、钾复合肥30kg。

并结合追肥每隔4~5d浇1次水，促进鳞茎迅速膨大。

第六节 水果类蔬菜

以草莓为例：

草莓为蔷薇科，多年生草本植物。近些年在甘肃各地都有大棚栽培，尤以临夏州永靖县刘家峡的品质最好，最受市场喜欢。草莓色泽鲜艳，果实柔软多汁，香味浓郁，甜酸适口，营养丰富。每100g浆果中含全糖4.8~10.3g、有机酸0.65~1.14、果胶1.0~1.7g、维生素C50.9~120.6mg，主要用于鲜食、制酱，也可酿酒、榨汁或作糕点、糖果及冷饮的调料。此外，草莓还有较高的药用价值。

1. 草莓的生物学特性

（1）根

草莓的根可分为初生根、侧根及根毛。初生根是定植后不久自根茎处发出的，一般每株草莓具初生根30~50条。初生根上产生侧根，侧根上密生根毛。根系主要分布在地表下30cm的土层内。新根白色，以后逐渐老化变为褐色，初生根具贮藏和运输养分的功能，其数量影响着侧根及根毛数，侧根及根毛主要起吸收养分和水分的作用。

（2）茎

草莓的茎为短缩茎，称为短茎，节间甚短，叶腋间抽生匍匐茎，可形成分枝。

（3）叶

草莓的叶自短缩茎上抽生，2/5叶序，叶腋间有嫩芽，叶片为3出复叶，偶有4~5小叶者，小叶圆或椭圆形，叶缘锯齿状，是进行光合作用的主要器官。

（4）花

草莓的花白色，为两性花，偶尔也有雌蕊或雄蕊退化现象，有限2出聚伞形花序，花序上花柄、花和小花柄总称为花簇或花穗，同一花序上，中心花最先开放，然后自内向外开放。正常的草莓花具有花萼5枚、副萼5枚、花瓣5枚。花瓣内有雄蕊20~35枚，雌蕊一般200~400枚。

（5）果实

草莓果实为花托肥大发育而成的肉质假果，真正的果实是通常被称为“种子”的瘦果。瘦果着生在假果上面，含种子一粒。果实的大小、颜色、形状等因品种及栽培条件不同而存在很大差异。同一花序上的果实，依其在花序上的级序而有差别，第一序果最大，第二、第三序果依次变小。

草莓开花期和结果期的最低温度应在5℃以上，开花适宜温度为15~24℃，果实发育适宜昼温为18~22℃，夜温为6~12℃，地温18~20℃。气温低于15℃时才能进行花芽分化，而降到5℃以下时，花芽分化又会停止。草莓在生长发育过程中，经常保持土壤湿润是不可缺少的条件，适宜的空气相对湿度为75%~95%。草莓是喜光作物，但又较耐阴，在花芽形成期，要求每天10~12h的短日照；在开花结果期和旺盛生长期，则要求每天12~15h的较长日照。草莓在保水保肥、富含有机质的沙壤土上生长良好。

2. 草莓的需肥特点

草莓和其他作物一样，正常生长发育需要16种必需的营养元素，以土壤中氮、磷、钾的需要量较多。据刘宜生报道，由于草莓的栽培方式不同，对氮、磷、钾的吸收量也不相同。在保护地生产中，每1000m^2生产6800kg草莓时，吸收氮14.0kg、磷8.3kg、钾18.2kg，氮、磷、钾的吸收比例为1∶0.59∶1.3；露地栽培，每$1000m^2$生产1200kg草莓时，吸收氮10.0kg、磷3.4kg、钾13.4kg，其吸收比例为1∶0.34∶1.34。

草莓在生长初期吸肥量很少，开花以后吸肥量增多，随着果实不断收获，吸肥量也迅速增多，特别是钾和氮的吸收量最多。一般说来，在定植以后，钾的吸收量最多，其次是氮、钙、磷、镁。钾和氮的吸收是随生育期的增长而逐渐增加的，当收获开始时，养分需求急剧增加。磷和镁是呈直线缓慢吸收的。缺磷时，越冬的草莓枯叶较多，新生叶形成慢，产量低，而且糖分含量少。

3．草莓的无公害施肥技术

草莓的无公害施肥技术应以有机肥为主，化肥为辅。有机肥可用充分腐熟的畜禽粪，化肥应是符合国家标准的产品。充分满足草莓对各种营养元素的需求，即可达到无公害生产的要求。草莓为多年生浆果作物，但多实行一年一栽，栽培方式可分为露地栽培和保护地栽培。施肥方式分为育苗施肥、定植前基肥和定植后追肥。

（1）育苗施肥

草莓的繁殖方法有4种，但生产上普遍采用的是匍匐茎繁殖方法。繁殖地块一般每亩施腐熟的畜禽粪有机肥3000~4000kg，加硫酸铵10kg或尿素5kg、过磷酸钙25kg，以促进匍匐茎大量发生。分株以后，为了促进幼苗的花芽分化，应在假植床上施入一定量的基肥，一般可每亩施腐熟的菜籽饼80~100kg，基肥不宜太多。在假植中期可追肥一次，每亩施硫酸铵10~20kg或尿素5~10kg。

（2）定植前基肥

草莓生长期较长，施足基肥尤为重要。一般每亩施腐熟的有机肥5000~7000kg，并根据地力情况，再加入适量磷、钾肥。撒施均匀，翻耕20~30cm，使土肥充分混匀，细耕整平，起垄或开沟，准备定植。

（3）定植后追肥

定植后追肥分露地栽培和保护地栽培两种，露地栽培由于旺盛生长期短，追肥次数宜少；保护地栽培的开花结果期长，养分消耗大，追肥次数宜适当增多。

①露地栽培追肥。定植成活后（定植后10d左右），每亩施硫酸铵20~25kg或尿素10~13kg，未施基肥或基肥中未施磷肥的，每亩可施氮磷钾含量45%（16-9-20）的复合肥20kg，施肥应结合浇水，以促进幼苗迅速长成壮苗，提高植株营养水平，为花芽正常分化打下基础。花芽分化后，施肥量与前次相同。晚秋初冬季节不再施用氮肥，以防植株徒长，降低抗寒能力。土壤封冻前可结合浇封冻水施一次氮、磷肥，以加强翌年植株早期是营养供应。早春萌动之前，结合浇萌动水，每亩施硫酸铵40kg或尿素20kg左右，以促进根系发育，开花前结合浇水，每亩施尿素、硫酸钾各13~15kg，以促进坐果和果实发育。

②保护地栽培追肥。定植成活后追肥和花芽分化后追肥，同露地栽培追肥。扣棚前，每亩施氮磷钾45%（16-9-20）复合肥20kg，以促进根系早期生长，花芽充分分化和发育，以及叶片的迅速生长。开花前，每亩追施45%（16-9-20）复合肥15~20kg，以促进开花坐果和果实发育。在第一幼果膨大时，根据植株长势，每亩可酌情追施硫酸铵10kg或尿素5kg、硫酸钾5kg，以后当果实膨大、收获时都应分别追肥，从第一次收获至全生育期结束，一般追肥3~4次。肥料不足时，可在现蕾期、开花期、果实膨大期叶面喷施0.5%尿素加0.2%~0.4%磷酸二氢钾，也可再加0.1%~0.3%硼砂。除叶面喷施外，每次追肥都应结合浇水，保持土壤湿润。

第七节　多年生蔬菜

一、百合

百合属百合科，多年生宿根草本植物，在我国栽培历史悠久，在甘肃兰州、平凉栽培较多，优质、高产。百合的食用部分为肥大的鳞茎，富含淀粉、蛋白质、蔗糖和还原糖等，还含有脂肪和多种生物碱。鳞茎可炒食、做汤，还可制干、制淀粉。中医学上以鳞茎入药，性微寒，味甘，功能润肺止咳、清心安神。

1.百合的需肥特点

百合与其他作物一样，正常生长发育需要16种必需营养元素，以土壤中氮、磷、钾的需要量较大，其他的营养元素需要量很少。据研究，百合吸收氮、磷、钾的比例大致为1：0.6：1。百合在生长前期，生长量小，需肥较少，随着植株的不断长大，需肥量逐渐增多，鳞茎膨大期，需要量达到高峰。以后又逐渐减少。

2.百合的无公害施肥技术

百合的无公害施肥应以有机肥为主、化肥为辅，充分满足百合对各种营养元素的需求。所施有机肥应充分腐熟，化肥应是符合国家标准的合格产品。百合不可连作，要合理轮作，前茬作物最好是豆类或瓜类。

百合的施肥分基肥和追肥两种方式。

（1）基肥

基肥应以有机肥为主，配合施用化肥，一般亩施腐熟的堆肥或厩肥2500~3000kg，加过磷酸钙20kg、硫酸钾10kg。基肥的施用方法与其他作物不同，应先深耕、细耙、整平，然后按行距开沟。栽植种球，栽后在其周围填细土，再在株间开穴或沟施入基肥，然后覆土，肥料不可与种球直接接触，以免引起腐烂。土壤应保持湿润，上面可覆盖粪土或盖草。甘肃可于春天开冻后栽植，也可以在秋季栽植，第二年春天出苗。

（2）追肥

第一次追肥，应在每年萌芽后进行，一般每亩施腐熟有机肥3000kg左右，沟施后覆土，肥料不可与鳞茎直接接触。在苗高10cm左右时，每亩可追施硫酸铵15kg或尿素7~8kg。在百合生长盛期，鳞茎开始膨大时，每亩可施45%（18-9-18）的氮磷钾复合肥30~40kg，及时中耕除草，保持土壤湿润，高温天气可在地面铺草，减少水分蒸发，降低地温。在采收前50d应停止追肥。另外，为了减少养分消耗，应及时摘除花蕾，以免影响鳞茎膨大。

三、黄花菜

黄花菜又名金针菜，属百合科，多年生草本植物，在甘肃栽培历史悠久，尤其是庆阳黄花菜。黄花菜以含苞未放的花蕾为食用器官，可鲜食，但主要食用干制品。黄花菜营养丰富，每千克鲜花蕾含蛋白质29g、脂肪5g、碳水化合物116g、钙730mg、磷600mg、铁14mg，还含有多种维生素及氨基酸，维生素C的含量高达330mg，食用价值高。黄花菜的肉质根可酿酒，叶可作饲料、造纸和编制材料。

1. 黄花菜的无公害施肥技术

黄花菜的无公害施肥应以有机肥为主、化肥为辅，充分满足其对各种营养元素的需求。黄花菜也和其他作物一样，生长发育需要从土壤中吸收营养元素，并不像农谚说的那样“黄花菜是贱草，只要露水也能饱”。黄花菜在不同的生育期，对养分的需求也有差别。在发苗和抽薹开花期需要的养分最多，而在采收以后至冬眠，植株几乎不吸收无机养分。生产上根据黄花菜的生育特点，将黄花菜的施肥分为定植前基肥、定植后追肥等。

（1）定植前基肥

黄花菜在定植前应施足基肥，每亩施腐熟的有机肥6000~8000kg，深耕30cm以上，坡地还应修筑梯田。然后按宽窄行穴栽。栽植前，每穴施入腐熟有机肥1~1.5kg，土肥混合均匀后，即可栽植。

（2）定植后追肥

①催苗肥。为了使春苗粗壮整齐，出苗前结合中耕，施一次催苗肥。在土壤解冻时，每亩施腐熟的土杂肥2500~3500kg，翻入土中。同时结合浇水，每亩施硫酸铵15~20kg或尿素8~10kg、过磷酸钙30~50kg。这样有利于提高地温，使老苗生长旺盛，为提早抽薹打下基础。

②抽薹肥。在叶丛进入旺盛生长期即将抽薹时，进行第二次追肥，称为催薹肥。一般每亩施硫酸铵20~30kg或尿素10~15kg、过磷酸钙25~30kg、硫酸钾10kg，以促使抽薹粗壮，分枝多，早现蕾。

③催蕾肥。在采收盛期，为减少后期落花落蕾，延长采摘期，需进行第三次追肥，称为催蕾肥。每亩施硫酸铵15~20kg或尿素8~10kg加硫酸钾5kg左右。在贫瘠的土壤上，催蕾肥的增产效果最为显著。

第十四章　果树施肥技术

第一节　苹果

一、苹果的营养特性

苹果是甘肃栽培面积最广、产量最多的果树品种之一，是落叶果树中较耐寒的树种，在甘肃主要分布在天水、庆阳、平凉三市各县，天水花牛还是中国著名品牌。苹果产区若地势平坦、土层深厚、排水良好、土壤有机质含量较高有利于苹果的生长发育。从苹果的生产特点看，其适应性强、丰产性好、结果周期长、品种繁多、耐贮运。如果采用较先进的贮藏方法可周年供应市场。另外，苹果具有较高的营养价值，富含糖分、淀粉、维生素C、脂肪、蛋白质、果胶、胡萝卜素、尼克酸、钙、镁、锌等营养成分。

苹果树体内前一年贮藏营养的多少直接影响果树树体当年的营养状况，影响果树的花芽分化和生长发育，而当年贮藏营养物质的多少又直接影响果树翌年的生长和开花结果。

苹果氮素营养研究表明，苹果树冠和生殖器官中氮素含量增长最快的时期是春季萌芽后的最初几周，也是新梢旺盛生长期，而此期的氮素供应主要来自树体内的贮藏营养，这部分贮藏营养是果树在落叶前将叶片中的蛋白质等进行水解变为简单的含氮化合物转运到枝、树干、根的皮层中再合成贮藏蛋白质贮存起来，成为果树翌年初期新梢生长的养分来源。因此，芽萌发后的最初几周内苹果树营养生长的优劣主要取决于树体内贮藏氮素等营养元素的状况。秋季苹果在采收之后及时供给氮素等营养有助于促进来年的生长发育。此外，苹果的根系比较发达，且根系多集中在20cm以下，可吸收深层土壤中的水分和养分，为改善苹果的营养状况需注意深层土壤的改良与培肥。

不同树龄的苹果树其需肥规律不同。苹果幼树以长树——扩大树冠、搭好骨架为主，以后逐步过渡到以结果为主。由于各时期的要求不同，因此苹果对养分的需求也各有不同。苹果幼树需要的主要养分是氮和磷，特别是磷素对植物根系的生长发育具有良好的作用。建立良好的根系结构是苹果树冠结构良好、健壮生长的前提。成年果树对营养的需求主要是氮和钾，特别是由于果实的采收带走了大量的氮素和钾素等许多营养元素，若不能及时补充则将严重影响苹果翌年的生长及产量。

苹果幼树初果时以中长枝结果为主，步入盛果期则转入以短果枝结果为主；在果树的生长中，随树龄的增加结果的部位不断更替，其对养分的需求数量和比例也随之发生较大的变化。

苹果缺氮最初出现在新梢和老叶上，新梢短而细，叶片小，嫩梢木质化后，变为淡红褐色。枝条基部叶片黄化，逐渐向枝梢顶端发展，使新梢嫩叶变黄，甚至造成落叶和生理落果。缺磷最初出现在新梢和老叶上，叶片小而薄，枝叶呈灰绿色，叶柄及背面叶脉为紫红色，开花展叶延迟，新枝细弱分枝较少。严重缺磷时，老叶变为黄绿色和深绿色相间的花叶状，有时产生红色或紫红色斑块，叶缘出现半月形坏死斑，很快脱落，缺磷还导致花芽分化不良，抗逆性差，易受冻害。缺钾先从新梢中部或下部叶出现，叶尖和叶缘常发生初为紫色后变褐色的枯斑，邻近枯斑的叶组织仍在生长，致使叶片皱缩。缺钾严重时整个叶片焦枯，但多不脱落。花芽小，果实着色面积小而淡。缺铁最初出现在新梢幼叶上，幼叶叶肉失绿变黄，但老叶和幼叶叶脉两侧仍保持绿色，幼叶叶片呈绿色网纹状；严重缺铁时叶脉也变成黄色，出现褐色枯斑和枯边，枝梢顶端枯焦，严重削弱树势，影响产量。缺锌主要表现在新梢和叶上，病梢发芽较晚，节间变短，顶梢小叶簇生或光秃，叶形狭小，质地脆硬，叶黄色，严重时枯梢，枯枝下部可再发新梢，初时叶正常，不久又变得狭长，产生花斑。花少而小不易坐果，果实小而畸形。缺镁幼苗基部叶片先开始褪绿脱落，最后只在顶梢残留几片薄而软的淡绿色叶片；成龄树枝条老叶叶缘和叶脉间先失绿，逐渐变成黄褐色或深褐色，新梢和嫩枝均较细长，抗寒力明显降低，开花受到抑制，果实小而味差。缺硼主要表现在果实、新梢和幼叶上，缺硼时因根尖伸长和细胞分化受阻，簇生厚而脆的小叶，叶脉变红，严重时干尖。春季发芽不正常，发出的细弱枝不久即枯死，在枯死部位下又形成许多纤细枝，丛生成“扫帚枝”。果面出现凹陷，内部褐变并木质化。轻度缺钙初期，地上部分无明显症状，由于新根停止生长早，根系短而粗。缺钙严重时，新生幼根从根尖向后逐渐枯死，在枯死处后部又长出新根形成粗短且分枝多的根群。地上部表现为叶片较小，在嫩叶上产生褪绿色至褐色坏死斑，严重时枯死或花萎缩。果实在近成熟期和运输贮藏期易发生红玉斑点病、苦痘病和水心病等。

二、苹果施肥技术

1.多施有机肥

有机肥中不仅含有果树生长所需要的各种营养元素，而且在其他许多方面均有良好的作用。有机肥中不仅含有苹果生长发育需要的各种必需营养元素，虽然含量与化学肥料相比偏低，但品种全，不仅含有果树生长需要的大量营养元素氮、磷、钾、钙、镁、硫等，还含有果树营养生长所需要微量元素如锌、铁、硼、锰等，对于协调各种养分元素的供应方面有十分重要的作用。同时，有机肥在养分供应方面较为迟缓，一般不易出现肥害现象，且供应时间长而均衡，生长中不易出现脱肥现象。有机肥中含有的深色物质能提高土壤对太阳能的吸收，有利于提高早春的地温。苹果树的根系能耐一定的低温，一般土壤温度在5℃左右开始活动吸收养分，但其吸收养分的速率和能力随地温的升高而逐渐增加，至地温达30℃左右时有一最高值，而后开始逐渐下降。在早春果树地上部分还未大量生长时，阳光可大量照射到地表，施入有机肥的土壤颜色较深，太阳能吸收较多、地温升高较快，能促进根系早活动、多吸收积累一些养分供树体萌发之后利用，促进苹果的生长发育。

2．氮肥要适量

氮是苹果树需要量较大的营养元素之一，每生产100kg果实约吸收0.3kg的纯氮。氮肥的使用对苹果的产量均有很大的影响。在一定范围内适当多施氮肥，有增大枝叶数量。增强树势和提高产量的作用。但若施用氮肥过多，则会引起树梢徒长，不仅引起坐果率下降，产量降低，而且品质及耐贮性均更差，容易导致苦痘病、红玉斑病、果锈等生理病害的发生。

一般情况下，幼龄树每株年施用氮肥的量以纯氮计，为0.25~0.50kg，初果树0.5~1.0kg，初盛果树为1.0~1.5kg，盛果树为1.5~2.0kg。施用时间和使用量依树势而定，对于旺长树，追施时间以5月下旬至6月上旬为宜。此时，春梢停止生长，适量追施铵态氮肥，有助于花芽的生理分化，同时配施一定量的磷、钾肥；另外一次在8月中下旬，秋梢停止生长时，在大量施用磷、钾肥的基础上，适度补充氮肥，施用的氮肥量，应取上述量的下限，如施用的有机肥量较多，则可不施或延施氮肥（上述用量的1/5~1/4）。对于树势较弱的苹果树，应在旺长前追施氮肥，特别是硝态氮肥，在苹果树萌芽前追施一定量的氮肥，并结合浇水、覆膜，在夏季借雨勤追，以促进秋梢的生长，恢复树势。到秋天，在落叶前再适度追施一定量的氮肥，并轻施磷、钾肥，以增加树体的储备，提高芽质，促进根系的生长，为恢复树势做充分准备。正常结果的壮树，一般在萌芽前追施氮肥，最好以硝态氮肥为主，适当配合施用铵态氮肥，以加速果实生长。同时，注意在采果后及时补肥浇水，以协调营养，恢复树体，增加树内物质储备为翌年做好准备。

对于短枝型苹果树，由于多为密植，且早果性、丰产性较好，因此其需肥量较普通型为多。一般幼龄树每年施用的氮肥量以纯氮计为每亩6~15kg，磷肥的用量以P_2O_5计为每亩10~14kg，钾肥的用量以K_2O计为每亩6~12kg。成年短枝型苹果树的年施用氮、磷、钾，以纯养分计，每亩施氮约12~22kg、磷肥12~15kg、钾肥12~15kg。具体到每个果园，还需要根据有机肥的施用量及土壤的肥力状况酌情调节。在施肥的时期方面，注意重施秋季基肥，及时于花前、果实膨大期、花芽分化期进行追肥，每次施用量不可过大，注意在施用量较大时应全园撒施、适度深翻防止肥害。

3．补充磷、钾肥

磷、钾也是苹果树需要量较大的营养元素，每生产100kg果实约吸收0.05~0.1kg的P_2O_5、0.3kg的K_2O。对结果的苹果树所做的试验表明，配施磷、钾肥较单施氮肥的增高幅度在11.8%~177.8%。施用磷、钾肥不仅能提高苹果的产量，还能促进根系的生长发育，增加叶片中的光合产物向茎、根、果等部位协同运输。同时，磷肥有十分显著的诱根作用，将磷肥适度深施可促进根系向土壤深层伸展，能显著提高果树的抗旱能力，减少病害的发生。研究表明，苹果幼龄树和成年树对磷、钾肥的需要量不同，一般幼龄树适量多施用一些磷肥，可明显促进果树的生长，其适宜的氮、磷、钾比例为2：2：1或1：2：1；进入结果期之后，需适量增加氮肥的比例，其适宜的氮、磷、钾比例为2：1：3或1：0.5：1。但在具体应用时，还需要考虑土壤的性质，对于西北黄土高原苹果主产区，土壤中的钙含量较多，而磷低一些，因此实际应用时应适度增加磷肥的用量，其氮、磷、钾的比例可选用1：1：1。磷肥和钾肥主要作秋季秋梢停止生长后基肥（或秋追肥）施用，应占总施肥量的一半以上，其余部分可作为春梢停止生长时花芽分化期的促花肥和果实膨大期的促果肥。

4.合理施用钙、锰、硼、锌、铁等微量元素肥料

施用硼肥能显著降低苹果的未受精果率，提高苹果的坐果率和产量，对防治苹果缩果病效果十分显著。对于潜在缺硼和轻度缺硼的苹果树可于盛花期喷施1次0.3%~0.4%的硼砂水溶液。严重缺硼的土壤可于萌动前每株果树土施50~100g硼砂，再于盛花期喷施1次0.3%~0.4%的硼砂水溶液。

施用锌肥对矫治苹果树的小叶病效果较为显著，一般病枝恢复率达90%以上，提高坐果率15%以上，增产可达20%，且能够提高叶片中的氮、磷、钙等的含量水平。较为有效的喷施方法是用0.2%硫酸锌与0.3%~0.5%的尿素混合液于发病后及时喷施，也可在春季苹果树发芽前用6%~8%的硫酸锌溶液喷施能起到一定的预防作用。

对于苹果树的缺铁失绿黄化加以矫治，目前还没有十分有效的方法。常用的方法中效果最好的有：土壤多用“局部富铁法”，即将硫酸亚铁与饼肥（豆饼、花生饼、棉籽饼）和硫酸铵按1：4：1的重量比混合，在苹果树萌芽前作基肥集中施入细根较

多的土层中，根据果树的大小和黄化的程度每株果树的施用量控制在3~10kg；叶面直接喷施硫酸亚铁，其效果一般较差，用黄腐酸铁与尿素的混合液喷施矫治黄化的效果较好，但有效期较短；也可用硫酸亚铁与尿素的混合液喷施，效果略差，喷施的浓度为硫酸亚铁0.3%、尿素0.5%，在果树生长旺季每周喷施1次。

5．苹果的施肥方法与时间

苹果树的施肥应以基肥为主。最好的基肥施用时间为秋季，早熟的品种在果实采收后进行；中、晚熟的品种可在果实采收前进行。由于秋季是苹果树的根系快速生长期之一，施肥后的断根伤口较易愈合，并且可起到一定的根系修剪作用，促进了新根的萌发，有利于养分的吸收积累。追肥的施用时间因树势的不同有一定的差异，一般在萌芽前、花期、果实膨大期进行。具体的施肥方法以树的大小而定，树体较小时一般采用环状施肥，施肥的位置以树冠的外围0.5~1.5m为宜，开宽20~40cm、深20~30cm的沟，将肥料与土壤适度混合后施入沟内，再将沟填平。成年果树最好采用全园施肥，结合中耕将肥料翻入土中。由于果树的根系生长具有明显的向肥性，对于磷、钾肥最好施入30~40cm深的土壤深层，以提高根系分布的深度和广度，增强果树的抗旱能力和树体固地性。

第二节 梨

一、梨的营养特性

梨树是甘肃分布最广的重要树种之一，全省各地都有梨树栽培。梨树对土壤的适应能力很强，山地、丘陵、沙荒、洼地、盐碱地等都能生长结果，且较易获得高产。梨树种类、品种繁多，且一些晚熟品种极耐贮藏、运输，对保证水果的周年供应和调节市场有重要意义。梨树的果实有一定的医用价值，具有助消化、润肺清心、化痰止咳、退热解疮毒等功效；富含糖分、蛋白质、脂肪、胡萝卜素、硫胺素、核黄素、尼克酸、维生素C、磷、钙、铁等多种营养物质。

梨树对温度的要求与种类和品种有关，不同树种相差很大；因此，在引种时需注意梨树品种的温度要求。

梨树是喜光果树，只有充分的光照才能获得较好的收成。研究表明，不同的光照强度对梨树的果枝分布、果实大小、果实的质量等都有明显的影响，相对光强越高梨单果重和可溶性固形物的含量越高。梨树对土壤水分的要求因品系的不同有一定的差异，以沙梨系统的品种对水分的要求最高，一般要求年降水量在1000mm以上，白梨和西洋梨系统的品种对水分的要求中等，一般要求年降水量在650mm以上，秋子梨系统的品种则较耐旱，年降水量在400mm左右即可生长。

梨树对土壤条件的要求不太高，不同土类的土壤均可栽培。但不同土壤上梨果的品质不同，特别是土壤的质地条件，一般土壤较疏松、排水良好的沙土、沙壤土、轻壤土上生产出的梨果品质较好，表现为肉质细、果核较小、甜度高。而土壤质地黏重的黏土上生产出的梨果的品质容易较差，表现为梨果果肉质地较粗、果核大、味淡而酸、水多。因此，在梨树栽种时应加以注意。

梨树萌芽、开花、坐果、中短梢叶片形成，都需要大量营养，而梨树根系稀疏，肥效表现慢。因此，需要秋施基肥让树体贮藏大量营养，加上早春临时追肥，才能满足需要。

秋施基肥在果实采收后进行，要同时加入适量氮肥。追肥要早，追速效肥，施肥均匀，以便吸收。沙地保肥、保水力差，大年树营养消耗量大，所以在亮叶期要施1次追肥，有利于花芽分化。

梨树吸收氮、钾量相当，吸磷只占总肥量的1/4~1/3。高产梨园增施磷、钾肥，对提高产量、品质，增强树的抵抗力均有明显效果。

梨树的树体具有贮藏营养的特性：梨树树体内前一年贮藏营养的多少直接影响梨树树体当年的营养状况，不仅影响其萌芽开花的整齐一致性，而且还影响坐果率的高低及果实的生长发育。而当年贮藏营养物质的多少又直接影响梨树翌年的生长和开花结果，管理不当极易形成大小年。

梨树氮素营养研究表明，梨树冠新生器官中氮素含量增长最快的时期是春季萌芽后的最初几周，也是花和新梢旺盛生长期；而此期的氮素供应主要来自树体内的贮藏营养，这部分营养是梨树在落叶前将叶片中的营养再合成为蛋白质贮存起来，成为梨树翌年初期花及新梢生长的养分来源。因此，芽萌发后的最初几周内，梨树营养生长的优劣主要取决于梨树树体内贮藏氮素等营养元素的状况。秋季梨树在采收之后及时供给氮、磷、钾等营养，有助于促进翌年梨树的开花结果和生长发育。

不同树龄的梨树需肥规律不同。幼龄树以长树——扩大树冠、搭好骨架为主，以后逐步过渡到以结果为主。由于各时期的要求不同，因此对养分的需求也各有不同。梨树幼龄树需要的主要养分是氮和磷，特别是磷素，其对植物根系的生长发育具有良好的作用。建立良好的根系结构是梨树树冠结构良好、健壮生长的前提。成年果树对营养的需求主要是氮和钾，特别是由于果实的采收带走了大量的氮、钾和磷等许多营养元素，若不能及时补充则将严重影响梨树翌年的生长及产量。

梨树的结果部位与品种有一定关系，但多数品种以短果枝结果为主；也有一些品种主要以腋花芽进行结果的能力较强，以长枝结果为主，进入成年后由于生长势的减弱，逐步转为完全以短枝结果。因此，在梨树的生长中，随树龄的增加结果的部位有一个不断更替过程，其对养分需求的数量和比例也随之发生一定的变化。

梨树的花芽是在上年的6月开始进行分化的，开花和果实的发育则在当年内完成，整个过程需要2年的时间，因此表现在营养方面，需要注意梨树的营养生长和生殖生长的相互平衡及营养生长和果实发育的平衡。

梨树根系比较发达，一般梨树的根系比苹果树的根系大得多。根系的穿透能力也很强，在土层较厚的土壤中梨树的根系可深达3m以下，其根系集中分布的土层为20~60cm。梨树的根系水平分布也比较广，一般可达到树冠的4倍。由于梨树的根系分布深而广，可吸收较大范围内土壤中的水分和养分。因此，相对耐土壤贫瘠和适度干旱。但为改善梨树的营养状况仍需注意深层土壤的改良与培肥。

梨树常见的缺素症状：

缺铁症：梨树缺铁可造成黄叶病。该病在各梨区均有发生，其中以华北、西北地区发生较重，严重影响树势和果品产量。多从新梢顶部嫩叶开始发病，初期先是叶肉失绿变黄，叶脉两侧仍保持绿色，叶片呈绿网纹状，较正常叶小。随着病情加重，黄化程度愈加严重，致使全叶呈黄白色，叶片边缘开始产生褐色焦枯斑，严重者叶焦枯脱落，顶芽枯死。

缺锌症：梨树缺锌可导致发生小叶病。表现为春季发芽晚，叶片狭小，呈淡绿色。病枝条节间短，其上着生许多细小簇生叶片。由于病枝生长停滞，其下部往往又长出新枝，但仍表现节间短，叶色淡绿，叶片细小。病树花芽减少，花小、色淡，坐果率低，明显影响梨树产量和果实品质。锌是合成生长素的必需元素。缺锌时游离的和结合的生长素明显减少，致使生长停滞。土壤中含锌量很少，当土壤呈碱性或含磷量较高，并大量施用氮肥时或者土壤中有机质和水分过少、其他微量元素不平衡时，均易引起缺锌症。叶片中含锌量低于10~15mg/kg即表现缺锌症状。

缺硼症：苹果梨品种缺硼在部分梨区发生较重。表现为春季2~3年生枝的阴面出现疱状突起，皮孔木栓化组织向外突出，用刀削除表皮可见零星褐色小点；严重时，芽鳞松散，呈半开张状态，叶小，叶原体干缩，不舒展，坐果率极低。新梢上的叶片色泽不正常，有红叶出现。中下部叶色虽正常，但主脉两侧凸凹不平，叶片不展，有皱纹，色淡。发病严重时，花芽从萌发到开绽期陆续干缩枯死，新梢仅有少数萌发或不萌发，形成秃枝、干枯。根系发黏，似杨树皮，许多须根烂掉，只剩骨干根。果实近成熟期缺硼，果实小，畸形，有裂果现象，不堪食用。轻者果心维管束变褐，木栓化；重者果肉变褐，木栓化，呈海绵状。秋季未经霜冻，新梢末端叶片即显红色。

二、梨树施肥技术

1. 多施有机肥，培肥改良土壤

有机肥中不仅含有梨树生长所需要的各种营养元素，而且可以改良土壤的结构，增加土壤的养分缓冲能力，增加土壤的保水能力，改善土壤的通气状况，降低土壤对根系生长的阻力，有利于梨树的生长发育。

2. 氮肥的施用

氮是梨树需要量较大的营养元素之一，每生产100kg果实约吸收0.4~0.6kg的氮素。氮肥的使用对梨树的生长和发育均有很大的影响。在一定范围内适当多施氮肥，有增加梨树的枝叶数量、增强树势和提高产量的作用。但若施用氮肥过量，则会引起枝梢徒长，不仅引起坐果率下降，产量降低，而且品质及耐贮性均变差，容易引发梨树的营养失调，诱发缺钙等生理病害的发生，如鸭梨的梨果黑心病就与梨树的氮、钙比例较大，钙的含量偏低有关。

在氮、磷、钾三要素中，梨树的幼龄树相对需要的氮较多，其次是钾，吸收的磷素较少，为氮量的1/5左右。结果后，梨树吸收氮、钾的比例与幼龄树基本相似，但磷的吸收量有所增加，为氮量的1/3左右。在施肥上应有所区别。一般梨树在幼龄树时期，依据树体的大小，氮肥的施用量每年每亩施氮肥量以纯氮计为5~10kg，进入结果期后逐步增加至15~20kg，个别需肥较多的品种可增加至25kg。

梨树对氮素的吸收以新梢生长期及幼果膨大期最多，其次为果实的第二个膨大期，果实采摘后吸收相对较少。因此，氮肥的施用主要有3个时期，第一施肥期是萌芽后开花前追施一定量的氮肥，可提高坐果率、促进枝叶的生长，有助于提高商品果比例，维持营养生长和生殖生长平衡，特别是对于幼龄树和树势较弱的结果树追施氮肥，以防梨树营养生长过旺，影响挂果。第二施肥期是新梢生长旺期后，果实的第二个膨大期前，适当追施氮肥并配合磷、钾肥的施用，有助于提高产量，改善品质；但不要追施过早，以防梨树营养生长过旺，影响梨果的糖分含量及品质；此期的施肥量约为全年氮肥施用量的1/5。第三施肥期是梨果采收前及时追肥可为翌年春天的萌芽和开花结果做好准备，一般此期的施用量约为全年氮肥用量的1/5。对于树势较弱和结果较多的梨树，若采收后不能及时追施基肥，可适当再施用一定量的氮肥，并配施磷、钾肥，以恢复树势，缓和树体的养分亏缺，为翌年梨树的生长发育做好准备。

3．适量施用磷、钾肥

磷、钾也是梨树需要量较大的营养元素，每生产100kg果实需吸收0.1~0.25kg的P_2O_5，0.4~0.6kg的K_2O。对结果的梨树所做的试验表明，配施磷、钾肥较单施氮肥的增幅度在50%~85%。施用磷、钾肥不仅能提高梨树的产量，还能促进根系的生长发育，增加叶片中的光合产物向茎、根、果等部位协同运输；同时磷肥有十分显著的诱根作用，将磷肥适度深施可促进根系向土壤深层伸展，能显著提高果树的抗旱能力，减少病害的发生。研究表明，梨的幼龄树和成龄树对磷、钾肥的需要量不同，一般幼龄树需磷较少，需钾与氮相当，但幼龄树适量多施用一些磷肥可明显促进果树的生长，其适宜的氮、磷、钾比例为1∶0.5∶1或1∶1∶1，进入结果期之后，需适量增加氮、钾肥的比例，其适宜的氮、磷、钾的比例为2∶1∶3或1∶0.5∶1。但在具体应用时，还需要考虑土壤的性质，西北黄土高原区土壤中的钙含量较多，而磷低一些，因此实际应用时，磷肥和钾肥主要以秋季果实采收后的基肥（或秋追肥）施用，应占总施肥量的一半以上，其余部分可作为梨的两个果实快速膨大期的促果肥及果实采收前的补充营养肥。

与苹果树不同的是，梨树在土壤含有效磷、钾含量较高时，增施磷、钾肥往往没有肥效，只有注意氮肥与磷、钾肥的配合施用才能取得较好效果。

4．合理施用硼、锌、铁等微量元素肥料

施用硼肥能显著降低梨树的缩果病发生，提高坐果率，减少果肉中木栓化区域的形成。对于潜在缺硼和轻度缺硼的梨树，可于盛花期喷施1次0.3%~0.4%的硼砂水溶滚。严重缺硼的土壤可于萌动前每株果树土施100~250g的硼砂，有效期可达3~5年。如在盛花期喷施1次0.3%~0.4%的硼砂水溶液，则效果更好。

施用锌肥对矫治梨树的叶斑病和小叶病效果十分显著，一般病枝恢复率达90%以上，可提高梨树的坐果率，增加梨果产量，且能够提高叶片中的氮磷钙等的含量水平。较为有效的喷施方法是用0.2%的硫酸锌与0.3%~0.5%的尿素混合液于发病后及时喷施，也可在春季梨树落花后3周前后喷施，或发芽前用6%~8%的硫酸锌水溶液喷施能起到一定的预防作用。土壤用硫酸锌的效果较差，施用螯合态的锌肥效果较好，但成本较高，一般较为经济有效的防治方法仍以喷施为主。大量施用有机肥在一定程度上可起到减少缺锌症的作用。

对于梨树的缺铁失绿黄化加以矫治，目前还没有十分有效的方法。常用的方法中效果较好的是土施，多用“局部富铁法”，即将硫酸亚铁与饼肥（豆饼、棉籽饼）和硫酸铵按1∶4∶1的重量比混合，在果树萌芽前作基肥集中施入细根较多的土层中，根据果树的大小和黄化的程度每株果树的施用量控制在3~10kg。叶面直接喷施硫酸亚铁的效果一般较差，应用黄腐酸铁与尿素的混合液喷施，效果较好，喷施的浓度为硫酸亚铁0.3%、尿素0.5%，在果树生长旺季每周喷施1次。对于有条件的地方，也可使用强力树干注射器进行硫酸亚铁的木质部注射，其效果虽然较好，施用量也很少，一般仅为土施的1%左右，但该方法仅适于成年果树，注射的剂量范围狭窄，施用不当容易影响梨树的正常生长。

5．梨树的施肥时间和方法

梨树的施肥应以基肥为主。最好的基肥施用时间为秋季，早熟的品种在果实采收后进行。由于秋季是梨树根系的第二个快速生长高峰期，施肥后的断根伤口较易愈合，并且可起到一定的根系修剪作用，促进了新根的萌发，有利于养分的吸收积累，有机肥和需要基施的氮、磷、钾肥最好及时施用，以利于梨树的养分积累和及时调节补充。追肥的施用时间因树势的不同有一定的差异，一般在萌芽前、花期、果实膨大期进行。

具体的施肥方法以树的大小来定，树体较小时一般采用轮状施肥，施肥的位置以树冠的外围0.5~2.5m为宜，开宽20~40cm、深20~30cm的沟，将肥料与土壤适度混合后施入沟内，再将沟填平。成年梨树最好采用全园施肥，结合中耕将肥料翻入土中。由于梨树的根系主要集中在土层的20~60cm范围，且根系的生长有明显的趋肥性，对于有机肥和磷、钾肥最好施入20~40cm深的土壤深层，以提高根系分布的深度和广度，增强梨树的吸收，提高抗旱能力和树体固地性。

第三节　桃

桃属蔷薇科李属桃亚属，在我国西北地区广泛栽培，分布极广，品种很多，甘肃省兰州市安宁的白凤桃、天水市秦安的水蜜桃、酒泉市敦煌的胭脂桃都很有名气，在果树生产中占有重要的经济地位。桃树生长强健，对土壤、气候适应性强，无论南方、北方，还是山地、平原均可选择适宜砧木与品种进行栽培。

一、桃的营养特性

桃树的一生可分为4个生物学年龄时期，各生物学年龄时期有其不同生长发育及养分需求特性（如图14-1），依据这些特性，施用技术措施以保证稳产和优质。

时期	特性
幼树期	即从定植到结果前的时间，为2~4年，是生长的旺盛时期，新梢生长旺，此期应加强夏季修剪，控制无用旺枝的生长，适当长放、拉平铺养枝，使其结果。幼树需控制氮肥的施用。如果幼树供氮过多，极易引起徒长，影响花芽分化，延迟结果，降低品质，容易出现生理落果和发生流胶病。
盛果初期	此期一般为2~3年，即定植后的第5年开始，此时生长与结果同时进行，主、侧枝仍需延伸继续扩大树冠，结果枝增多，产量上升，果品质量也发挥出该品种特点。这个时期需增加施肥量以满足产量上升需要。但施氮过量，尤其在枝梢旺盛时，易加剧生理落果，推迟成熟期，果实着色不良，降低品质。
盛果期	定植后7~17年，产量由上升达到稳定。在栽培管理上要根据树势和产量增加施肥量，氮肥的施用量应随着树龄增长、结果量增多和枝梢生长势的减弱而适当增加。钾肥的施用应充足，可提高坐果率，果大而味甜。修剪上要注意枝组的更新和维持。保持各类果枝的比例，适当留果，防止增加负载量，调节结果与发枝的关系，均衡树势，并使树冠内部通风透光，保持内膛与下部正常结果，以延长盛果期的年限。
衰老期	一般在17~20年以后，树体开始衰老。其明显特征是新梢长度和抽升量大量减少，树体下部和内膛逐渐空虚，结果部位上移，短果枝和花束状枝增多，产量和果品质量下降。此期应适当增施氮肥，以增强树势，提高产量，延长寿命，同时应加重修剪，维持树势，更重要的是应着手品种更新工作，为了避免桃树的重茬问题，可分期分批更新。

图14-1　桃树不同生长发育的养分需求特性

二、桃的营养特性

桃树结果早，寿命短，较苹果、梨等果树耐瘠薄。在氮、磷、钾三要素中，桃树对钾的需求量最大，对氮的需求量仅次于钾，对磷的需求量较少。一般每生产100kg桃，需氮0.48kg、磷0.2kg、钾0.76kg，对氮、磷、钾的吸收比例大体为1：0.42：1.58。桃树对氮素较为敏感，氮肥适量，能促进枝叶生长，有利于花芽分化和果实发育。磷肥不足，则根系生长发育不良，春季萌芽开花推迟，影响新梢和果实生长，降低品质，且不耐贮运。钾素对果实的发育特别重要，在果实内的含量为氮的3.2倍。钾肥充足，果个大，含糖量高，风味浓，色泽鲜艳，轻度缺钾时，在硬核期以前不易发现，而到果实第二次膨大才表现出果实不能迅速膨大的症状。

桃树所吸收的矿质营养元素，除了满足当年产量形成的需要外，还要形成足够的营养生长和贮藏养分，以备继续生长发育的需要。营养生长和生殖生长对贮藏营养都有很强的依赖性，贮藏营养主要通过秋季追施提供的。树体这种循环供给养分的能力使得肥料效应可能不会在当年完全显现。有研究表明，69%~80%的氮素贮藏在桃树的根系中。还有研究表明，开始新生长的前25~30d，所有的氮素全部来自贮藏营养，贮藏氮素可以用来供给新的生长一直到花后大约75d。

三、桃树的施肥技术

桃树施肥，要根据其一生中生长、结果、衰老和一年中萌芽、开花、抽枝、结果、落叶的不同时期以及所在环境，特别是土壤条件来决定施肥的时期、次数、种类、数量和方法，做到合理施肥，才能获得预期的经济效益。桃树施肥除应掌握果树一般的施肥原则外，还应结合桃树自身的生长发育规律与营养特性进行施肥。

1.施肥量的确定

桃树一生中的需肥情况，因种类、品种、树龄、结果量，各个生长发育阶段及土质和环境条件的变化而不同，一般原则是：幼龄树、旺树施肥量略少；弱树、结果大树施肥量多。山地、沙地果园，土质瘠薄，施肥量宜多；土质肥沃的平地桃园，施肥量可略少。基肥宜多，追肥可适量。根据我国各地桃树施肥试验表明，每生产桃果100kg需消耗全氮0.5kg、全磷0.2kg、全钾0.6~0.7kg。北京果农的经验是，每生产50kg果，基施100~150kg有机肥，同时追施有效氮0.3~0.4kg、磷0.2~0.3kg、钾0.5~1.3kg。现在比较常用的是根据叶分析和土壤分析及桃树的实际肥料需要量来确定。

比较常用的确定施肥量的方法主要有以下几种：

（1）调查分析

根据生产实际情况，对生长不同时期、树种、品种所需肥量进行了解，采用定性质、定数量相结合的方法，综合对比，确定合理的施肥量。

（2）田间施肥试验

根据桃园的施肥情况，进行不同的施肥试验，多点施、定点施、定时施、定量施，从而找出自己果园的最佳施肥方案。

（3）桃树营养诊断

目前在桃树上常用的诊断方法主要有以下几种：

①树相诊断。要求诊断者具有丰富的实践经验，一般只有在出现明显的缺素症状时才会发现。

②土壤诊断。土壤分析为果农和技术人员提供了土壤及其养分状况的基础资料。土壤分析通常用在新果园上，旧果园每5年

进行一次土壤分析。由于氮素在土壤空间分布上的差异，果树根系分布的不同以及对土壤氮素的矿化过程研究不透彻，要想准确得到某一特定土壤的供氮能力非常困难，果树当年的生长结果状况并不完全取决于土壤氮的有效性，树体贮藏氮的水平比土壤供氮能力对新生器官的生长更为重要。因此，对多年生的园艺作物来讲，进行植株分析诊断比土壤分析诊断更有效。但是生长季末期如果土壤中无机氮的浓度很高，从降低投入、保护生态环境等角度考虑，完全有必要降低氮肥施用量。

③叶分析。叶分析是作为植株是否缺素的常用手段，在实际应用中，叶分析的最大贡献是提供降低施肥量的依据。一般叶片的标准值分为5级，即缺乏、低量、适宜、高量、过量。如果叶分析值中某一元素处在高量或过量范围就应降低该元素的施用，甚至不施用。

树相诊断、叶分析诊断和土壤诊断可以互相弥补不足，使诊断更准确。在桃树营养诊断的生产实践中，如何在保证一定产量的前提下以提高桃果品质为目标，将三种诊断方法有机结合起来是当前科学研究面临的重大课题。国内外对叶分析的采样、预处理、测试方法、标准值等进行了广泛研究，但是目前在我国应用很少，主要缺乏快速诊断技术和设备及相应的指标等。

2.施肥时期

一年中不同生长期对营养的需求量也不相同，如生长前期氮、钾素均呈上升趋势，钾在硬核期后，需求量大增，呈直线上升趋势，以果实成熟前增长最快，而到近成熟时又有所下降。氮在采收时含量最高，约为钾的5倍。磷素除在硬核期有些波动外，以后均比较稳定。

3．基肥的施用

基肥主要采用迟效性有机肥，如堆肥、厩肥、人粪尿、绿肥、饼肥等。有机肥富含氮、磷、钾等大量元素以及各种微量元素，肥效可维持5~10个月，可长期均衡地供应桃树生长、结果所需要的养分。尤其在春季萌芽后约1个月内，开花结果和春梢生长基本上是消耗树体内的贮藏营养，所以基肥至为重要，必须施足。早熟品种基肥施用量可占全年施肥量的70%~80%，中、晚熟品种占50%~60%。基肥施用时期，通常自采果后至翌年萌芽前均可施用，但以秋季早施为好，此时正值根系生长年周期中最后的生长高峰，伤根容易愈合，易形成新根，恢复快，施基肥时加入适量速效肥，有利于增加树体的养分积累，提高细胞液浓度，增强树体的越冬能力，提高春季开花质量和坐果率。秋施基肥，有机质腐烂分解时间较长，矿质化程度高，有利于春季分解转化，及时供应树体吸收，以满足果树前期开花、生长、结果的需要。所以，秋施基肥好于春施，一般在9月至10月上中旬施用，即在落叶前1个月施用。一般，1~3年生幼龄树施用腐熟有机肥1.0~1.5t/亩；结果大树基施腐熟有机肥3~4t/亩，复合肥（2：2：1，总养分含量35%）20~30kg/亩。

4．追肥的施用

追肥是在施基肥的技术上，对果树生长发育各个时期所需各种不同养分的补充（根外追肥另述）。追肥多施用各种矿物营养元素，如尿素、硫酸铵、硫酸钾、过磷酸钙、人粪尿等速效性肥料。基肥施用充足时，萌芽前至幼果第一次迅速生长期，可不必追肥。但在基肥半施、施用不足或施用过迟的情况下，则必须追肥。追肥应根据桃树萌芽、开花、抽梢、结果等各个生长发育时期分次进行。

四、桃树营养缺素症及防治方法

1．氮

（1）缺氮症状

枝梢顶部叶片淡黄绿色，基部叶片红黄色，重者在叶片上形成坏死斑。缺氮枝条细弱，短而硬，皮部呈棕色或紫红色。缺氮的植株，果实早熟，上色好。离核桃的果肉风味淡，含纤维多。

（2）防治方法

在晚秋，按1kg桃果2~3kg有机肥的比例开沟施有机肥。追施氮素化肥。除土施外，也可用0.1%~0.3%尿素溶液喷施树冠。

2．磷

（1）缺磷症状

缺磷桃树根及枝梢生长不良，叶稀少，老叶片首先表现症状，新叶片小，叶柄及叶背的叶脉呈紫红色，以后呈青铜色或褐色，叶片与枝条呈直角。果实生暗色斑点，未熟而开裂流胶，味极差。

（2）防治方法

秋季施入腐熟的有机肥。施入量为桃果产量的2~3倍，将过磷酸钙和磷酸二氢钾混入有机肥中一并施用。追施速效磷肥。可施入磷酸二铵或专用肥料，轻度缺磷的园片，生长季节喷0.1%~0.3%磷酸二氢钾溶液2~3遍，可使症状得到缓解。注意，磷肥施用过多时，可引起缺铜缺锌现象。

3．钾

（1）缺钾症状

缺钾桃树当年新梢中部叶片卷曲并皱缩，有时呈镰刀状。晚夏以后叶变浅绿色。严重缺钾时，老叶主脉附近皱缩，叶缘或近叶缘处出现坏死，形成不规则边缘和穿孔。夏末叶片先端枯死或焦边而脱落，故枝条纤细，花芽形成少，翌年花而不实。

（2）防治方法

应在增施有机肥的基础上注意补施一定量的钾肥，避免偏施氮肥。生长季喷施0.2%硫酸钾或硝酸钾溶液2~3次，可明显防治缺钾症状。钾肥过多，会引起缺硼。

4.钙

（1）缺钙症状

主要表现在顶梢上的幼叶从叶尖端或中脉处坏死，严重缺钙时，枝条尖端以及嫩叶似火烧般地坏死，并迅速向下部枝条发展。根短，呈球根状，出现少量线状根后干枯，在枯死根后部出现大量新根；果实易腐烂。

（2）防治方法

秋施基肥时，每株施500~1000g石膏（硝酸钙或氧化钙），与有机肥混匀，一并施入。

叶面喷施。在沙质土壤上叶面喷施0.5%硝酸钙溶液，重病树一般喷3~4次即可。

5.镁

（1）缺镁症状

初期症状出现褪绿，颇似缺铁的症状，严重时引起落叶，从下向上发展，只有少数幼叶仍然附着于梢尖。桃苗缺镁，较老的绿叶产生浅灰色或黄褐色斑点，位于叶脉之间，严重时斑点扩大，达到叶边。

（2）防治方法

在酸性土壤中，为中和酸度，可施镁石灰或碳酸镁；中性土壤可施用硫酸镁；也可每年结合施有机肥，混入适量硫酸镁。

叶面喷施。一般在6~7月喷0.22%~0.3%硫酸镁溶液，效果较好。

6. 铁

(1) 缺铁症状

缺铁症从幼嫩叶上开始，叶脉保持绿色，而脉间褪绿，严重时整片叶全部黄化，最后白化，导致幼叶、嫩梢枯死。

(2) 防治方法

发芽前枝干喷施0.3%~0.5%硫酸亚铁溶液；萌芽前每株成年树浇灌30~50倍的硫酸亚铁溶液50~100kg，或每株撒施硫酸亚铁1~2kg；把硫酸亚铁1份与有机肥5份混合，每株施2.5~5kg，可有2年以上的效果。

7. 锰

(1) 缺锰症状

缺锰时嫩叶的叶片长到一定大小后呈现特殊的侧脉间褪绿。严重时，脉间有坏死斑，早期落叶，整个树体叶片稀少，果实品质差，有时出现裂皮。

(2) 防治方法

在强酸性土壤中，避免施用生理酸性肥料控制氮、磷的施用量。在碱性土壤中可施用生理酸性肥料。将适量硫酸锰混合在其他有机肥料中施用。早春喷硫酸锰400倍液，收效明显。

8. 锌

(1) 缺锌症状

主要表现为小叶，所以又叫“小叶病”。新梢节间短，顶端叶片挤在一起呈簇状，有时也称“丛簇病”。桃树缺锌叶片褪绿，从基部叶开始向上发展为花叶。芽少，结果少，多畸形，无食用价值。

(2) 防治方法

发芽前喷3%~5%硫酸锌溶液，或发芽后喷0.1%硫酸锌溶液，花后3周喷0.2%硫酸锌加0.3%尿素混合液，可明显减轻症状。结合秋季施有机肥，每株成年树加施0.3~0.5kg硫酸锌。

9.硼

（1）缺硼症状

新梢在生长过程中发生“顶枯”，也就是新梢从上往下枯死。叶小而厚，畸形，质脆。在枯死部位的下方，会长出侧梢，使大枝呈现丛枝反应。在果实上表现为发病初期，果皮细胞增厚，木栓化，有分泌物，果面凸凹不平，果畸形，以后果肉细胞变褐、木栓化，直至成熟不易脱落。花粉少，授粉受精率低，影响结实。

（2）防治方法

秋季或早春，结合施有机肥加入硼砂或硼酸。可根据树干直径决定硼的施用量。离地面30cm处，树干直径为10cm、20cm、30cm的树，每株分别施100g、150g、250g，一般每隔3~5年施1次。或者发芽前枝干喷施1%~2%硼砂溶液，或分别在花前、花期和花后各喷1次0.2%~0.3%硼砂溶液。

第四节　葡萄

一、葡萄的营养特性

葡萄是栽培最早、分布最广的果树之一，在甘肃省主要分布在河西走廊。葡萄是落叶的多年生攀缘植物，喜光，在充分的光照条件下，叶片的光合效率较高、同化能力强、果实的含糖量高、口味好、产量高。

葡萄是一种喜温果树，耐寒的能力较差。只有气温上升到10℃时才开始生长，最适生长温度为18℃以上。其中萌芽期需要的温度较低，为10℃~12℃；花芽分化期要求的温度较高，最适温度为25℃~30℃，若温度低于14℃将影响葡萄的正常开花；成熟期的适宜温度为28℃~32℃，温度低于15℃果实将不能充分成熟。对于冬季温度较低的地区，在葡萄越冬时需注意防止冻害的发生，特别是葡萄的根系耐寒的能力较差，一般在-10℃左右时有些品种即可受冻，应注意保护。为提高葡萄的抗冻能力，生产上常用耐寒的品种或野生的山葡萄作砧木嫁接。

葡萄是喜干忌湿植物，一般年降雨量在600~800mm的地区适于发展葡萄。但我国的主要葡萄产区，雨季多集中在夏秋之间，此时气温较高，多数果实进入浆果成熟期，容易引起裂果或其他病害，降低葡萄的产量和品质。降雨量小，有水浇条件、土层深厚的地区较适于葡萄的栽种，如我国的吐鲁番、黄土高原地区等。

葡萄对土壤的适应性很强，除含盐量较高的盐土外，在各种土壤上都可生长，在半风化的含沙砾较多的粗骨土上也可正常生长。虽然葡萄的适应性较强，但不同品种对土壤酸碱度的适应能力有明显的差异；一般欧洲品种在石灰性的土壤上，生长较好，根系发达，果实含糖量高、风味好，在酸性土壤上长势较差；而美洲种和欧美杂交种则较适应酸性土壤，在石灰性土壤上的长势就略差。此外，山坡地由于通风透光，往往较平原地区的葡萄高产、品质也好。

葡萄是蔓性果树，具有生长旺盛、极性强烈，营养器官生长快速，根系也较发达。葡萄的根系因繁殖的方法不同，根系的分布有一定的差异。一般用扦插繁殖的植株，没有主根、只有粗壮的骨干根和分生的侧根及细根；在土层深厚的土壤中，葡萄的根系分布较广，可深达2~3m，因此具有一定的耐旱能力。葡萄的根为肉质根，可贮藏大量的营养。当土温适宜时，地上部还没有萌发，葡萄的根系已开始吸收养分和水分，使枝蔓的新鲜剪口出现伤流液。一般葡萄的根系一年内在春、夏季和秋季各有1次生根高峰，土温适宜时根系可周年生长而无休眠期。

葡萄与其他果树相比，对养分的需求既有共同之处，如都需要氮、磷、钾、钙、镁、钙、锌、硼、铁等各种营养元素，但也有其自身的特点。

葡萄具有很好的早期丰产性能，一般如土壤较肥沃，在定植的第二年即可开花结果，第三年即可进入丰产期。由于葡萄为深根性植物，没有主根，主要是大量的侧根，为使葡萄较好地进入丰产期，促进葡萄形成较发达的根系是早期施肥的关键。调查结果表明，种植前进行深翻施肥改土，提高中深土层中养分的含量是施肥的关键。

研究表明：每生产100kg果实，葡萄树约需要从土壤中吸收N 0.3~0.6kg、$P_2O_5$0.1~0.3kg、K_2O 0.3~0.65kg。

葡萄容易产生下列缺素症：

缺镁症：叶肉呈线条状或块状失绿，幼叶有肋果状隆起，逐渐向叶身中部发展；沿主脉向叶身的基部保留有一个“人”字形失绿区，余下的区域呈现黄色或灰绿色；结的果实小，味淡，略有苦味。

缺铁症：幼叶黄化，但叶脉呈绿色且经久不褪，脉纹清晰可见，叶柄基部呈紫色或红褐色斑点、并常有坏死部分；缺铁时叶小而薄，叶肉由黄色到黄白色，再变为乳白色，同时还出现网状细脉，随病情恶化叶脉失色，呈现黄色；叶片上有棕色枯斑。并发现枯顶现象。

缺硼症：枝顶叶小，簇生，新梢生长点枯死或自动脱落，侧芽发生后不久就死亡；缺硼初期叶脉黄化。

缺铜症：叶常常发生“叶疹症”。发病初期叶色暗绿，然后出现斑点状缺绿，直至叶片坏死或叶尖死亡，叶缘焦枯，有时叶面上出现橙褐色条纹，它与叶边平行；树皮粗糙，有时树体上出现裂口，从中流出枝胶。

缺锌症：叶小丛生，节间短，叶的大小常不及正常叶片的一半；叶边缘卷起呈波状或皱缩向下卷曲；新梢纤细，自枯死亡，生长畸形。

缺钾症：叶条细弱，严重时甚至枯死；叶肉缺绿皱缩，叶边卷缩，最后焦枯；落叶延迟，果小，着色差；采收落果严重。

缺钙症：幼嫩器官（根尖、茎尖等）易腐烂坏死；幼叶失绿，叶片卷曲，叶缘皱缩，叶片上常出现破裂或斑点；果实向阳的一面呈黄色，皮孔周围有白色晕环，萼洼至梗洼纵裂；果实小，发绵。

缺锰症状：葡萄缺锰多发生于碱性土壤，主要表现在从开花期开始出现于叶片、叶脉间呈淡绿色，沿着叶脉残留绿色。果穗中既有着色果粒，也有不着色的青果粒。受害果果粒膨大，着色、光泽均受影响，糖分含量降低，酸味增多，品质下降。

二、葡萄的施肥技术

1．不同时期施肥的方法

（1）基肥

基肥是葡萄园施肥中最重要的一环，基肥在秋天施入，从葡萄采收后到土壤封冻前均可进行。但生产实践表明，秋施基肥愈早愈好。基肥通常用腐熟的有机肥（厩肥、堆肥等）在葡萄采收后立即施入，并加入一些速效性化肥，如硫酸铵、尿素和过磷酸钙、硫酸钾等。基肥对恢复树势、促进根系吸收和花芽分化有良好的作用。

施基肥的方法有全园撒施和沟施两种，棚架葡萄多采用撒施，施后再用铁锹或犁将肥料翻埋。撒施肥料常常引起葡萄根系上浮，应尽量改撒施为沟施或穴施。篱架葡萄常采用沟施。方法是在距植株50cm处开沟，沟宽40cm，深50cm，每株施腐熟有机肥25~50kg，过磷酸钙250g，尿素150g。一层肥料一层土依次将沟填满。为了减轻施肥的工作量，也可以采用隔行开沟施肥的方法，即第一年在第一、第三、第五行等挖沟施肥，第二年在第二、第四、第六行等挖沟施肥，轮番沟施，使全园土壤都得到深翻和改良。

基肥施用量占全年总施肥量的50%~60%。一般丰产稳产葡萄园每亩施土杂肥5000kg（折合氮12.5~15kg，磷lO~12.5kg，钾10~15kg，氮、磷、钾的比例为1：0.5：1）。果农总结为“一千克果五千克肥”。

（2）追肥

在葡萄生长季节施用，一般丰产园每年需追肥2~3次。

第一次追肥在早春芽开始膨大时进行。这时花芽正继续分化，新梢即将开始旺盛生长，需要大量氮素养分，宜施用腐熟的人粪尿混掺硫酸铵或尿素，施用量占全年用肥量的10%~15%。

第二次追肥在谢花后幼果膨大初期进行，以氮肥为主，结合施磷、钾肥。这次追肥不但能促进幼果膨大，而且有利于花芽分化。这一阶段是葡萄生长的旺盛期，也是决定翌年产量的关键时期，也称“水肥临界期”，必须抓好葡萄园的肥水管理，这一时期追肥以施腐熟的人粪尿或尿素、草木灰等速效肥为主，施肥量占全年施肥总量的20%~30%。

第三次施肥在果实着色初期进行，以磷、钾肥为主，施肥量占全年用肥量的10%左右。

追肥施用方法：可以结合灌水或雨天直接施入植株根部的土

壤中。另外，也可进行根外追施，即把无机肥对水溶液喷到植株上，以利于叶片吸收。根外追肥也可结合防治病虫喷药时一起喷洒，以节省劳力。

现代化的葡萄施肥，主要依靠对叶片内矿质元素的分析进行判断和决定，当葡萄叶内某元素成分低于适量范围的下限时就应该适当补充该种元素。

（3）根外追肥

根外追肥是采用液体肥料叶面喷施的方法迅速供给葡萄生长所需的营养，目前在葡萄园管理上应用十分广泛，葡萄生长不同时期对营养需求的种类也有所不同，一般在新梢生长期喷0.2%~0.3%尿素或0.3%~0.4%硫酸铵溶液，促进新梢生长；在开花前及盛花期喷0.1%~0.3%硼砂溶液能提高坐果率，在浆果成熟前喷2~3次0.5%~1%的磷酸二氢钾或1%~3%磷酸铵液或3%的草木灰浸出液，可以显著提高产量、增进品质。在树体呈现缺铁或缺锌症状时，还可喷施0.3%硫酸亚铁或0.3%硫酸锌，但在使用硫酸盐根外追施时要注意加入等浓度的石灰，以防药害。近年来，为了提高鲜食葡萄的耐贮藏性，在采收前1个月内可连续根外喷施2次1%硝酸钙或1.5%的醋酸钙溶液，能显著提高葡萄的耐贮运性能。

应该强调的是，根外追肥只是补充葡萄植株营养的一种方法，但根外追肥代替不了基肥和追肥。要保证葡萄的健壮生长，必须长年抓好施肥工作，尤其是基肥万万不可忽视。

三、不同肥料的施用

1. 氮肥的施用

氮是葡萄需要量较大的营养元素之一，每生产100kg葡萄浆果约吸收0.3~0.6kg的氮素。氮肥对葡萄树的生长和发育均有很大的影响。在一定范围内适当多施氮肥，有增加葡萄树的枝叶数量、增强葡萄的树势、协调树体的营养生长和生殖生长、促进副梢萌发，起到多次开花结实以提高产量的作用。但若施用氮肥过量，则会引起枝梢徒长，导致大量落果，引起产量降低，而且还可引起新生枝条和根系木质化程度降低，影响越冬能力。

由于养分的流失和土壤的固定，有一部分肥料不能被根系吸收利用。因此，生产中，一般每亩的年氮肥施用量在12~18kg。施肥应以基肥为主，占全年施用量的40%~60%。施用时间最好是在采果后立即施入，此时根系的第二生长高峰还没有结束，叶片尚未脱落，施入后即可有一部分肥料被根系吸收，参与代谢、制造合成大量的有机营养，增加树体的营养贮藏量，对恢复树势、促进花芽的分化有明显的作用。追肥的施用一般在萌芽前、开花前、开花后、浆果着色初期4个时期进行。①萌芽前追施氮肥主针对没有施用基肥的葡萄树，起到促进枝叶和花穗发育、扩大叶面积的作用；②对花穗较多的葡萄树，在开花前追施氮肥并配施一定量的磷肥和钾肥，有增大果穗、减少落花的作用，用量为年施用量的1/5左右；③开花后，当果实如绿豆粒大小的时候，追施氮肥有促进果实发育和协调枝叶生长作用，用量根据长势而定，长势较旺时，用量宜少；长势较差时，施用量应大一些；一般为年施用量的1/10~1/5；④在果实着色的初期，可适当追施少量的氮肥并配合磷、钾肥，以促进浆果的迅速增大和含糖量的提高，增加果实的色泽，改善果实的内外品质，施肥以磷、钾肥为主，氮肥用量约为年施用量的1/10。

2．磷、钾肥的施用

葡萄树对磷的需要量较少，一般每生产100kg浆果需要吸收0.1~0.3kg的磷素。由于土壤的固定等因素，葡萄树对磷肥的利用率较低，在实际施肥时的肥料用量较上述量高出较多，一般丰产葡萄园的年施用的磷肥量为每亩10~15kg五氧化二磷，相当于含磷量14%的过磷酸钙70~110kg。磷肥在施用上主要作基肥，一般占年施用量的60%~70%，应在果实采后尽早施入，因为此时葡萄根系的第二个生长高峰尚未结束，施入的磷肥被葡萄吸收后，参与代谢、制造合成大量的有机营养，增加了树体的营养贮藏量，既可恢复树势、促进花芽的分化，又可提高葡萄的抗冻能力。其余的磷肥作追肥，在开花前期和幼果开始生长期、浆果着色初期配合氮、钾肥追施，其中浆果着色初期追施的磷肥量应占年施用磷肥量的1/5，其他两期占1/10左右。

葡萄对钾的需要量较高，每生产100kg葡萄浆果吸收的钾素量为0.3~0.65kg。充足的钾素供应可提高葡萄的含糖量，促进浆果的着色。一般丰产葡萄园年施用的钾肥量为每亩15~22kg氧化钾，相当于含钾量50%的硫酸钾30~44kg。钾肥施用以基肥为主，占年施用量的1/3左右，追施以浆果着色初期为主，占年施用量的1/3，其他2个时期追施的量占1/6左右，施用时注意配合氮、磷肥的施用。

3．硼肥、锌肥等的施用

葡萄施用硼肥可提高葡萄的坐果率，改善葡萄的营养状况，提高产量。缺硼土壤可在秋季施用基肥时，按每亩果园0. 5~1.0kg的量施用硼砂，也可在开花前喷施0.05%~0.1%的硼砂溶液。

葡萄缺锌时，叶片变小、新梢节间变短，果穗形成大量的无核小果，产量显著下降。防止葡萄缺锌的方法：用10%的硫酸锌溶液在冬剪后随即涂抹剪口；也可用0.2%~0.3%的硫酸锌溶液在开花前2~3周和开花后的3~5周各喷施1次。对于已出现缺锌症状的葡萄，应立即用0.2%~0.3%的硫酸锌溶液喷施，一般需喷施2~3次，时间间隔1~2周。

在石灰性土壤上和在含有效铁较少的其他土壤上，葡萄也易发生缺铁性叶片黄化现象，黄化现象的发生不仅影响葡萄的长势，还影响葡萄的产量和品质。由于硫酸亚铁施入土壤后很快就转化成了果树不能吸收的形态，因此单独施用硫酸亚铁的效果较差，最好的方法是施用铁的螯合物，以Fe-EDDHA的效果较好，但价格较高。比较有效的方法是将硫酸亚铁与饼肥（豆饼、棉籽饼）和硫酸铵按1∶4∶1的质量比混合集中施于葡萄毛细根较多的土层中，以春季发芽前施入效果较好。也可在葡萄的生长过程中喷施0.3%的硫酸亚铁与0.5%的尿素溶液，但有效期较短，需要1~2周喷施1次。

4．葡萄施肥方法和时间

葡萄施用基肥的时间最好在果实采摘后立即进行，如没有及时施入，也可在葡萄的休眠期进行，施肥以有机肥和磷、钾肥为主，根据树势配施一定量的氮肥（树势过旺的可不施氮肥、树势较弱的应适当多施氮肥）。基肥施用方法多采用沿葡萄树行在一边开沟施入；注意不可离树过近，以免伤根过重影响葡萄的长势。

葡萄需要氮、钾肥较多，在葡萄的生长过程中需及时补充，在用氮、钾肥作追肥时一般是开浅沟施入，施肥的时间为芽膨大期、开花前期、开花后果实发育有豆粒大小的时期、葡萄浆果着色初期。

第五节　枣

枣树是甘肃特有的果树之一，兰州的河口大枣、白银的靖远油枣、张掖的临泽小枣都是甘肃有名的果品。近几年酒泉、敦煌、张掖栽培面积迅速扩大，已成为新的产枣区域。

枣树营养丰富，含有人体所需的碳水化合物、蛋白质、脂肪、多种氨基酸、维生素和微量元素等，这些都是构成和参与人体生命过程不可缺少的重要物质。据测定，枣果中，鲜枣含糖量为25%~43.9%，干枣为50.3%~86.9%，蛋白质含量1.2%~3.3%，脂肪含量0.2%~0.4%，维生素含量以维生素C为最多，每100g鲜枣含维生素C400~600mg，胡萝卜素和维生素B族的含量也较丰富。枣除供鲜食外，还可以制成干枣、蜜枣、乌枣、牙枣、枣干等加工品，以及制作枣酒、枣泥、枣醋、枣炒面和做糕点的原料。枣及其加工品是我国有名的传统出口产品。枣树木材坚硬细致，是制作家具、农具和工艺品的良材。枣还是良好的蜜源植物。枣仁还有药用价值。

枣树对环境条件适应力强，素有“铁杆庄稼”的称号。我国民间也早有“桃三杏四梨五年，枣树当年就还钱”的农谚。一般枣的幼树3~4年结果，15年左右开始进入盛果期，盛果期可维持30~40年。因此，枣树繁殖容易、管理简便、适栽地广。近几年枣树发展得很快，尤其是新优品种的选育，枣树更是发展快速，种植枣树的经济效益也越来越高，枣树又适于庭院栽植和发展枣粮间作。因此，其发展前景极为广阔。

一、枣树的生物学特性

1. 根的特性与发育

根的特性：用种子繁殖的枣树，具有由胚根向下生长的主根和侧根形成的根系，根系比较强大，并且垂直根强于水平根。目前栽培的枣树多由分株繁殖，系萌蘖苗的根系，属茎源根系。这种根系由水平根、垂直根、侧根及细根组成。

（1）水平根

枣树的水平根比垂直根发达，水平根粗大，向四方延伸能力强，与垂直根结合构成枣树根系的骨架。水平根一般可以超过树冠的2~6倍，其主要功能是扩大根系范围，增加吸收面积，同时亦可萌发根蘖苗，供繁殖用。枣树根系的上述特点也是枣树能耐瘠薄、对土壤适应性强的一个重要原因。水平根上分枝较少，常蜿蜒生长1~2m而没有一根分枝，分枝角度小，细根也较少。因此，枣树根际土壤中根的密度较小，在距树干1.5m处挖剖面，每平方米截面积上只有5~10条吸收根，距树干3m处仅2.8条。因此，枣树是最适宜与农作物间作的树种。枣树在幼龄阶段水平根生长尤为迅速，6年生树的水平根可长达4m以上，以后随树龄增长扩展逐渐趋缓，至衰老期则出现向心更新，吸收面积缩小。水平根一般分布在表土层，以15~30cm的土层较为集中，50cm以下则很少有水平根。由于水平根分布层浅，其上又分生较多侧根，从而增加了吸收能力。

（2）垂直根

以实生繁殖的枣树有垂直根，根蘖繁殖的枣树其垂直根由水平根分枝向下延伸而成，深度可达3~4m，一般为树高的一半左右，其作用是固定树体和吸收深土层的水分和养分。根的垂直分布与品种、土层、土壤管理有关。小枣树的根系分布浅，而大枣树的根系深。从土质来看，在沙土或土层较厚的枣树根系深，而在黏土或地下水位高的地区枣树的根系浅。在同样土壤中，枣树管理粗放的根浅，耕作细致的根系深。由此可见，加强改土工作对根系分布有密切的关系。垂直根比水平根生长弱，分枝也较少。在垂直根上的细根数量虽少但生长较长，多斜向下生长，遇到下层坚硬或表土施肥时，个别垂直根还出现向上生长的现象。

（3）侧根

主要由水平根的分枝形成，其延伸能力不强，侧根轴短，分枝力强，在其上及末端着生很多细根。它的主要功能是吸收养分、水分和繁殖新株，故也称为繁殖根或单位根。侧根生长方向多沿水平生长，有的斜生或下垂，如其延伸长度超过2m以上或继续加强，则依其生长方向分别长成水平根或垂直根等骨干根。

（4）细根

又称须根或吸收根。在侧根上着生最多，骨干根上亦有少量细根。细根粗度1~2mm，长度30cm左右，寿命短，有自疏现象，并能进行周期性更新。如土壤条件适合，细根的生长量大，分枝多，吸收能力也强，反之则弱。因此枣树在栽培上，应加强土壤管理，增施肥水，改良土壤，为细根生长发育创造良好的条件，这是增产的基础。实践证明，深翻改土，加强土壤管理，使土层深厚，提高肥力，改善根系生长条件，是枣树增产的关键措施。

2. 根的发育

枣树根系的生长，需要较高的土温，一般于萌芽前4月初即开始活动，但根系生长较缓；到4月下旬至5月上旬萌芽展叶时，随土温的上升，根的生长也渐增；到7月中旬至8月中旬，达到生长高峰，以8月中旬新根生长量最大；到9月上旬生长又趋于下降，一直到11月中旬根系仍有微量的活动。

二、芽的特性与发育

1. 芽的特性

枣树的枝芽与一般果树不同。枣树的芽有主芽、副芽两种，主芽和副芽生长在一起并上下排列形成复芽。但枣树的两种芽分工很明确，分别萌发形成不同的枝。主芽着生在枣头和枣股的顶端或侧生在枣头一次枝和二次枝各节的叶腋间。主芽有芽的形态，芽外有鳞片包被，形成后当年不萌发，为晚熟性芽。翌年枣头顶端的主芽通常萌发长成新枣头，树势衰弱时也可能萌发长成枣股。二次枝侧上的主芽翌年春萌发后长成枣股，形成主要结果部位。枣股也侧生有主副二芽，副芽形成枣吊，主芽发育极不良，呈潜伏状态，仅在枣股衰老后受刺激而萌发形成分枝状枣股。枣股顶端的主芽每年仅伸长1~2mm，只有在受刺激时才萌生枣头，但生长弱，利用价值不高。

副芽和主芽着生在同一节位上，侧生于主芽的左上方或右上方，具有早熟性，形成的当年即可萌发，所以通常看不到副芽的形态。枣头一次枝中上部各节和二次枝上各节的副芽，当年萌发后形成枣吊，枣头一次枝中上部各节的副芽，萌发形成二次枝。而一次枝上的主芽翌年多不萌发，成为休眠芽，其寿命很长，有的可长达上百年之久，且受刺激易于萌发，有利于树体更新复壮。枣副芽萌发后形成枣吊，开花结果，成为枣树的结果枝。

因此，枣树主芽萌发后，可形成枣头和枣股；副芽则形成二次枝和枣吊，枣的花和花序也是由副芽分化形成的。

2．芽的生长发育

枣树比一般果树生育期短。生长发育要求较高的温度，春季气温达13~14℃时，芽开始萌动，气温达18~20℃时，枝叶才达到生长高峰。北方地区的枣树，一般在4月25日前后萌芽，在同株上以枣股萌芽最早，其次为枣头的顶芽，侧芽萌发最晚，其前后相差有3~5d，于5月3日前后展叶，经3~5d即现蕾，5月下旬开花，花期延续1个月以上。枣树的花芽分化与其他果树不同，其特点是当年分化，随生长随分化，分化速度快，单花分化期短，但全树分化持续期长。枣树的花芽是当年分化的，在冬前花芽内不出现花的原始体。在春季枣吊萌发时，其叶腋间开始分化花芽，枝条加长生长和花芽分化同时进行，枝条停止生长，花芽分化也结束。枣树花芽分化的时间很短，一朵单花只需6~8d，一个花序只需8~20d，一个枣吊仅需1个月左右。由于枣吊着生部位不同，生长早晚参差不齐，所以，单株花芽分化则长达2~3个月。因此，枣树花期很长，一般从5月下旬至7月中旬，长达2个月，但以其中期花坐果率高。由于枣树花芽具有当年分化的特点，所以枣树的童期较短，一般根蘖苗和实生苗在生长的当年，有的单株就可分化花芽，开花结果。嫁接苗和扦插苗也可当年开花，说明枣树有较强的早花早果性。但花芽分化与树体营养状况有着密切的关系。如枣苗移栽后，一般枣吊基部或中部不具花芽，上部则可开花。若植株健壮，移栽后管理较好，则可较早地形成花芽。

正因为枣树的花芽是多次分化，花期持续时间长，对外界条件的适应性强，产量稳定。但这一特点也造成了枣树物候期重叠进行，消耗营养多，从而导致落花落果严重，对产量影响较大。因此，在栽培措施上要恰当地解决这一矛盾，才能达到高产稳产的目的。

三、枝的特性与生长发育

1.枝的特性

枣树的枝条大体可分为3类：枣头、枣股和枣吊。

（1）枣头

枣头是枣树扩大树冠，形成骨干枝和结果枝部位的枝条。它是由枣头的延长枝、永久性二次枝和脱落性枝3种枝条构成。枣头每年生长长度在0.5~1.5m，甚至更长。枣头延长枝（一次枝）的每个叶腋间，在延长枝生长的同时发生二次枝。基部的几个二次枝往往是脱落性枝，秋季落叶时就脱落了；中下部以上的二次枝则不脱落，叫永久性二次枝，是以后的结果基枝。在永久性二次枝的叶腋间，又同时发生脱落性三次枝，当年有开花结果能力。枣头延长枝停止生长后，在其顶端形成顶芽，翌年顶芽通常可以继续抽生新的枣头。永久性二次枝不形成顶芽，所以没有延长生长的能力。

（2）枣股

枣股是一种短缩性的结果母枝。它是由枣头上的一次枝和永久性二次枝叶腋间的主芽萌发而成。枣股上的顶芽每年延伸很短，一般年生长量仅0.3~1cm，随着枣股顶芽的延伸，在其周围环生着的副芽当年抽生出脱落性结果枝（即枣吊），这是枣树上的主要结果枝。

枣股的寿命一般为6~15年，因着生部位而异。枣头一次枝上的枣股寿命较长，二次枝上的枣股寿命较短。如对弱枝进行回缩更新或者自然更新后，枣股的顶芽也会抽生强旺的新枣头，以后在其上面再形成新的枣股。

（3）枣吊

枣吊是枣树上的结果枝，它是一种脱落性枝，主要是由枣股上的副芽萌发而成，其次是由二次枝各节的副芽抽生。但一次枝基部也有少量枣吊。每一枣股着生2~7个枣吊，枣吊纤细而下垂，叶腋间开花结果，秋季随着落叶而自行脱落，所以又称脱落性结果枝。

2.枝的生长

枣头萌发后，增粗较快，其增长在5月中旬至5月下旬为第一次生长高峰，每周生长量为11~19cm。到6月中下旬出现第二次生长高峰，每周生长量为7~12cm。到7月下旬即停止生长，总长可达50cm以上，枣头生长期为50~80d。其上二次枝的生长期较短，为14~20d。二次枝的长度约20cm，一枣头有4~6个二次枝，因此二次枝的总生长量比一次枝多1倍多。如全枝萌发枣头过多，则树体消耗营养过多，因此，应适当加以控制枣头的数量。

枣吊的生长，以枣头基部和枣股萌发的枣吊为最长，而枣头二次枝的枣吊最短。枣吊生长迅速、整齐，从4月下旬萌发，到5月13日达生长高峰，每周生长量4~8cm，5月下旬生长迟缓，6月中下旬停止生长，生长期约30d。有的品种于6月中旬又有第二次生长高峰，但生长很缓慢，每周生长量只有1~2cm，一直到7月才停止生长。枣吊的生长特点是生长期短（生长高峰期约2周）而集中。若任枣吊过旺生长，则对坐果不利。

3．枝芽关系

枣树具三枝两芽，其生长发育有一定的规律性，但枝芽间具有相互依存、相互转化和新旧更替的关系。如枣树的主芽着生在枣头和枣股的顶端或侧生在枣头和枣股的叶腋间，主芽萌发后，形成枣头和枣股。这两类枝条不但长势不同，形态上有差异，其功能也不一样。枣头和枣股均可通过某种刺激或改变营养条件，使其相互转化。当枣股受刺激，如更新修剪，其上的主芽会萌发，重新长出枣头来，即结果性枝转变为生长性枝。当改变营养条件时，如拉枝，可使枣头顶端的主芽不萌生枣头而形成枣股。再如，对枣头早期强摘心，可控制枣头加长并抑制其上的二次枝的生长，使其以原营养生长为主转变为生殖生长为主，当年可获得较多的枣果。枣头上的二次枝都是由副芽形成的，其叶腋的主芽翌年均形成新生枣股，表明结果性枝有赖于生长性枝的形成。由此可见，生长性枝和结果性枝间有相互依存和新旧更替的关系，这给枣树修剪调节枝势提供了依据。

四、果实的特性与发育

1．结果习性

枣树的结果枝主要着生在枣股上。枣股的结果能力因年龄、着生部位和健壮程度而异，其中以3~6年的枣股抽生的枣吊结果最好，二次枝上的枣股结果能力比一次枝上的枣股结果能力强，树冠外围的枣股结果能力比内膛的枣股强。枣头基部二次枝和枣头三次枝有时也能开花结果，但果个小，质量差，成熟晚。枣树有枣头和枣股对其生长和结果进行分工，枣股生长量小，寿命长，其上的结果枝每年自行脱落更新。所以，枣树的结果比较稳定可靠，主体结果性能好，因而比较丰产。

2. 果实的生长发育

枣树果实的发育同其他核果类相比，有以下特点：枣果细胞迅速分裂，从胚珠受精后开始至幼果期停止，经历时间短；而细胞体积增长则贯穿在果实发育的整个周期。枣树花期长，坐果期不一致，因而同一树上果实生长期长短也不同，但果实停止生长、成熟时间相差不大。枣树果实的生长发育基本上符合一般核果类的规律，大致可分为三个时期。第一时期为迅速生长期，即细胞分裂期。此期是果实发育最活跃的时期，细胞迅速分裂，数量增加很快，其分裂期的长短与果实大小有密切关系，一般为2~3周，大型果可长达4周。细胞分裂一旦停止，则细胞体积迅速增长，果实各部分出现增长高峰，从果实外形上表现为纵径迅速生长，果实由三角形变为圆柱形或倒卵形。第二个时期为缓慢增长期，果实的各部分增长速度下降，核硬化，种仁进一步充实、饱满，此期细胞增长虽已趋缓慢，但空胞（细胞间隙）迅速扩大，果实外形呈现出品种的特征；该期的时间长短，因品种而异，一般4周左右。第三个时期是熟前增长期，此期细胞和果实的增长均很缓慢，主要进行营养物质的积累和转化。果实达到一定大小，果皮由绿色转淡，开始着色，增加糖分，增进风味，直至果实完全成熟，呈现出该品种的特征为止。

五、枣树对环境条件的要求

1. 对土壤条件的要求

枣树对土壤适应性较强，不论平原、沙荒、山地均可栽培，酸性土和碱性土亦能生长。适宜的土壤pH为5.5~8.4。但在生产上，枣树仍以土层深厚、肥沃的土壤生长健壮而丰产，寿命也长；反之，如栽在沙地则易早衰，栽在较肥的土壤上生产效果好，一般以沙壤土适于枣树的生长。枣抗盐能力也较强，一般在总盐量低于0.3%的土壤上生长结果仍表现正常。

2. 对温度条件的要求

枣树对温度适应范围广，既耐高温，又耐严寒。生长季可耐高温40℃，休眠季可耐-35℃的低温。一般枣树适宜生长的年平均温度为：北方地区为9~14℃。一般来讲，枣是喜温树种，春季气温达到13~15℃时开始萌动而抽枝，展叶和花芽分化的温度需在17℃以上，19℃以上叶腋就出现花蕾，到20~22℃时开花，果实成熟的适温为18~22℃，气温下降到15℃时开始落叶。根系生长要求土壤温度7.2℃以上，22~25℃时达到生长高峰。开花期和果实发育期要求温度较高，花期适温为24~25℃，有的品种则要求更高。有研究人员观察，圆铃枣在花期气温低于25℃时即很少坐果，如温度不足则果实发育不好。休眠期枣树对低温抵抗力较强，如辽宁熊岳为-30℃，甚至达到-35℃的低温，枣树均能安全越冬。

3. 对降雨条件的要求

枣对湿润和干旱气候的适应力较强，北方枣产区雨量多为400~700mm，而甘肃敦煌降雨量不足100mm，枣树亦能正常生长。但枣在生育期也需要一定的湿度。枣花期需要较高的空气湿度，一般空气相对湿度大于70%时，有利于授粉受精。花期空气干燥，则影响花粉发芽，不利于受精，易造成严重的落花落果。8月果实发育的后期，应有适当的雨量，以利于根系生长。如到8~9月雨量过大，则会影响果实的发育和成熟，甚至引起裂果、烂果。群众所谓的“旱枣涝梨”，即指的是枣近成熟期应“少雨多晴”，才能使枣品质优良。枣的抗涝力强，有时地面积水1~2个月还未涝死，如系高温死水，则易使枣树树干脱皮而致死。

4．对光照条件的要求

枣树喜光，如栽植过密或树冠郁闭，则影响其发枝，枣头生长不良，二次枝短小，不易利用，易长成废枝。一般枣树多在树冠外围或南面枝结果，而内膛枝结果较少，尤其栽于山谷的枣树由于日照时间短，生长结果也不好，主要是由光照不良而致。因此，枣宜栽于山地阳坡，平地栽植，行距也应大一些。

5．对其他条件的要求

枣树抗风力弱。如花期大风，易增加落花落果；如果实成熟前多风，易出现“风落枣”，但冬季较抗风。有些地方常用枣树作防风固沙的树种，栽植枣树以作防风林。

六、枣树的需肥与吸肥特点

枣树比一般果树萌芽晚，开花亦晚，落叶早，生育期也短。因此，枣树的需肥、吸肥与其他果树相比也有一定的区别。枣树的物候期如下：生长期在160~185d，一般4月中下旬萌芽。枣股萌芽较早，随即抽生枣吊，枣吊生长期短，萌芽后25~30d即可停止生长。枣头萌芽后，最初生长缓慢，不久即转入迅速生长期，一年内可生长40cm以上，最长的可达2m左右，一般没有秋梢，到6月下旬或7月逐渐停止生长，枝条开始成熟。至10月中下旬开始落叶。枣树的开花期长，一般从5月中旬到8月初。落花落果期集中在6月下旬至7月上旬。

枣树正常的生长发育，需要从土壤中吸取氮、磷、钾、钙、镁、硫、锌、锰、硼、钼、钴等，这些元素都是枣树不可缺少的。根据其吸收量的多少，将氮、磷、钾称为大量元素，钙、镁、硫称为中量元素，其余称为微量元素。枣树由于连年生长，开花结果，每年都从土壤中吸收大量的营养元素，有些元素被叶、果吸收，有些元素用于建造树体。尤其是枣树寿命长，几十年以至上百年从固定的同一地点吸收这些养分，若不及时补充，势必造成某些营养元素的缺乏，以致树体不能正常生长发育，开花结果，甚至造成树势衰弱和死亡。因此，必须对枣树进行适时适量的施肥。另外，土壤的供肥能力是有一定限度的，并非全部养分都能被枣树吸收，其不足的部分只能靠施肥来补充。近年来，由于单纯使用氮磷化肥，造成土壤中微量元素不足。因此，对枣树必须增施有机肥，并适量施入微肥是非常必要的。

1．枣树的施肥技术

(1) 肥料的种类及特点

给枣树施肥所使用的肥料，也不外乎有机肥和速效化肥（无机肥）两大类。有机肥是指营养元素以有机态形式存在的肥料，如鸡粪、猪粪、牲畜粪、人粪尿、作物秸秆、树叶、杂草沤制的肥料，以及饼肥、绿肥等。这类肥料营养元素全面，含有氮、磷、钾、硫、镁、钙及多种微量元素，另外还含有大量的有机质，它不但能为枣树提供所需的营养元素，还能为土壤提供有机质，改善土壤结构，增强土壤通透性和保水、保肥能力，对提高果品质量作用极大。但是，这类肥料肥效较慢，属迟效和长效肥料，多作为基肥施用。另一类就是无机肥，如尿素、碳酸氢铵、硫酸铵、磷酸二铵、磷酸二氢钾等氮、磷、钾肥及硫酸亚铁、硫酸锌、硫酸镁、硼砂、硼酸、钼酸等微肥。这些肥料多为化工产品，因此叫作化学肥料，一般其营养元素单一或含2~3种元素。这类肥料一般肥效快，施入土壤7~10d就会发挥肥效。如将化肥作叶面追肥，几个小时就被树体吸收利用。因此，这类肥料多作追肥，可及时补充树体内所需的营养元素。

随着测土配方技术的发展，果树专用肥及枣树专用肥等配方肥料、专用肥料应运而生，这类肥料是根据不同果树对各种元素需求量的不同，按一定的比例混合而成的。各类专用肥，多为无机态。枣树专用肥是针对枣树所需各种营养元素配制而成的，它元素全、肥效快，对促进枣树生长发育、优质高产作用明显，不但能全面供应各种元素，而且也避免了使用单一肥料所造成的浪费及副作用。

（2）主要营养元素对枣树的生理作用

①氮。是枣树所需量最大的元素，它是枣树蛋白质、氨基酸的基本组成部分，并参与叶绿素的形成，从而提高光合作用强度，增加光合产物，促进树体各器官的生长发育，提高果品产量。枣树缺氮，则会叶色变浅，叶片变薄，光合能力下降，生长明显受抑。老叶提前变黄脱落，产量明显下降。

②磷。是植物细胞核的组成成分，对细胞分裂和各器官组织的分化发育，特别是开花、坐果有着重要的作用。它对植物的抗病性、抗寒性和抗旱能力有着良好的作用。枣树缺磷，则会出现成花少、坐果率低、果实个头小且品质差等现象。

③钾。能加速植物对二氧化碳的同化过程，促进碳水化合物的转化、运输、蛋白质的合成和细胞分裂，它还能提高光合强度。钾肥充足，果实糖分高，上色好，果肉饱满，树体抗旱能力增强。反之，钾肥不足，果实品质会严重下降。

④铁。是叶绿素形成不可缺少的元素。枣树缺铁，首先是幼叶脉间失绿，严重时叶片变白，边缘焦枯，叶片缺少叶绿素，不

能进行光合作用制造有机养分，同时不能使树体各器官正常生长和发育，甚至树势衰弱，花芽不能形成，严重影响果品的产量和质量。

⑤锌。能促进植物体内生长素的形成，加速生长。枣树缺锌，叶片变薄变小，并发生水叶病。

⑥硼。对植物的生长、繁殖，尤其对促进花粉萌芽和花粉管伸长有着重要的作用。枣树缺硼，授粉不能正常进行，坐果率降低，并易发生缩果病。因此，花期喷施硼肥，对提高枣树的坐果率和果实品质有着重要作用。

⑦锰。对植物的光合作用、蛋白质的形成及促进种子发育和幼苗早期生长有着很重要的作用。枣树缺锰，叶片由绿变黄，出现灰色或褐色斑点，最后导致焦枯。

七、枣树的施肥方式及肥料用量

枣树和其他果树一样，施肥方式有春秋季施基肥、生长关键时期进行土壤追肥和叶面追肥。

枣树的施肥量多少，要依据树龄、树势、结果多少和土壤的肥力状况综合进行考虑。一般树大、结果多、土壤瘠薄的应多施。反之，应少施。既要满足枣树的需要，又要做到经济施肥。枣树施肥量的确定，应按如下公式进行计算：

施肥量=（果树吸收肥料元素量-土壤供给量）/肥料利用率

果树吸收肥料元素量，是指一年中新形成的果树各器官含有肥料元素量，可通过农业化学方法化验或查阅作物每100kg经济产量吸收的养分量表而取得。土壤供给量，是指土壤中可给态量，经过土壤测定而得。肥料利用率，是指施入土壤中的肥料，除去流失、挥发的以后，果树吸收利用的量所占的比重。这种计算方法科学准确，但实际操作起来较复杂。目前的枣树施肥量仍是通过实践总结而得的经验数据。有研究提出，生产100kg鲜枣的施肥量，折合纯氮1.49kg、磷1kg、钾1.3kg。一般1~4年生树，每年每株施尿素0.1~0.5kg、磷酸二铵0.1~0.3kg或（配方肥1kg）随树龄增长，树冠扩大，逐年增加施肥量。一般基肥施入全年施肥量的1/2，追肥占1/2。

1．秋施基肥

枣树秋季（落果后）施基肥，效果明显好于春季。秋季施基肥的树，翌年发芽早，叶色转绿快，枣吊长，花芽饱满，坐果率高。因为枣树秋季采果前后，叶片尚未衰老，同化能力仍很强，而且这时气温较高，昼夜温差大，有利于碳水化合物的积累。根系活动仍在进行，并有一定的吸收能力，施肥时挖断的细根容易愈合。另外，由于秋季地温尚高，施入土壤中的（有机）肥料有利于腐熟、分解和根系吸收，为叶片光合作用提供充足的营养和水分，以制造较多的有机物质贮藏于树体内，为翌年春季枣树抽枝、展叶和开花结果贮备充足的营养。因此，秋季给枣树施基肥越早越好。秋季来不及施用或肥料不足的，春季也应尽早进行。

为了提高肥料利用率，肥料应施在根系较集中的树冠下及其外围10~40cm的土层内，土肥掺匀，然后覆土。基肥的施入有以下几种方法：

（1）环沟施

即在树冠外围挖环状沟，肥料施入沟内，与表土掺匀，上覆一层土。以后每年随树冠扩大而向外扩展。

（2）条沟施

在树冠外围各个方向挖2~4条深、宽各40cm的条状沟。沟的长度及数量依据树冠大小和肥料多少而定。以后每年随树冠扩大，沟逐渐外扩，并尽量在没有施过肥的地方挖沟。

（3）放射沟施

放射沟，又叫辐射沟。采用放射沟施肥方法时，在距树干50cm至树冠外30~50cm处，挖3~4条深40cm、宽30~40cm的放射沟，应里浅外深。将肥料施入沟内，土肥掺匀，施后盖土，以后每年在沟间挖沟施肥。

（4）多点穴施

在树冠下及其外围30~50cm范围内，挖长40~50cm、深宽各30cm的施肥穴8~10个，穴的多少依树冠大小和肥料的多少而定。施肥位置应每年更换。

（5）地面撒施

将肥料撒于树冠下，以实现冠下3~4年普施一遍肥料。

基肥应以有机肥为主，适当掺入一定量的氮肥和磷肥。尤其是未腐熟的肥料更应掺入氮、磷化肥，以促进其腐熟和“防止倒吸氮”现象的发生。有机肥不足或缺少有机肥的，要多施，全元素复合肥或枣（果）树专用肥。

2.土壤追肥

追肥，又叫补肥。它是在枣树生长需肥的关键期，利用速效肥料迅速地补充施肥的一种方法。一般枣树每年应有2~3次土壤追肥。一是花前肥，二是幼果膨大肥，三是枣果增质肥。

（1）花前肥

在5月下旬，枣树开花前施用。其作用是补充开花、坐果所需的养分，以提高坐果率。此时追肥以高氮、低磷、低钾为主。一般结果大树每株追施1.0~1.5kg配方肥（也可追施腐熟的人粪尿15~20kg）。

（2）幼果膨大肥

应在6月下旬至7月上旬施用，以促进幼果膨大和减少生理落果。此期肥料不足，果实个头小，落果重。幼果膨大的追肥应以高氮、中磷、中钾配合施用。最好追施枣（果）树专用肥，一般每株大树应施1.5~2kg。

（3）枣果增质肥

在8月上旬施用。以磷、钾为主，满足光合作用所需的磷钾元素，增加碳水化合物的积累和转化，使枣果上色好，糖分高，果实饱满，出果率高。此次追肥应以低氮、中磷、高钾配方肥为主结果大树每株施枣树专用配方肥1.5~2kg。

由于肥料种类不同，其施用方法也不一样。一般氮肥和钾肥易溶于水，并可随水流动。因此，这两种肥料可刨10~15cm深的浅沟或穴施入，施后与土混合，然后盖土、浇水。也可撒于地面，随即浅锄，然后浇水。但注意不要浇水太大，以防随水淋失。磷肥在土壤中流动性差，而且易被土壤固定。因此，在施磷肥时，要深施于枣树根际，并尽量集中，或与有机肥混合施入。一般施于树冠下30cm深处，采用沟施、穴施均可。为了减少土壤固定，一般磷肥都制成颗粒状。

3. 叶面喷肥

叶面喷肥，也叫根外追肥。它是将作物所需营养物质溶于水，制成一定浓度的溶液，喷于叶面、花果和枝条上，营养物质通过皮孔或皮层进入植物体内。叶面喷肥简便易行，肥料用量少，植株吸收快，效率高，且不受营养分配中心的影响，可及时满足树体的需要，并可避免某些元素被固定。肥料喷于叶面，十几分钟至几个小时就可被吸收利用，全水溶性大量元素叶面肥喷后2~3d后，叶色就明显转深绿。

枣树叶面喷肥，要根据不同生育期的营养状况，选用不同的肥料及浓度。枣树在展叶、枣吊生长及花芽分化期，以喷高氮为主，可喷0.3%~0.5%水溶液。开花、坐果及幼果期，将氮、磷、钾配合喷施，可用0.3%大量元素水溶肥再加0.2%硼砂。果实发育后期，以中磷、高钾肥为主，加大量元素水溶肥和微量元素通过滴灌施肥，实践证明它们对提高坐果率、增加叶绿素含量和果实品质都有明显的作用。

喷施叶面肥，可以结合病虫防治与农药混合喷施，但应注意肥、药的酸碱性，酸性肥料不能与碱性农药混合，以防中和失效。硝酸稀土对乳化剂、胶悬剂有破坏作用，注意稀土不要与这类农药混用。磷酸二氢钾不要与萘乙酸混用，否则会使萘乙酸失效。喷施叶面肥，要以叶背面为主，还要注意尽量在晴朗无风日的下午4点以后或早上10点前喷施，以提高肥料的吸收率。

根外追肥用量少、肥效短，但只是一种辅助措施，决不可因此忽视土壤施肥。

第六节 核桃

核桃是我国栽培历史悠久、品种资源丰富的古老果树树种之一，至今已有2000多年的历史。甘肃省核桃栽培主要分布在陇南各县。

核桃具有较高的经济价值和营养价值，核桃仁含脂肪70%左右、蛋白质16%以上、碳水化合物10%、粗纤维5.8%、磷0.32%、钾0.39%、钙0.10%等。另据研究分析，每100g干核桃仁中，含铁3.5mg、胡萝卜素30μg、维生素$B_1$0.15mg、维生素$B_2$0.11mg、烟酸1.0mg。此外，核桃仁中还含有17种氨基酸，其中多种为人体所必需，因而核桃具有特殊的营养价值。

核桃树木材质坚、纹细、轻而富有弹性，易磨光，是制作高级家具的用材。此外，核桃树体高大，树姿雄伟，叶片具有杀菌作用，是净化环境、调节农业小气候的良好树种。

由于核桃具有丰富的营养价值和良好的医疗保健功能，随着人民生活水平不断提高和对营养保健食品的需求，核桃的消费量不断增加。由于我国核桃品质优、风味好，在国际市场上也很受欢迎，因此，核桃的发展前景较为广阔。

一、核桃树的生物学特性

1.根的特性

核桃树根颈以下的部分称为根系。它除了把植株固定于土壤中，还有吸收水分、养分和有机物质等作用，同时它还影响到土壤的物理和化学特性。目前核桃树多为实生繁殖和用实生砧嫁接，因此，树体主根发达、根系较深、生长力强，尤以幼龄时期表现更明显。据河北农业大学的观察，一年生核桃树主根垂直生长的长度为干高的5.33倍，一年生树的主根占总根重的87.82%。随着树龄的加大，主根生长势逐渐减慢，则侧根条数增多，生长速度加快，并在其不同部位生长着繁杂的须根。这些主根和侧根为核桃树的生长搭起了框架，是核桃树吸收水分、矿质养分的主体。

10年生的核桃树根的垂直分布主要在0~60cm的土层中，水平分布主要在以树干为圆心、半径为1~2m的圆形范围内。据山西林业科学研究所的调查研究，早实核桃品种的主根及根系比晚实品种发达，侧根的数量和长度均较晚实品种多，而且生长快。幼树期的核桃树根系形成垂直部分，一般地上部生长慢，地下部生长快，很少有侧根。随着树龄增大，侧根的水平延伸加快了，主根则生长减慢，较粗的侧根多分布在20~40cm的土层中。为了加大根系，促进早果，生产上通常采用切断主根的措施。

核桃树根系发达，成龄树水平根分布较远，在立地条件较好的情况下，根垂直分布较深。因此，在核桃树栽培上应采取深耕除草、保墒扩穴、改良土壤和多施有机肥等措施来改善土壤通气性，增强土壤微生物的活动，以创造有利于根系生长的环境，这对核桃的早实丰产有重要作用。在选择栽培园址时，应注意核桃树立地土层深厚，并较为肥沃。近年来，对新植的部分核桃树采用了挖大穴、施大肥（农家肥作基肥）、灌大水的做法，收到了良好的效果，为核桃丰产打下了基础。

2.枝条生长特性

核桃的枝条主要分为结果枝、生长枝及雄花枝三类。

（1）结果枝

通常把着生结果枝的基枝叫作结果母枝。混合花芽着生于结果母枝上部几节或顶端，萌发后，形成结果枝。结果枝的数量与长短，因品种、树龄、肥水条件和管理水平的差异而不同。一般来说，晚实品种，结果枝较细而长，大都在5~15cm，最长者可达40cm，枝条的粗度在0.7~1cm。早实品种结果枝大都是短而粗壮，以长为5~12cm的多，30cm以上者不多，枝条的粗度在0.8~1.2cm。一般来说，晚实品种5~15cm长的果枝，粗度在0.8cm以上者，可坐2个果实，粗度低于0.7cm者坐果较差。早实品种5~12cm长的果枝，粗度在0.8~1.2cm者坐果率高。粗度在1.5cm左右者，多数是坐3个果。因此，多培养粗壮的结果枝，是核桃丰产的基础。对于树势衰弱而且立地条件较差的树，必须采取施肥灌水、更新复壮等综合性措施，以培养强壮的结果枝。

（2）生长枝

核桃的生长枝一般一年有两次生长高峰，分别形成春梢和秋梢。生长势强壮的树体，夏季无明显停长的痕迹；树势弱的，可见有春梢而无秋梢。有的结果枝上还可抽生副梢。生长枝长度一般在40cm以上，不着生雌花芽，由上年枝条上的叶芽发育而成，是扩大树冠、增大营养面积及着生结果枝的基础。一般初果期树的生长枝多于结果枝，进入盛果期后，健壮的发育枝多能形成混合芽，翌年春时抽生结果枝开花结果；弱小的翌年只抽枝，不结果。在树膛内由休眠芽萌发，或受到某种外部刺激抽生的长度在50cm以上的枝条叫徒长枝。它在树冠内膛空间较大的地方，可采取摘心、短截等措施，使其培养为结果枝组，若过多，则会造成养分的浪费。核桃春季开花后又抽出的枝条叫副梢，这种枝条有抽生二次的，也有抽生三次的，有一部分二次枝可形成花芽，但大部分不能形成。因此，合理地利用和培养副梢，可以增加结果部位。

（3）雄花枝

生长细弱短小，长5cm左右，只着生雄花的枝条，其顶芽为叶芽，侧芽为雄花芽。这类枝多着生于树膛内，且老树上较多，弱树上比例大，越冬时容易枯死。由于雄花序萌动、开放需消耗大量水分、养分，所以在生产中主要通过疏除雄花枝上的雄花来提高坐果率。春季萌芽展叶时，新梢出现，随着温度的升高，其生长速度加快，叶片增多，叶面积增大，此期的生长情况是决定枝条生长势的关键。进入6月，枝条的生长速度放慢，有一大部分枝条停长，形成顶芽。7月下旬或8月上旬，随着温度的降低，有一部分生长枝、副梢又进入第二个生长高峰期，这时要对幼树、旺树加强管理，运用摘心、短截等栽培技术加以控制，使其枝条充实，为翌年和越冬贮备必需的养分。

二、开花坐果特性

坐果和种子的形成：雄花芽5月中旬在叶腋间露出，圆形，很小，到翌年春才分化完成，约需一年时间。5月下旬略膨大，但整个夏季变化较小，颜色为玫瑰色，落叶前为绿色，越冬时为灰褐色，此时停止生长，进入休眠。翌年春季4月中旬开始萌动，颜色先变为绿色，再转为浅绿色。花序挺立，斜向上生长，约7d后，花序形成而软垂，花苞开始开放，花药成熟变黄。雄花序的长度为10cm左右，因品种和立地条件而异。每个花序有雄花120~200朵小花，花序基部的雄花大，雄蕊多，愈往顶部雄蕊愈少。花序产生的花粉多，播散花粉时间仅2~3d，气温愈高，散粉愈快。阴雨连绵、空气湿度太大和无风天气则不利于花粉传播；温度太高，超过25℃时也不利于花粉生存。花粉全部散完后，花序脱落变黑。核桃的雌花芽与顶生叶芽为同源器官，4月下旬在叶腋间形成小体，6月上旬至7月上旬明显增大，呈绿色，10月中旬气温下降，花芽形成，外包有坚硬的鳞片，颜色灰褐色。翌年4月，新梢开始生长，顶部包裹着的鳞片脱落，雌花序出现。核桃的花序为总状花序，多单生，较多的有2~3个，其中1~3个的占97.5%以上，有时还有10个以上的，均群生于新梢顶端。4月下旬开始出现绿色总苞，约为1周时间，子房开始膨大，柱头开始向两侧张开，柱头上产生大量分泌物，此时受精力最强，随后因分泌物减少而枯萎变黑。

核桃由于雌雄花期不一致，虽雌雄同株，但异花异熟，也称"雌雄异熟"。由于雌雄花期不遇的品种较多，而且柱头凸凹不平，分泌物虽多，但授粉树距离的远近、风速、温度、湿度，直接影响着授粉受精的成功与否。一般来说，授粉树距主栽品种不宜超过100m。因此，雌花先开的品种，应配置雄花先开的品种，这样有利于授粉受精，提高坐果率。

授粉的成功与否，是坐果成败的关键因素之一。由于核桃花粉表面光滑，呈扁圆形，花粉粒大，约为苹果花粉的2倍，花粉的寿命不长，约2~3d，柱头可授粉期也不长，花粉在柱头上的发芽率低，仅约5%。这对受精十分不利，是核桃低产的重要原因之一。所以，除合理搭配授粉树、保证一定的比例和距离外，风速和温度、湿度也是影响授粉成败的主要因素。如果早春气温低、阴雨，大风天多，则对受精不利。花粉适宜的发芽温度是24℃，因此雌雄花的花期相遇性和外界环境综合影响着授粉与受精。以地面覆盖提高地温、调节雌雄花相遇期、人工辅助授粉等是解决及时授粉、受精的关键技术措施。花期适量人工疏雄、节约树体水分及养分，也可提高坐果率。

核桃自然落果率一般为40%。但品种之间差异较大，大果型品种落果率高，中小果型品种落果率较低；早实品种落果率较高，晚实品种落果率较低，但早实品种中也有很大差异，有的落果率达80%，有的则为30%。一般核桃的生理落果高峰只有两次：一次是5月上旬，占生理落果率的35%左右，此时果实的纵横径约为1cm；第二次生理落果高峰在5月中旬，这一次生理落果率占到60%，这是最严重的一次。此时果实的纵横径为2cm。引起大量生理落果的原因甚多，既有树体的营养贮备不足，营养生长过旺，受精不完全，也有水分、土壤养分的供应不足和花期低温伤害等原因。总之，树体生长与果实争水争肥是这一时期大量生理落果的主要原因。根据这些特性，核桃生产者应在上年冬季加大基肥施用量和多种微量元素肥的施入量，增强树体的贮备养分，同时进行花期追肥，以减少落果率，提高单位面积的核桃产量。

三、果实的发育与产量

核桃果实的发育时间较长，大多在110~135d。从受精完成到种仁充实，大致可分为以下三个时期：

1.果实迅速生长期

一般在落花后1个半月左右。生长最快的是在花后25~35d。这时果实的大小和外形，已占成熟时的90%。

2.果皮硬化期

大致是6月下旬至7月中旬。这时果实大小完全定型，壳内的浆状物由中心向边缘逐渐发展形成纯核仁，果壳渐渐变硬。此时，果仁所含淀粉、糖类较多，脂肪含量很少，口感无香味。

3.果仁充实期

自果壳硬化到成熟。这时的果仁脂肪增加较快，果仁由嫩变硬，脂肪增加速度最快的是在8月中旬至9月上旬，果农称为“晒油期”。

根据生产者的实践，适期采收是提高核桃品质的关键。近年来，一些核桃产区受市场经济的影响，将中晚熟的品种提前按早熟品种采收，既影响了产量，又影响了质量，使许多核桃不合乎出口标准，这应引起广大果农的注意。

四、落花落果及其防治措施

核桃是雌雄同株异花，一般一年开一次花，有的品种在特殊管理措施下可开两次花。多数品种落花较轻，落果较重。花后15d左右，可观察到凋落的子房很小，颜色暗淡变褐。幼果长到1~2cm时出现两次落果，以6月上中旬为多。究其原因：一是花期不遇。由于核桃有“雌先型”“雄先型”“同期型”之别，雄、雌花期先后相差较远，花期和授粉时间短，加之花期气候多变，忽冷忽热，往往出现不完全的授粉受精。二是授粉树搭配不合理。核桃的花粉是靠风传播，授粉时风速的大小、授粉树的远近，关系着授粉的成功与否。通常授粉树均应在100m以内，为了提高它的授粉效率可控制在45~60m。同时，在搭配授粉树时，还得考虑到雌先型与雄先型相配。三是营养生长过旺盛。营养生长与果实生长是果树生长与结果过程中的一个主要矛盾，两者的生长往往交错进行。4月下旬至5月中旬为枝条生长旺盛期，以5月上中旬增长速度为最快，此时树体消耗了大量的营养，枝条及叶片在前期光合作用又较弱，生长点较多，如果此期营养供应不足，则易发生大量的落果。对于初果树和晚实品种来讲，新梢的生长往往比盛果期树的要晚，其停长期在6月中旬或不停长，这给坐果率的提高带来了更大的困难。

五、解决落花落果的措施

1. 秋季施基肥

在树叶刚落、树液回流时，根系仍在活动期，此期应在根部施入有机肥，配以中氮、高磷、低钾配方肥，和少量的多元微肥，增加树体的营养贮藏和越冬的抗性。翌年春季在展叶期后，约5月初，进行1次叶面喷肥，发现有营养缺素症状者，可使用树体注液器注入营养液，从而缓解其生长和结果的矛盾，提高树体营养水平。

2. 秋季叶面喷硼、磷

9月下旬至10月上旬，用硼和磷配成一定比例的液体喷施叶面，吸收后可以增进花芽分化完全，翌年花粉粒落在柱头上后，花粉管的增长速度快，寿命明显延长，从而提高受精率。

3. 人工授粉

从当地健壮树上采集雄花序基部的小花，放在室内摊开晾干，室温保持在16~20℃，采集的小花不能被太阳直射。待大部分雄花散粉时，筛出花粉，置于瓶中备用。瓶盖上要有小孔，不然会使花粉发霉变质。当雌花柱头呈倒“八”字张开时是授粉的最佳期，为了便于授粉，可将收集到的花粉配以10份淀粉混合均匀，配成

1：5000倍的花粉悬浮液喷授。一般来说，成年核桃树需花粉3g，500g粗壮雄花序可收集6g花粉。人工授粉的关键是掌握准雌花开放期，往往一株树上的花，因气温状况不同而开放时间不一致，其早晚相差7d左右，可进行两次授粉，以提高坐果率。

4．疏雄花

核桃树雄花多。据山西林科所调查，18年生树有2000个雄花花序，每个雄花序从形成到凋落都消耗着大量水分和养分，一株核桃树若疏去90%的雄花序可以节省50kg树体的水分蒸发，约1kg的干物质，这些水分和营养物质可在树体内调节给雌花的发育和枝条的生长，以缓解枝条、果实生长之间的矛盾。经大面积试验，可增产30%~40%。疏雄的时间，应以在雄花芽膨大时最佳，约3月下旬至4月上旬，此时雄花芽膨大，手易抹。留雄量在10%左右，授粉品种留30%为适宜。

5．花期叶肥

在盛花期喷0.4%硼砂、35mg/L的赤霉素，可以明显提高坐果率。如果树体营养状况较差，可在花期喷施0.5%的尿素、0.3%的磷酸二氢钾，花后仍按此比例喷施1~2次，可以明显地减轻落果。

六、核桃树对环境条件的要求

1．对土壤条件的要求

核桃树根系要求土层深厚、疏松而排水良好。它最适宜于深厚肥沃含有石灰质的中性沙壤土。山地栽培最忌土层下有岩板层，因其限制根系生长，影响树势。排水不良的黏土、土层过薄及酸性土均生长不良。土壤过湿的沙峪溪边，枝叶往往徒长，结果不良。

2．对水分条件的要求

花期多雨多雾会影响授粉。5月是果实速长期，应有较充足的水分和养分，才能使果实迅速肥大。核桃抗旱力差，而抗风抗涝力较强。干旱时品质差，花芽分化不良。

3.对光照条件的要求

对光的条件要求较高，一般在阳坡的生长比阴坡的好，并可提早结果，但阴坡树比阳坡树耐寒。核桃不适于高温下的强烈光照。

4.对温度条件的要求

核桃树喜温暖湿润环境，年均温在10~14℃的地区，生长结果良好。大树休眠期能耐-25℃的低温，低于此限，雄花芽、叶芽和1年生枝相继受冻。遇早霜、晚霜时，花、幼果、未熟枝条及新梢等常产生冻害。干旱高温地区，7月气温高达38~40℃，果实易受灼伤，核仁停止发育而成空壳；8月末9月初果实成熟前，如受高温日灼，伤轻者部分果皮干枯，难以脱壳；伤重者，核仁变为琥珀色或黑色，甚至干枯或霉烂变质。

七、核桃树的需肥与吸肥特点

不同树龄的核桃需肥不同，幼龄树需肥量较少。其结果后对各种养分的需求量增大，特别是对氮素的需求量增大。

1.营养元素对树体的生理作用

（1）氮

氮素是叶绿素、蛋白质等组成成分。一般缺氮植株，叶色变黄，枝叶量小，新梢生长势弱，落花、落果严重。长期缺氮，萌芽开花不整齐，根系不发达，树体衰弱，植株矮小，树龄缩短。这些缺氮植株一旦施入氮肥，产量会逐年上升，但施氮的同时还得配合施入磷、钾和其他微量营养元素，否则氮素过剩引起徒长枝狂长，枝条不充实，幼树不易越冬，结果树落花、落果严重，果实品质降低。

（2）磷

磷素分布在生命活动最旺盛的器官，多在新叶及新梢中。磷酸在植物体内容易移动，磷素不足，叶片由暗绿色转为青铜色，叶缘出现不规则的坏死斑，叶片早期脱落，花芽分化不良，延迟萌芽期，降低萌芽率。磷素过剩则影响氮、钾的吸收，使叶片黄化，出现缺铁症状，因此要注意磷与氮、钾肥的施用比例。

（3）钾

适量的钾素可促进坚果肥大和成熟，提高幼树的抗寒越冬能力，提高坚果品质。缺钾的核桃树叶，在初夏和仲夏时表现为颜色变灰发白，叶缘常向上卷曲，落叶延迟，枝条不充实，耐寒性降低。钾素过多，氮的吸收受阻，影响到钙、镁离子的吸收。

（4）锌

锌元素是某些酶的组成成分。缺锌果实易萎缩，叶片出现黄化，节间短，枝条顶部枯死。灌水频繁、伤根多，重剪、重茬种植易发生这种症状，沙地、盐碱地及瘠薄山地核桃园容易发生这种现象。加强果园管理，调节各营养元素的比例，是解决缺锌症的有效措施。

（5）锰

适量的锰可提高维生素C的含量，满足树体正常生长的需要。缺锰会导致叶绿素含量降低，褪绿现象从主脉处向叶缘发展，叶脉间和叶脉发生焦枯的斑点，叶子早期脱落。

（6）铁

缺铁时，植株易出现整株黄化，幼叶比基部叶严重，叶面呈白色和乳白色，再严重时叶片出现棕褐色的枯斑或枯边，枯死脱落。缺铁失绿症在盐碱地里发生较多，栽培时应通过多施有机肥，调整土壤酸碱度加以克服。

（7）硼

硼能促进花粉发芽和花粉管的生长，对子房发育也有作用。缺硼时，树体生长迟缓，枝条纤弱，节间变短，枯梢，小枝上出现变形叶；花芽分化不良，受精不正常，落花、落果严重。大量施用有机肥以改良土壤，可以克服缺硼症。

核桃的生长发育需要多种营养元素，某种元素的增加或减少，元素间的比例关系就会失调，所以肥料不能单一施用，既施无机肥，也要施有机肥、复合肥，同时应注意各元素间的比例关系。各种元素各需多少，应根据土壤类型、树势强弱、肥料的种类与性质来确定。

八、树体不同发育期的需肥量

核桃树同其他多年生木本植物一样，它的个体发育可分为四个阶段，即幼龄期、结果初期、盛果期和衰老期。幼龄期营养生长旺盛，主干的加长生长迅速，骨干枝的离心生长较弱，生殖生长尚未开始。此期每株年平均施氮50~100g，磷20~40g，钾20~40g，有机肥5kg，氮：磷：钾为2.5：1：1，可以满足树体对三要素的需求。结果初期营养生长开始缓慢，生殖生长迅速增强，相应磷钾肥的用量增大，此期每株年施入氮200~400g，磷100~200g，钾100~200g，有机肥20kg，氮：磷：钾为2：1：1，这种比例有利于树体的吸肥平衡。盛果期时间较长，营养生长和生殖生长相对平衡，树冠和根系达到最大程度，枝条开始出现更新现象。此期需加强综合管理，科学施肥灌水，以延长结果盛期，取得明显收益。这一时期要加大磷钾肥的施入量，每株年施入氮600~1200g，磷400~800g，钾400~800g，有机肥50kg，氮：磷：钾为3：2：2，随着树龄的增大，可适当加大一点儿磷钾肥的施入量。同时，要根据树叶内含有的营养元素配合施入微量元素。

如果没有叶分析条件，可根据缺素表现症状，观察及时施入缺少的元素。

1.需肥情况因立地条件而不同

一般来讲，山地、沙地园土土质瘠薄，易流失，施肥量要大，应以多次施肥的办法加以弥补；土质肥沃的平地园，养分释放潜力大，施肥量可适当减少，也可集中几次施入，适当减少施肥次数。成土母岩不同，含有元素也不一样。如片麻岩分化的土壤，云母量丰富，一般不用施磷钾肥；而由辉石、角闪石分化的土壤，一般锰、铁元素较多。因而，要根据成土母岩的不同，选择肥料要有侧重；加之，不同土壤酸碱度、地形、地势、土壤温度和土壤管理，对施肥量、施肥方法也均有影响。因此，正确的施肥方法，应做好园地土壤测定，根据其结果决定园内肥料的施入量，做到既不过剩而又经济有效地利用肥料。

九、核桃树的施肥技术

1.施肥时期

根据树体生长发育的特点，肥料的性质以及土壤中营养元素和水分变化的规律应作为施肥时期的依据。

2.掌握好需肥时期

需肥期与物候期有关。养分在树体中的分配，首先满足生命活动最旺盛的器官，萌芽期新梢生长点较多，花器官中次之；开花期花中为多，坐果期果实中较多，新梢生长点次之；在整个一年中，开花坐果需要的养分最多。因此，在花期前适当施肥，既可满足树体对肥料的需求，又可减轻生理落果，同时也可缓解幼果与新梢加速生长竞争养分的矛盾。开花后，果实和新枝的生长仍需要大量的氮磷钾肥，尤其是磷钾肥，因此需注意补充供肥。

核桃在年周期内吸收养分是有变化的，大致情况是，氮全年均需要，但以3~7月需用量较大；钾以3~7月的吸收量大；磷则需用量平稳。

3．根据肥料的性质掌握准施肥期

易于流失挥发的速效性或施后易被土壤固定的肥料，宜在树体需肥期稍前施入（如碳酸氢铵、磷酸铵、迟效性肥料），像有机肥需经过腐烂分解后，才能被树体吸收，应提前施入。这些肥料多作基肥，一般在采果后至落叶前施入，最迟也应在封冻前施入，早施更好，可以增加树体养分贮备积累，促进根系生长，增强越冬抗性。

速效性肥料一般作追肥和叶面喷肥，如在核桃开花前，追施硫酸铵、尿素、碳铵和腐熟人粪尿，可以明显促进保花保果。花期后追施氮磷肥，可以有效地防止生理落果。

4．根据土壤中营养元素和水分的变化确定施肥期

土壤中营养元素受到成土母岩、耕作制度和间作物等的影响，如间作豆科作物，春季氮被吸收，到夏季则因根瘤菌的固氮作用而增加，后期则可不施或少施。土壤干旱时施肥有害无利，多雨的秋天在北方施肥，尤其是氮肥，易发生肥料淋失，同时造成秋梢旺长，影响幼树越冬性。

总之，施肥的时期要掌握准确与适宜，每年施3~4次为好。早春3月施追肥，6月补施第二次追肥，果实采摘后至落叶前施基肥。要注意无机肥和有机肥的配合施用，以满足树体对氮、磷、钾、钙、硫、锌、铁、硼、锰及镁等多种元素的吸收利用。

掌握核桃的需肥特点、需肥规律和需肥量还不够，还需要注意以下几点：

（1）注意施肥后灌水的时间

施肥后灌水时间的早晚对肥效影响很大。需要及时灌水的肥

料是铵态氮肥和农家肥，这是因为硫酸铵、碳酸氢铵（简称碳铵）是速效氮肥，极易挥发。碳铵含氮量为17%，在20℃的条件下裸置，12h可挥发掉8.9%。若施后不及时覆土灌水，有效成分就会挥发浪费掉。施用人粪尿也是同样的道理。农家肥含有大量的微生物，这些微生物需要在一定的湿度条件下繁殖，从而分解有机质，使其有效地释放养分。因此，农家肥施入后，也要及时灌水。而施入尿素后，却要推迟灌水，因尿素中的酰胺态氮不能被树体利用，须在尿酶的作用下转化为碳酸氢铵后才能被吸收，如果浇水过早，则会随水流失，浇水的时间应推迟5~7d。

（2）农家肥要注意腐熟后再施

家畜肥中的养分以复杂的有机物形式存在，不能被树体吸收，必须把秸秆、家畜粪肥堆沤起来，发酵腐熟后，产生各种有效成分，同时利用高温发酵过程，杀死有机物中存在的寄生虫、草籽和危害性腐生物。如果不充分腐熟，施入树体根部，则秸秆、粪肥的高温发酵，会使树体根系受到伤害，从而产生副作用。

（3）注意肥料的相合相克

骡马粪和过磷酸钙混合后会使有效磷增加，从而提高肥效。钙镁磷肥不能和氨态氮肥如硫酸铵、氯化铵、碳酸氢铵等混用，否则会使铵分解而失效。等量的17%的碳酸氢铵和19%的钙镁磷肥混合施用后，碳酸氢铵会损失15%。草木灰不能和人粪尿及圈粪混合，也不能同硫酸铵等氨态氮肥混合，以免草木灰中的有效钾与氮肥中的氨态氮中和而失效。

（4）施肥要注意土壤类型

沙地土壤松散，结构不良，有机质含量低，容易干旱，单施化学肥料最易流失，施肥时要以有机肥为主，配合化肥施入，逐渐改良土壤。黏土地土壤黏重，质地细密，通透性差，持水性强，有机质含量也较高，应施入有机肥，改善土壤物理性状，提高微生物的活性。另外，在施入有机肥的过程中可适当掺沙，比单施有机肥效果好。盐碱地、排水不良的涝洼地以及酸性较重的土壤和不易灌溉的干旱地，不宜使用氯化铵，以免氯离子中毒，出现叶片焦边，根毛死亡。

（5）要注意施肥深浅

有机肥应予深施，施肥的部位应在20~80cm的土层内。磷在土壤中移动距离很短，极易被土壤固定，磷肥施入深度应掌握在根系分布最多的部位，同时配合农家肥，利用有机肥的溶解作用，提高有效磷的利用率。多数氮肥能在土中随土壤水分扩散，施入的深度要求不十分严格，但不能太浅，否则根系随肥上返，就会降低树体的抗旱能力。

十、施肥方法

目前，我国核桃施肥方法大多是土壤施肥，根外追肥的不多。土壤施肥可将肥料施在根系分布层内，以便于根系的吸收，同时施基肥可与深翻（耕）园一并进行，常用的方法有如下几种：

1. 环状施肥

此法操作简便，肥料利用经济，一般用于幼树。具体做法是，在树干的周围，以树干为圆心，以树冠外缘为半径画圆圈，在画出的线外挖1条深30cm、宽30cm的环形壕沟，作为施肥沟，将肥料均匀施入，覆土后即可。根据根系趋肥特性，每年应向外增开1条环形施肥壕沟。

2. 放射状施肥

此法比环状施肥伤害水平根较少，但挖沟时要躲开大根。具体做法是，从树冠外缘选择4~9个方位，由树干方向向外辐射，挖成宽30cm、深40cm的施肥沟4~9条，施肥沟的长度，视树龄而定，一般为1~2m长，将备好的肥料均匀地施入沟内。挖沟的条数要视肥料多少、树龄大小而定，然后覆土埋沟。所挖壕沟的位置，每年要重新选位并交替施肥。

3．条沟施肥

在园中进行行间、株间或隔行施肥，可结合深翻进行。具体做法是，在行间挖1条50cm宽、40~50cm深的通沟，第二年在株间挖1条相同的沟，将肥料施入后覆土即可。

4．穴状施肥

这种办法多用于追肥。其具体做法是，在树冠半径的1/2处开始，向外挖若干个小穴，穴深40cm以下，将肥料施入穴中后覆土。

5．灌溉式施肥

结合滴灌等灌水形式，将肥料施入。此法供肥均匀及时，不伤树根，节省劳力。多用于核桃密植园和树冠相接的果园。

6．根外追肥

又叫叶面喷肥。此法简单易行，用肥量小，发挥作用快，不易被某些化学成分将肥料中的元素固定。叶面喷肥目前在核桃生产中推广较少，今后应大力推广应用。这种方法利用了核桃叶面气孔的吸肥特性，特别是在树体缺某种元素时，有针对性地配成一定浓度的肥液，喷施于叶背面，短期内就可收到明显的效果。

根外追肥必须掌握与树体有关的外界因素，最适温为18~25℃，湿度较大时效果更佳。夏季应在上午10点前和下午4点后喷肥，以免在气温高、溶液浓的情况下，结晶伤害叶片。

另外，还可用树干输液办法，以弥补养分不足和微量元素匮乏，并避免土壤对部分元素的固定。具体做法是，根据树体营养诊断情况，将调配好的营养液装入输液瓶中，在树干基部10cm处用钻钻一小孔，深达木质部，用一次性输液器向孔内木质部输液。输入的营养液体可随木质部内导管里的水分、养分向上运输到树体的各部位。根据树体对营养液吸收的快慢，通过调节一次性输液器的速度，使输入量与吸收量相符。此法已在核桃树上开始试用，并取得了一定效果。使用时，要尽量避开树体伤流期。树干输液后，为防止病虫侵入，可用杀虫、杀菌剂处理伤口，即用稀泥封闭伤口，并绑好黑塑料布予以保护。

第十五章 牧草施肥技术

甘肃各地近几年加快了调整种植业结构的步伐，不断地推动着传统的二元结构向“粮食作物+经济作物+饲料作物”的三元种植结构的转变，畜牧养殖业在农业总产值中的比重越来越大。畜牧养殖业的发展特别是草食畜禽数量的增加必然会增加对优质牧草需求，牧草的消费量和需求量将大大增加，从而推动牧草种植并加快草业发展的步伐。

一、牧草对营养元素的需求特点

牧草在甘肃种植较为普遍，主要是用作畜牧业的饲料。栽培的牧草以豆科和禾本科牧草为主，尤以苜蓿草为青贮饲料种植面积最大。牧草生长需要大量的碳、氢、氧、氮、磷、钾、钙、镁、硫等元素，同时也需要硼、锌、锰、铁、钼等微量元素。

施氮可以明显提高种子的活力和质量，获得较高的生长速度，有效地促进分蘖，从而提高牧草产量。施用氮肥还可改善牧草的品质，使其质嫩、叶量多、蛋白质含量高，适口性好，提高其饲用价值。牧草氮素营养是动物蛋白质生产的物质基础。家畜通过采食牧草，消化吸收其中的蛋白质从而转化成动物蛋白质，没有氮素营养也就没有动物蛋白质产品。

磷是组成核酸、磷脂、腺苷三磷酸及许多辅酶的元素，参与许多物质的合成和植物的各种生理生化过程，是植物体内的基本营养元素。适量施入磷肥，可显著提高鲜草产量和磷营养含量，也是调控草地缺磷的有效途径。无论是豆科牧草还是禾本科牧草对磷肥均有极显著的效应，在其他肥料施用量一定时，牧草产量一般随磷肥用量增加而增加。磷是动物乳的重要元素，当饲料中无磷或严重缺磷时，可以引起哺乳期动物的死亡，中等缺磷可导致低磷型佝偻病。牧草中磷的含量对家畜生长能力及牲畜骨骼发育和繁殖等方面也有影响，当牧草中磷含量降低到0.1%~0.15%时，家畜生长缓慢，食欲下降。

钾是作物生长必需的大量元素之一，它在改善作物品质、提高产量和抗逆性中起着重要作用。

硫属中量元素，它在农业生产中的重要性仅次于氮、磷、钾。硫是某些氨基酸的主要组成成分，它对叶绿素的形成、酶的活化、作物的抗逆性都有重要的作用。在缺硫的牧区，施硫肥不仅能提高牧草的产量，而且能改善其品质。

牲畜禾本科牧草抽搐症是在放牧家畜处于应激状态下由于禾本科牧草中镁不足而引起的，是家畜健康的一个难题。饲草中镁含量低于0.2%时，易发生牲畜的抽搐症，且随牧草中钠和钾浓度提高而发病率增加。

微量元素在生物体内的含量虽然很低，但具有很大的生物学潜能，在一定条件下，可发挥其生物学功能产生明显的生物学效应。通过结构和调节性机制，参与酶、激素和微生物等活动性物质的构成和活化，维持正常的生命活动。土壤和牧草中微量元素的分布状况对牧草和家畜的生长有着十分重要的影响，合理配施微量元素肥料，对牧草的生长及产量和品质都有明显的促进作用。

禾本科牧草和豆科牧草对营养元素的需要量有相似之处，但也有不同点。禾本科牧草对氮素的需要较强烈，对施用氮肥的反应更为敏感。豆科牧草由于有根瘤菌共生固氮，只需在苗期根瘤形成之前施入少量氮肥即可，所以其对氮肥的反应不如禾本科作物敏感。而豆科牧草对磷、钾、钙等营养元素的敏感性大于禾本科牧草。牧草从土壤中吸收营养元素的种类和数量取决于土壤条件、生长环境和牧草的种类和产量。牧草从土壤中吸收的营养元素远不能满足其生长的需要，只有通过科学施肥才能满足牧草生长发育的营养需求。

二、牧草施肥技术

1.牧草施肥的时期和方法

牧草的施肥种类、数量、施用时间主要根据土壤肥力状况和不同类型牧草的需肥量来确定。

牧草生长的整个生育期可分为3个阶段：自养生长阶段、营养生长阶段、生殖生长阶段。不同牧草的需肥规律不同，同一牧草在不同生育阶段需肥规律也不相同。科学使用肥料，不仅能够提高牧草产量，还可避免因施肥不当所造成的不必要的损失和浪费。因此，针对不同的牧草采取相应的合理施肥方法，具有十分重要的意义。

禾本科牧草，如黑麦草、苏丹草、无芒雀麦、新麦草等，须根发达，分蘖多，产量高，需肥沃湿润、排水良好的壤土或黏土种植。禾本科牧草在3叶前处于自养阶段，不需追肥。3叶期后，牧草开始分枝，进入分蘖期。从分蘖至拔节这一阶段，是营养生长最旺盛阶段，此期茎叶和分枝生长快，需肥量大。此时追肥，可显著促进牧草生长，肥效最高。孕穗期后，牧草生长中心由营养生长转入生殖生长，此时施肥只对开花结实的生殖过程起主导作用，而对增加鲜草产量作用不大。因此，若非留种地，牧草在进入生殖过程前，应刈割利用。

豆科牧草，如苜蓿、红三叶、白三叶、紫云英等，由于其根瘤能同化固定空气中的氮，因而其施肥方法与禾本科牧草相比，有很大的差别：一般不施无机氮素化肥，而以有机肥和无机磷、钾肥为主。豆科牧草在3片复叶前同禾本科牧草一样，不需追肥。3片复叶后，根瘤菌开始活跃起来，形成根瘤，能够自己固定空气中的氮，维持自身氮素营养需要。此期，还需施一定比例的无机磷、钾肥，以维持其体内的氮、磷、钾营养平衡，才能促进分枝和形成粗壮肥大的茎叶。同时，应适当施用铁、钼两种微肥，以促进根瘤固氮能力。

混播牧草的优点在于通过各种牧草品种的合理搭配，使牧草整体草质营养更全面、更适于牲畜生长。混播牧草的施肥方法是根据牧草混播比例，视实际情况而定的。若牧草豆科牧草比例高，则以磷、钾肥为主，氮肥为辅；反之，则以氮肥为主，磷、钾肥为辅，按比例搭配好后混合使用。

2.牧草施肥

（1）基肥

基肥分2种方法施用：一是播种前，结合耕翻土地时施用优质农家肥如厩肥、堆肥或缓效性化肥，用来满足牧草整个生长期的需要，一般每亩施用有机肥1000~2500kg、过磷酸钙10~20kg、氯化钾8~10kg，耕前撒施，撒后耕翻；二是种肥，播种时与种子同时施入肥料，以满足牧草幼苗生长的需要，种肥可施在播种沟内或穴内，盖在种子上，或用作浸种、拌种，所用肥料，不管是农家肥，还是化学肥料，都不能影响种子出苗。

（2）追肥

牧草出苗后，在其生长期内，根据牧草的长势进行追肥。追肥以化肥为主，追施方法可以撒施、条施、穴施、灌溉施肥或叶面喷施等。追施的时间一般在禾本科牧草的分蘖、拔节期；豆科牧草的分枝、现蕾期。为了提高牧草产草率每次收割后也应追肥。

多年生牧草，每年春季要追1次肥，促其早发快长。秋季追肥以磷钾肥为主，以便牧草能安全越冬。禾本科牧草追肥以氮肥为主，配施一定量的磷钾肥。豆科牧草除苗期追施氮肥外，其他时间主要以磷钾肥为主。

第十六章　药用植物施肥技术

药用植物栽培属于农业生产的一部分，药材又是一种特殊商品。随着社会的发展和人民健康水平的不断提高，人们对预防和治疗疾病的要求更加迫切，药材的要求量大幅度增加。另一方面，由于环境污染和人为破坏，使野生药材资源越来越少，仅靠野生药用植物资源已经远远不能满足人民的用药需求，通过将药用植物野生变家种，建立和扩大生产基地，实施优质高产栽培技术，不断开发药源，改变药材供不应求的局面，提供量多质优的治疗疾病的药物原料，不但有助于预防和减少疾病的发生，维护人民的身体健康，而且能使适栽药用植物的地区调整农业种植结构，发展经济，增加农民收入。

在药材生产中，多数药用植物均直接生长在土壤中，所以土壤是进行药用植物栽培的基础，是药用植物生长发育与产量和质量形成所需水、肥、气、热的供应者。发展药材生产必须不断提高土壤肥力，改良土壤性状，创造出良好的土壤结构，使土壤中的水、肥、气、热得以协调，有利于药用植物的生长发育与有效物质的合成与积累，最终达到高产优质的目的。

在药材生产中，如何因土、因药用植物而进行合理施肥，以较小的投入取得较大的经济效益，达到增产增收、培肥土壤的目的，是当前急需解决的重要问题。合理施肥，包括施肥量和养分比例的确定，施肥时期和施肥方法的确定，其中确定经济合理施肥数量和养分比例，是合理施肥的核心。配方施肥是一个完整的技术体系。在药用植物施肥中可以表述为：综合应用现代农业科学技术成果，根据药用植物需肥规律、土壤供肥状况与肥料效应，在以有机肥为基础的条件下，事前提出氮、磷、钾和中微肥的适宜用量和比例以及相应的施肥技术。

目前药用植物施肥中存在的问题主要有以下几点：

1. 有机肥的用量逐年减少

在药用植物的施肥中，有机肥的用量逐年减少，土壤结构遭到破坏，肥力不断退化。

2. 化肥施用中氮、磷、钾及中微量元素比例失调

为追求高产，偏施氮肥，不重视磷肥和钾肥，基本忽视中微量元素的施用。没有根据药用植物的需要和土壤的养分状况合理施肥，肥料的利用率降低。

3. 化肥用量不合理

在生产中凭经验来确定化肥的用量，缺乏科学依据，要么施肥量过大造成浪费和环境污染，要么施肥量不足限制了药用植物的生长发育，难以达到高产稳产的目的。

4. 忽视肥料对有效成分的影响

每种药用植物的有效成分有着自己的合成途径，受着多种矿质元素的影响。但目前人们施肥时根本不考虑这些，结果使药用植物有效成分的合成与积累受到严重影响，降低了药材的品质。

甘肃是药用植物栽培大省，尤以党参、黄芪、当归是甘肃的三大品牌，栽培历史久远。甘肃省“十三五”农业现代化规划中指出，甘肃中药材产业已由“量的扩张”向“质的提升”转变，产业链不断延伸，种植面积和产量达388万亩和99万吨，比“十一五”末增长55.2%和86.8%，年加工量和加工产值比“十一五”末分别增长100%和300%。“十三五”农业产业布局提出，中药材

进一步优化布局，重点建设陇南山地亚热带暖温带中药材种植区、陇中陇东黄土高原温带半干旱中药材种植区、青藏高原东部高寒阴湿中药材种植区、河西走廊温带荒漠干旱中药材种植区四大药材产业（区）带，重点发展当归、黄芪、党参、甘草、大黄、柴胡、板蓝根、枸杞、黄芩、款冬花等十大陇药标准化生产基地。

第一节 当归

当归主产于甘肃、云南，也产于陕西、四川、湖北、贵州等省，是我国大宗出口的传统药材之一。以根入药，有补血、活血、调经止痛、润燥滑肠的功能。药典入药为当归干燥根。

一、当归生长发育习性

当归为伞形科多年生草本，以种子繁殖。萌发的适温为20℃左右，幼苗期生长极缓慢并怕高温和烈日照射，第一年能长出3~6片真叶，株高5~25cm，根长10~20cm，粗0.2~1cm，鲜重0.2~5g；第二年植株能耐较高温度，并需较充足的阳光。2年生当归株高30~70cm，叶片6~14片，根粗2.5~5cm，根鲜重80~200g。第三年5月抽薹，6~7月开花，7~8月结实，种子成熟后，全株死亡，生产上多收二年生当归加工后入药。

由于当归原产高寒阴湿地带，幼苗和成苗期对生长条件有不同要求。所以，较其他药用植物对温度光照和水分均有较严格的要求。主产区栽培当归靠种植在不同海拔高度来满足当归的生长需求。

当归抗旱、抗涝能力较弱，土壤含水量<13%即出现旱情；>40%会发生涝害；土壤适宜的含水量在25%左右。

当归提早抽薹是影响其质量的主要因素之一，所以降低抽薹率是保证质量和产量的重要措施。当归忌连作，一般需轮作3年以上才能再种当归。

二、当归营养特性与需肥规律

1.当归根系的特性和对栽培土壤的要求

(1) 当归根系的特性

当归的根属于肉质性直根系，在自然条件下主根十分显著而侧根不甚发育，所以，吸肥能力较弱。但在人工栽培时，往往采用第一年育苗，第二年移栽的种植方法。由于移栽时主根受到损伤，使其生长受到影响，因此，第二年当归的根则形成较强大的侧根，这样就可长成肥厚而多分枝的药材，提高了当归的产量。与此同时，多分柱的肉质根比原来的根增强了吸收能力，有利于植株的生长发育。

(2) 当归对栽培土壤的要求

由于当归的根吸收养分的能力较弱，所以对土壤养分的要求较高，尤其是育苗地。

当归要求土层深厚、肥沃疏松，富含腐殖质的土壤。育苗地应选择疏松肥沃的黑土地，在黄土上易生长不良。所以，多施有机肥培肥土壤是提高当归产量和质量的重要措施。据研究，不同产地的当归其药效有所差别，其中以甘肃岷县的当归药效最佳，是我国当归传统的道地药材。对其道地性研究后发现，土壤环境因素是形成道地性的重要因子，其中土壤有机质、速效磷、速效钾和锰、锌含量与其道地性有密切的关系，而道地产区栽培当归的土壤，这些养分含量均较高。

2.当归植株体的养分含量

作物植株体的养分含量是计算作物吸收养分量的重要参数。它的高低受不同种类的作物、作物不同生育期、气候条件、土壤条件、施肥和栽培技术等因素的影响，其中作物种类、作物生育期、土壤肥力、施肥技术对其影响最大。因此，在这几方面相对稳定的情况下，作物植株的养分含量变化较小。

3. 当归不同生育期的需肥特点

当归从种子播种到形成新的种子，整个生育周期一般需要3年。第一年为苗期（育苗），第二年为成株期（成药），第三年为结种期（留种）。一年之内，其生长可分为出苗返青期、营养生长期（地上部）、根膨大生长期、地上部枯萎期。3年生当归若要留种，在根膨大生长前，植株抽薹开花结果，此时根贮存的养分迅速消耗，并变得坚硬、瘦小、木质化，从而失去药用价值。因此，当归不同生长阶段的需肥特点也有所不同。

（1）苗期调控氮营养，提高当归栽子质量

正常情况下，当归3年开花结果，但如果在第二年就开花结果，就叫早期抽薹（或提前抽薹）。当归早期抽薹严重影响其产量和质量，因此，在生产中要设法避免这种现象的发生。

影响抽薹的因素有：遗传性、栽子大小、种于成熟度、春化条件、群体密度等。除此外，栽子氮营养对其抽薹有很大的影响。据报道，当归经过春化过程，其根含糖量达到一定浓度时，才能抽薹开花。而根中氮含量高时，能消耗一部分糖，形成结构物质，致使根中供春化所需的糖有所减少，进而降低栽子的抽薹率。

所以，调控当归苗期根中的氮营养可以提高栽子的质量。一般在育苗后期（9月）适当追施氮化肥，提高根的含氮量。但氮肥若施用过早，反而会提高根的含糖量，第二年抽薹率也相应提高。

（2）成药期重视磷、钾和微量元素的使用，提高当归品质

由于当归的部分有效成分属于挥发油，而磷、钾和微量元素对提高挥发油含量有很好的作用。据报道：钼、锰、锌对当归挥发

油、多糖含量的提高有明显的促进作用，其中钼、锰效果最显著。

三、当归施肥技术

1. 育苗期

当归用种子繁殖，先育苗后移栽，所以育苗地的培肥很重要。

（1）基肥

产区通常就地取材，即选阴凉湿润的生荒地，把草皮铲起，堆起晒干，烧成山灰，撒匀，再将山灰翻入土中，耙平，整成条形高畦，立即播种。

部分当归产区也有选择熟地育苗。在当年土壤解冻后多熟几遍，播前施足底肥。一般每亩施优质农家肥2000~2500kg，耙平，即可做畦。

（2）追肥

在地上部分停止生长后追施一次碳酸氢铵为好，每亩用量为5~10kg。

2. 成药期

（1）基肥

于第一年深秋深翻土地前施用，主要肥料是厩肥或充分腐熟的人粪、猪羊粪、饼肥等，可将它们混合施用。每亩施2000~3000kg到10000~15000kg，这要视土壤肥力和所施肥料质量而定。肥料可撒施，若肥料不足，移栽时穴施。微肥对提高当归品质有很好的作用。基肥可施钼酸铵和硫酸锰，其用量为：钼酸铵每亩施200g，硫酸锰每亩施1kg。

（2）追肥

可分两次，第一次在5月下旬，可适量施些尿素、硝酸铵，一般每亩用量为5kg。第二次追肥在7月中下旬进行，以有机肥为主，适当配施磷钾肥。有机肥如油渣、人粪、厩肥等，一般每亩施厩肥1000kg、饼肥100kg。

第二节　黄芪

黄芪为豆科植物，其干燥根部入药。它含有香豆精、黄酮类化合物、皂甙、胆碱、甜菜碱和多种氨基酸等成分，具有补气固表、托疮生肌、利水等功效，是中医临床的常用药材。

黄芪主产于山西、黑龙江和内蒙古，其次是吉林、甘肃、河北、陕西和辽宁等地。以内蒙古黄芪的质量为最好，行销全国，并有大量出口。黄芪的栽培历史也较短。

一、黄芪根的生长习性

黄芪属于深根性植物，根系对土壤水分要求较为严格。其幼根的主要功能就是吸收水分和养分，一二年生幼根在土壤水分较多时仍然生长良好。但随着植株生长，老根的贮藏功能增强，须根着生位置下移，主根变得肥大，不耐高湿和积水，在水分过多的情况下，容易烂根。因此，在栽培黄芪时，首先要注意选择渗水性能较好的地块。

黄芪根部的生长，对土壤有很强的适应能力。适于黄芪生长的土壤类别较多，不过土壤质地、颜色及土层厚度，对黄芪药材的产量与质量，均有重要影响。从土壤质地来看，过黏时，其根部生长缓慢，主根短，支根多，外部呈鸡爪形；过沙时，根部组织的木质化程度加大，药材粉质差。从土壤颜色来看，在黑钙土上生长的黄芪，根皮为白色；生于沙质或冲积土中时，黄芪根色微黄或淡褐色，此色为最佳颜色。从土层的厚度来看，土层很薄时，黄芪主根很短，分枝多，也呈鸡爪形，药材的性状差；在深厚冲积土中生长时，黄芪的主根垂直生长，须根少，药材的品质好，产量高。

二、黄芪的施肥技术

在整地之前，每亩施用厩肥或堆肥2500~5000kg，过磷酸钙25~30kg。在定苗后，可每亩追施硫酸铵5~10kg、过磷酸钙5kg，可加速幼苗生长，从而提高药材的产量。若于花后每亩追施过磷酸钙5kg，对于提高植株结实率和种子饱满度有良好的效果。

第三节 党参

党参有潞党，主产于山西省，河南及青海等省也有栽培。此外，党参还有西党，主产陕西、甘肃及四川等省；东党，主产东北三省；白党，主产贵州、云南及四川等省。西党、东党、白党均为野生种。党参以根入药，有补气、益血、生津的功能。

一、党参生长发育习性

党参为桔梗科多年生草质藤本。根长，为圆锥状柱形，肉质。茎细长多分枝，藤状。8~9月开花，9~10月果实成熟。

党参耐寒、忌高温；幼苗期喜湿润、喜阴，需适当遮阴；成株时喜光，怕水涝（烂根）。适宜土层深厚、排水良好、富含腐殖质的沙壤土。

党参以种子繁殖为主，生产上常采用育苗移栽的方法种植党参。

二、党参施肥技术

1.基肥

育苗地每亩施圈肥或堆肥1500kg左右，移栽定植时，每亩可施厩肥或堆肥3000kg、过磷酸钙30kg，施后深耕25~30cm，耙平做畦。

2．追肥

党参幼苗生长缓慢，可少量追肥或不追肥。苗弱时可每亩施尿素3kg，拌细土撒于畦面，再用小棍轻轻抖动小苗，使肥土落在畦面上。植株移栽后当年，在搭架前追施人粪尿，每亩1000~1500kg，施后培土。翌年春，党参出苗株高30cm左右时，每亩追施人粪尿1000~1500kg，同时培土、稍浇水。

第四节　甘草

甘草主产于内蒙古、新疆、甘肃、宁夏等省（自治区）。以根和根茎入药，有补脾益气、清热解毒、止咳祛痰、缓急定痛、调和诸药的功能，并在食品工业及轻工业方面可作配料，国内用量和出口量均很大，是我国主要大宗中草药之一。入药典的甘草为胀果甘草和光身甘草的干燥根。

一、甘草生长发育习性

甘草属豆科多年生草本，株高50~100cm，根和根茎为圆柱形，多横走，主根长而粗大，外皮红棕色至暗褐色。

甘草系深根植物，可达1~2m，所以可吸收深层土壤中的水分，具有很强的抗旱能力。植株地下横走茎萌芽能力强，一株甘草数年内可长出数十株新株，这是甘草在自然状态下繁殖的重要途径。其种皮坚硬，蜡质层厚，很难吸水，加上干燥的生态环境，所以自然环境中其发芽率不足10%。人工种植时，必须对种子进行机械处理（撞破种皮），可使萌发率提高到80%以上。

甘草具有抗寒、抗旱、喜光、耐热的生长习性，是钙土指示植物。因此，具有较强的抗盐性。甘草在幼苗期怕旱，尤其当主根<25cm时，土壤含水量不能低于10%（沙壤土），否则幼苗会因干旱而死亡。栽培甘草以种子繁殖为主，根茎繁殖其次。

目前我国甘草原料还是以野生资源为主，近十几年来，人工种植面积逐年扩大，主要在内蒙古、宁夏、甘肃等省（自治区）种植较多。此外，内蒙古等地还对甘草野生资源进行围栏保护，限制滥挖，并对甘草资源进行补充更新。所以，在这种情况下，甘草处于半野生状态。

由于甘草被人们引种驯化时间较短，而它本身又是一种耐干旱的和耐瘠薄的药用植物，因此，田间管理粗放。但有些地区大面积集约化生产，逐步形成了较系统和科学的栽培措施，但目前生产上还未普及推广。

人工种植甘草一般3~4年收获。第一年为苗期，2~3年为成药期。有的地区采取育苗横栽法，可速成，2年即可入药。

二、甘草需肥特点及施肥技术

1.甘草需肥特性

下表为甘草植株的全N、全P和全K含量。

表16-1　甘草植株N、P、K含量

株龄	全N（g/kg）			全P（g/kg）			全K（g/kg）		
	根	茎	叶	根	茎	叶	根	茎	叶
1	16.0	11.6	25.6	1.8	0.89	2.9	8.5	8.5	21.8
2	15.9	11.0	33.5	3.3	3.3	6.0	8.5	19.8	52.3
3	16.5	9.6	19.6	3.2	2.4	3.2	8.5	16.0	27.3

由表中可知，甘草根中的氮、磷、钾含量由高到低的顺序是氮>钾>磷；而茎叶中则是钾>氮>磷，1~3年生的植株根中氮、钾含量变化不大，而磷含量随株龄增长而提高。茎叶在收获时受气候影响，其枯萎程度不一。因此，含量变化的规律性不明显。

据报道，甘草增施钾肥，可使其甘草酸的含量提高1~2倍。

2. 甘草施肥技术

（1）直播

播种前整地时，每亩施商品有机肥1000~2000kg。在甘草生育期内可以不再追肥，注意除草即可。

（2）育苗移栽

育苗地选择有灌溉条件、土层深厚、较肥沃的沙壤土，每亩地施底肥商品有机肥2000kg，生长期内可不追肥。第二年春甘草未出苗时挖出主根进行移栽。本田每亩施底肥商品有机肥1500~2000kg，横栽，生长期内可不追肥。

第五节　大黄

大黄主产于甘肃、青海、西藏等地，为常用中药和出口商品，以根茎和根入药，有泻水通便、破积滞、行瘀血的功能。入药典的大黄药材为掌叶大黄、唐古特大黄和药用大黄的干燥根。

一、大黄生长发育特性

大黄为蓼科多年生高大草本植物，适生于海拔2000~4000m的高寒冷凉地区。其年平均温度在10℃左右，无霜期90~130d；相对湿度50%~70%；生长在土层深厚、腐殖质较丰富的中性或微酸性的黑沙壤土为好。

大黄植高2m左右，根状茎及根部肥厚，黄褐色。主根在发芽后死去，并长出许多侧根。一般种植的第三年开花。种子发芽的最适温度为15℃~25℃。其一年中的生育期可分为萌芽（4月下旬）、展叶抽薹（5月中旬）、开花（5月下旬至6月上旬）、果熟（7月中下旬）、枯萎。

大黄的繁殖有种子繁殖（直播和育苗移栽）和根芽繁殖。根芽繁殖通常与收获同时进行。大黄的根颈有向上延长的习性，因此，采用穴栽。逐年给其根部培土，则可栽培出外形符合商品要求（主根粗壮、侧根细小，称为“萝卜黄”）的产品。不收种子的大黄，第三年要打薹摘花，以提高产品质量。大黄忌连作。

二、大黄施肥技术

大黄生物产量大，是一种喜肥、耐肥的药用植物。在种植整地时，每亩施优质厩肥3000kg。第一次6月末，每亩施厩肥1500~2000kg；第二次于8月末，可施磷钾肥（每亩15kg）。第二年追肥2次，时间同第一年，每亩施过磷酸钙3.5kg、硫酸铵9kg，方法为开沟施入并覆土。

第六节　柴胡

柴胡主产于东北、华北、内蒙古、河南、陕西及甘肃等省（自治区）。多为野生，近些年来，引种栽培。因此，栽培技术比较粗放。以根入药，有解表和里、升阳、疏肝解郁的功能。药典入药的有柴胡或狭叶柴胡的干燥根。

一、柴胡生长发育习性

柴胡为伞形科多年生草本，株高45~85cm，主根圆柱形，分枝或不分枝，质地坚硬。柴胡的种子在刚收获时，其种胚还未发育成熟，处于休眠状态；需经后熟过程。在土中层积贮藏种子能加速胚的发育，促进后熟；层积5个月，发芽率可达69.1%，而且不能隔年用，只能翌年春播。柴胡以种子繁殖为主。柴胡适应性较强，喜冷凉而湿润的气候，较能耐寒、忌高温和涝洼积水。

二、柴胡施肥技术

选疏松、肥沃、排水良好的夹沙或夹壤质土，整地前每亩施3000kg左右的农家肥，深耕耙平后做1.3m宽的畦。

在柴胡生长过程中，还应适当追肥。当苗高10cm时，结合间苗、除草，施一次清淡粪水肥，每亩用量1000kg左右。苗高35cm时，结合中耕除草，每亩施较浓人畜粪水1500~2000kg。第二年春、夏中耕时，同样每亩追施两次人畜粪水1500kg左右。

第一年若收割地上部作药用，割后应中耕，并用腐熟堆肥加土壅根。每亩用量2500kg左右。

第七节　板蓝根

板蓝根主产于河北安国、江苏南通等地，安徽、浙江、江西等省亦有栽培。近些年甘肃栽培面积逐年增加，已是主要的栽培药用植物。以根和叶入药，其根称板蓝根，叶则称为大青叶。有清热解毒、凉血功能。

一、板蓝根生长发育习性

板蓝根为十字花科二年生草本。株高40~120cm。主根长圆柱形，肉质肥厚，支根少。第一年叶基生，蓝绿色，肥厚。经过春化的植株，第二年抽茎开花结果后枯死。由于生产上为利用根和叶片，所以多于春季播种，以延长其营养生长时间，至秋季或初冬收根，其间还可收割1~2次叶片。

板蓝根对气候适应性很强，所以从黄土高原、华北平原到长江以北的暖温带均可生长，而长江以南、东北平原和南岭以南地区不宜种植。

板蓝根对土壤的适应性也很强，土壤pH为6.5以上都能种植，它耐肥性强，怕水淹。因此，肥沃、深厚的土壤有利于生长发育，地势低洼易积水的土地不宜选用。

二、板蓝根需肥特性

板蓝根以种子繁殖，当年种当年利用。因此，一年中生物学产量较高。此外，所用部位是根和叶，由此可知，它是一种需肥量较多、耐肥的药用植物，而且对氮肥比较敏感，所以，在生产中除施足底肥（有机肥），保证提供全营养外，在其生长期间应注意增施氮肥。

三、板蓝根施肥技术

1.底肥

在整地时施厩肥、堆肥、绿肥和焦泥灰等均可，用量每亩为2500~3500kg，撒施深耕入土，耙平做畦。

2.种肥

播种后可施一层薄粪和细土约1cm。

3.追肥

于定苗后每亩施稀人粪尿1000kg，泼施或随水施。若收叶，则每次收叶后每亩施尿素7~10kg，以促进新叶速长。若不收叶，则于7~8月每亩施尿素5kg和钾肥（硫酸钾或氯化钾）10kg，促进根的生长。如果土壤磷含量较低，也可适当增施磷肥。追肥方法为沟施覆土为好，但开沟时注意不要伤根。

第八节　黄芩

黄芩为唇形科植物，药用根部。它含有黄芩甙、汉黄芩甙、黄芩素和汉黄芩素等物质，具有清热燥湿等功效，用于治疗肺热、咯血、肠炎痢疾、黄疸和高血压等疾病，为常用药材。

黄芩的分布范围较广，但栽培历史比较短。野生的主产于河北、河南、山西、山东和内蒙古等地。随着野生资源的不断减少，人工栽培的用量逐年增加，栽培面积以山东省为最大，黄芩也是甘肃药用植物栽培的主要品种。

一、黄芩的生长发育习性

黄芩性喜温暖环境，野生于干燥向阳的山坡、丘陵及平川地堰上。耐寒，冬季气温在-30℃时也能安全越冬。耐旱，怕湿，在土壤水分过多或积水时间过长时，容易导致烂根和植株死亡。在低洼地、阴坡地及黏土地上种植时生长不良。以选择阳光充足、土层深厚、土质疏松肥沃、排水良好、富含腐殖质的地块栽培为宜。

播种后种子萌发时，先长出一对长柄心形子叶，当年植株茎单一。在8月以前播种的均能在当年开花结果。在4~5月，植株地上部分生长迅速，日平均生长量可达1cm；7~8月为根部增重的高峰期，当年植株根长可达30cm以上。二年生和二年以上植株茎的数量成倍增加，根以增粗增重为主。到第四年，其根部中心开始变朽中空。

二、黄芩的需肥特性

施肥可促进黄芩地上部茎、枝、叶的生长，使茎枝重量显著提高，根部的长度、粗度得到增加，进而提高药材的产量，提高幅度在7.4%~26.0%。施用氮肥、磷肥和钾肥等，均有显著的增产作用，其中三种肥料配合施用的增产效果优于任何两种肥料配合施用，两种肥料配合施用的又优于单施一种肥料。单独施用一种肥料时，又以氮肥最佳，钾肥次之，磷肥最次。

栽培过程中，单独施用或复合施用氮、磷、钾化肥，在提高黄芩根部产量的同时，不会导致黄芩根部主要有效成分黄芩甙的含量降低，而且在多数情况下，还会提高黄芩甙的含量，尤其是施用磷肥的效果最为显著。这说明适量施用氮、磷、钾化肥，不会降低黄芩药材的内在品质。

三、黄芩的施肥技术

在整地时，每亩施用3000kg圈肥、50kg过磷酸钙作为基肥。苗期每亩追施人畜粪尿1500~2000kg。植株枯萎后，在垄间开沟每亩施入圈肥2000kg、过磷酸钙20kg、硫酸铵10kg、草木灰150kg，然后覆土盖平。

第九节　款冬花

款冬花分布于华北、西北地区及四川、湖北、河南等省，其中河北蔚县种植较多。款冬花也是甘肃栽培的主要品种。以花蕾入药，有润肺、化痰、止咳功效。药典入药的为款冬的干燥花蕾。

一、款冬花生长发育习性

款冬为菊科多年生草本植物。株高10~15cm，根茎细长，多分布在土壤表层，叶基生。冬末，先开花后长叶。款冬主要采叶，因为叶内鞣质、类黄酮和维生素C这几种物质在6月底7月初积累最多，故此时是适宜的采叶期。植株生长至第三年，这几种活性物质含量均有所下降，因此，一般第二年采叶。在灰化沙质壤土上种植款冬，增施氮、磷、钾肥，对其叶中的鞣质和类黄酮的含量有明显的影响。

款冬喜冷凉潮湿的气候，耐寒，也较耐荫蔽，忌高温和干旱。宜栽培于海拔800m以上的山区半阴坡地。款冬在气温9℃以上即可出苗，16~24℃适宜生长，超过36℃就会死亡。早春出苗后，3~5月生长缓慢；6~8月叶丛生长旺盛，根系也迅速扩展；9月营养器官长势转缓，花芽开始分化；10月后花蕾形成，渐渐长向土表，翌年2月花茎出土，开花结实。作为药材，在花蕾未出土时收获，通常在10月下旬至11月。款冬以根茎繁殖。

二、款冬花施肥技术

款冬根系短，地下根茎须根较少，吸肥能力差。以表层松软肥沃并比较潮湿、底层较紧的实沙壤土为好。施用的基肥多用于培肥土壤，提高土壤供肥强度。

1. 基肥

栽种前，每亩施厩肥（或堆肥）2500~3000kg，翻入土中不宜过深。

2. 追肥

款冬栽种的第一年多不追肥，同一块地连栽，第二、三年则需追肥。每次中耕培土时每亩追施堆肥或厩肥2000kg，或人粪尿1000kg，连栽3年之后要换地。

第十节　枸杞

枸杞是宁夏特有的经济作物，由于药用、保健和经济价值高，近年来甘肃、青海、新疆引入栽种面积逐年扩大。

一、枸杞的需肥特点

枸杞树是多年生植物，适应性很强，特别耐盐碱。枸杞树一生中随着树龄的增长，可分为苗期、幼龄期、结果期、衰老期四个主要时期，其中结果期又可分为结果初期、盛果期、盛果后期。在苗期对养分的需要量较少，幼龄期对养分的需要量明显增加，枸杞植株吸收氮、磷、钾最多的时期是结果期，施肥能显著提高产量。据马玉兰试验测定，每生产100kg枸杞干果需从土壤中吸收氮、磷、钾养分的数量分别为2.26kg（N）、1.07kg（P_2O_5）、1.17kg（K_2O），其N：P_2O_5：K_2O为1：0.47：0.52。根据试验结，宁夏枸杞氮磷钾肥合理用量分别为30~50kg/亩（N）、10~25kg/亩（P_2O_5）、10~15kg/亩（K_2O）。但是，为了获得高产高效，枸杞实际施肥量非常高，有待进一步深化研究。

二、枸杞施肥技术

适宜于枸杞的肥料有腐熟有机肥料和化肥。基施以有机肥为主、化肥为辅，以秋施为主、春施为辅，一般在10月底至11月上旬进行，当年头水前4月也可以施用基肥。追肥以化肥为主、有机肥为辅。在春、夏、秋生长结果季节，根据枸杞生长结果情况，应在施足基肥的基础上，适当追施化肥，每年追施3~5次。第一次结合春壅在枸杞老眼枝进入现蕾开花和当年新果枝开始萌芽的月底5月初进行。第二次在6月上旬进行，老眼枝果实正在发育并进入成熟初期，新结果枝进入大量开花阶段，这一时期是枸杞需肥较多的时期。第三次在6月中下旬进行，这一时期是七寸枝果实发育，二混枝开始发育，追肥可满足果实膨大、混枝发育对养分的需要。第四次在7月下旬至8月初进行，追肥有利于秋梢萌发，保证秋果开花发枝。第五次在8月底9月初进行，秋七寸枝盛花期，以保证秋果正常膨大成熟，延长秋果生产。追肥用量以第二次为重，应占总施肥量的20%~30%，其他各次占10%左右。施肥采取开沟环施方法，距离树干40~60cm处为最好，施肥深度在20~30cm处较好。另外，在5~9月，根据枸杞生长发育情况，可以采用0.3%~0.5%尿素+0.2%磷酸二氢钾或硫酸锌进行喷施，以补充根系营养的不足。也可另外喷施0.1%硫酸锰，以增强色度和甜度。

根据近年来测土配方施肥土样采样测试结果和杞农施肥现状调查分析结果，结合宁夏有关科研部门枸杞田间试验，马玉兰分析总结2006年、2007年枸杞田间肥效试验，初步提出枸杞不同产量水平与相应的施肥量以及配方施肥建议卡。应用施肥建议卡首先要重视施用有机肥，一般枸杞园要多施有机肥，亩施3000~5000kg；在施用有机肥的基础上，按卡施用单质肥或配方肥，配方肥分为无机配方肥40%（22-8-10）和腐殖酸有机无机配方肥，即在40%（22-8-10）的无机配方基础上加10%腐殖酸。这两种配方肥既能作基肥，也能作追肥，又称为基追通用型配方肥。枸杞不论基肥还是追肥，都要坚持深施，施肥方法一般为穴施或沟施，枸杞施肥建议卡分为5次施肥方案和3次施肥方案。其中，5次施肥方案主要适宜于土壤肥力水平较高、枸杞种植历史较长的农户施用；3次施肥方案则适宜土壤肥力水平较低，种植枸杞历史较短的区域。

表16-2　枸杞产量水平与相应施肥量

产量水平	施肥总量		
	N（kg/亩）	P_2O_5（kg/亩）	K_2O（kg/亩）
250	29.9	12.0	13.1
300	43.8	13.6	15.5
350	57.7	15.2	18.0

续表

产量水平	施肥总量		
	N（kg/亩）	P_2O_5（kg/亩）	K_2O（kg/亩）
400	71.6	16.8	20.4
450	85.5	18.4	22.9
500	99.4	20.0	25.3

表16-3 枸杞单质肥料配方施肥建议卡（5次施肥方案）

产量水平（kg/亩）	施肥总量（kg/亩）			各次施肥期和数量												
				基肥（kg/亩）			25/5~5/6（kg/亩）			23~30/6（kg/亩）			25~30/7（kg/亩）			下/8月（kg/亩）
	N	P_2O_5	K_2O	尿素	重钙	硫酸钾	尿素	重钙	硫酸钾	尿素	重钙	硫酸钾	尿素	重钙	硫酸钾	尿素
250	29.9	12.0	13.1	16.8	7.4	7.4	19.5	8.5	8.5	11.7	5.1	5.1	11.7	5.1	5.1	5.2
300	43.8	13.6	15.5	24.8	8.3	8.7	28.6	9.6	10.1	17	5.8	6	17	5.8	6.0	7.6
350	57.7	15.2	18.0	32.6	9.3	10.2	37.6	10.8	11.7	22.6	6.5	7	22.6	6.5	7.1	10.0
400	71.6	16.8	20.4	40.5	10.3	11.5	46.7	11.9	13.3	28.0	7.2	8	28.0	7.2	8.0	12.5
450	85.5	18.4	22.9	48.3	11.3	12.9	55.8	13	14.9	33.5	7.8	9	33.5	7.8	9.0	14.9
500	99.4	20.0	25.3	56.2	12.3	14.3	64.8	14	16.5	38.9	8.5	10	38.9	8.5	9.9	17.3

备注：要施腐熟有机肥3000~5000kg/亩。

表16-4 枸杞配方肥配方施肥建议卡（5次施肥方案）

产量水平（kg/亩）	基肥（22-8-10）（kg/亩）			追肥（追4次方式） 25/5~5/6（kg/亩）		23~30/6（kg/亩）		25~30/7（kg/亩）		下/8月（kg/亩）
	配方肥	尿素	重钙	配方肥	尿素	配方肥	尿素	配方肥	尿素	尿素
250	36.9	0	3.3	42.7	0	25.7	0	25.7	0	5.2
300	43.7	3.9	2.6	50.5	4.4	30.4	2.6	30.4	2.6	7.6
350	50.8	8.3	1.7	58.7	9.6	35.3	5.7	35.3	5.7	10.0
400	57.5	13.0	1.0	66.5	14.9	40.0	8.9	40.0	8.9	12.5
450	64.6	17.4	0	74.7	20.0	44.9	12.0	44.9	12.0	14.9
500	71.3	22.1	0	82.5	25.4	49.6	15.2	49.6	15.2	17.3

备注：配方肥$N-P_2O_5-K_2O$含量（%）：40（22-8-10）-S。

表16-5 枸杞配方肥配方施肥建议卡（3次施肥方案）

产量水平（kg/亩）	施肥总量（kg/亩）			各次施肥期和数量 基肥（kg/亩）			6月上旬（kg/亩）			7月下旬（kg/亩）		
	N	P_2O_5	K_2O	尿素	重钙	硫钾	尿素	重钙	硫钾	尿素	重钙	硫钾
250	29.9	12.0	13.1	18.2	7.3	7.3	29.3	11.7	11.8	17.6	7.0	7.1
300	43.8	13.6	15.5	26.7	8.3	8.7	42.8	13.3	14.0	25.7	8.0	8.4
350	57.7	15.2	18.0	35.1	9.3	10.1	56.4	14.9	16.2	33.9	8.9	9.7

表16-6 枸杞配方肥配方施肥建议卡（3次施肥方案）

产量水平（kg/亩）	基肥（22-8-10）（kg/亩）			追肥（追2次方式）6月上旬（kg/亩）		追肥（追2次方式）7月下旬（kg/亩）	
	配方肥	尿素	重钙	配方肥	尿素	配方肥	尿素
250	36.7	0.7	3.3	59.0	1.0	35.4	0.6
300	43.4	5.9	2.6	69.8	9.5	41.9	5.7
350	50.4	9.8	1.7	81.0	17.7	48.6	10.6

注：要施用腐熟有机肥3000~5000kg/亩。配方肥 $N-P_2O_5-K_2O$ 含量（%）：40（22-8-10）。

第十七章 水肥一体化

第一节 水肥一体化技术的理论基础

水肥一体化有两种不同的概念，狭义的“水肥一体化”就是指在灌溉环节把肥料溶解在水里，将肥料和养分适时适量地输入到作物的根系。而广义的“水肥一体化”，是指不管用不用喷灌、滴灌技术，只要是用水就可以实现，我们用土壤和自然水都可以实现水肥一体化。

植物有两张“嘴巴”，根系是它的“大嘴巴”，叶片是“小嘴巴”。大量的营养元素是通过根系吸收的。叶面喷肥只能起补充作用。我们施到土壤的肥料怎样才能到达植物的嘴边呢？通常有两个过程。一个叫扩散过程。肥料溶解后进入土壤溶液，靠近根表的养分被吸收，浓度降低，远离根表的土壤溶液浓度相对较高，结果产生扩散，养分向低浓度的根表移动，最后被吸收。另一个过程叫质流。植物在有阳光的情况下叶片气孔张开，进行蒸腾作用（这是植物的生理现象），导致水分损失。根系必须源源不断地吸收水分供叶片蒸腾耗水。靠近根系的水分被吸收了，远处的水就会流向根表，溶解于水中的养分也跟着到达根表，从而被根系吸收。因此，肥料一定要溶解才能被吸收，不溶解的肥料植物“吃不到”，是无效的。在实践中就要求灌溉和施肥同时进行（或叫水肥一体化管理），这样施入土壤的肥料被充分吸收，肥料利用率大幅度提高。

近年来，水肥一体化从设施走向大田，从西北走向全国，从经济作物发展到粮食作物，从高投入的贵族技术走向低成本的平民化应用转变，这和水溶肥行业的飞速发展密不可分。水溶肥技术的提升和科技的进步，有力地支撑了水肥一体化的推广。正如中国农科院肥料应用工程技术研究中心主任张树清博士论述："水溶肥不是营养液，不能只考虑肥料和作物，还必须考虑土壤问题。水溶肥在未来将会成为一个刚需性的产品。水肥资源的高效利用技术是否能跟水溶肥结合好，是我们未来要研究的关键问题。水溶肥企业应该追求产品的差异化，无论是做化学水溶肥，还是做生物水溶肥，都应当开发新的创意，在农业生产中真正地发挥作用。通过生物水溶肥促使农产品提质增效、土地和环境得以修复改善，并且给农民、消费者和政府带来一系列的经济效益、环境效益和社会效益。"

第二节 水肥一体化微灌施肥的意义和发展前景

一、水肥一体化微灌施肥的主要特点

微灌施肥是灌溉施肥技术的一种，是利用微灌设备组装成微灌系统，通过压力将水和肥料溶液输送到田间，通过灌水器以微小水流向作物根际土壤同时供应水分和养分的技术。

微灌施肥将灌水与施肥相结合，进行一体化管理，在技术上具有以下主要特点：

1. 局部灌溉

微灌技术将水肥控制在作物根际范围，微灌的湿润面积占种植面积的比例，蔬菜为60%~90%，果树仅为30%左右；水的湿润土层深度一般只有30~100cm，很少有渗漏发生。

2. 少量多次

由于每次灌水量和施肥量较少，必须增加灌水和施肥次数，进行高频率灌溉。这样做的结果既使水肥得到充分利用，又使土壤中的养分浓度始终保持在安全有效状态。

3. 水质要求高

系统末端的微喷头或滴头的出水孔只有1mm左右，很容易被大于0.1mm的微粒所堵塞。因此对水质、肥料溶解性要求较高，并需要有过滤装置。

4. 精确调控

微灌施肥的上述特点要求必须对灌水量、施肥量进行严格控制，为此除了要有一套微灌施肥设备和适用的肥料外，必须根据不同作物的灌水和施肥特点，建立灌溉施肥制度。

二、微灌施肥对水、肥等农用物资利用效率的影响

滴灌施肥实现了水肥管理一体化，具有节水、节肥、高效和有利于优质、高产等优点，可节水30%以上，节肥20%以上。这些优点在山西、北京、内蒙古、山东、新疆等地的微灌施肥试验和示范中得到了进一步证实。

1. 节水

滴灌与沟灌和畦灌相比，蔬菜节水率为25%~35%，亩节水50~70m^3；果树节水率为20%~30%，亩节水40~60m^3。

2. 节肥

滴灌、沟灌和畦灌相比，蔬菜节肥率为20%~30%，亩节肥折合标准肥30~50kg；果树节肥率为25%~35%，亩节肥折合标准肥40~60kg。

3. 省药

滴灌施肥改大水漫灌为浸润灌溉，降低了空气湿度，因而减轻了病虫害的滋生蔓延，使病虫害发生率平均减少10多个百分点，每亩节省农药投资120元。

4. 省地

例如，调查表明，滴灌施肥种植与常规种植相比，棉花省地3%；日光温室省地5%。

5. 省工

由于微灌自动控制和集约化管理，使生产效率大为提高，与常规种植相比，棉花每亩少用工4个，节资300元；葡萄每亩少用工10个，节资1000元；日光温室每亩少用工6个，节资600元。

6. 优质

微灌施肥能将土壤含水量和养分配比控制在适宜水平，因而显著提高了产品质量。例如，使樱桃番茄的维生素C含量增加8.3%，酸度下降8.9%；葡萄含糖量提高1.2%~2.6%。

7. 增产

微灌施肥使得水肥密切配合，养分供应适量、平衡，因而蔬菜平均增产30%，果树平均增产6.5%，大田作物增产25%以上。

三、微灌施肥推广现状和发展前景

我国是一个水资源紧缺的国家，人均水资源占有量2200m^3，约为世界平均水平的1/3，农业用水更为紧缺，正常年份农业缺水300多亿立方米。我国也是一个肥料生产和消费大国，现在化肥年消费量（以氮、磷、钾养分计）达5500多万吨。但水资源和化肥利用率却不高，灌水平均利用率只有43%，比世界平均水平低30%；化肥效应在下降，目前每千克化肥的粮食增产量只有6~8kg，约为世界平均水平的50%。我国还是一个自然灾害频发的国家，全国不同程度旱灾的发生率高达90%。发展各种类型的微灌施肥技术是解决农业缺水和提高肥料利用率的最有效措施，已列入国家优先发展的技术。

在节水灌溉方面，以色列为我们提供了成功的范例。以色列人均水资源占有量仅为340m³，只有我国的15.45%，但它在全国建立了统一的水压力管网，杜绝了输水损失，农业灌溉直接从管网取水，全部进行喷灌或微灌施肥。现在，以色列除粮食不能自给外，绝大部分农产品自给有余，还出口优质水果、反季节蔬菜、花卉等经济作物。

我国于20世纪70年代中期开始引进微灌技术，目前国内生产微灌设备企业已达300多家。2006年使用微灌设备的覆盖面积就已达到2400多万亩，主要在华北、西北、东北寒温带和华南亚热带地区，涵盖设施栽培、蔬菜、果树、花卉、苗木及大田经济作物等。其中，新疆等棉花膜下滴灌面积达1500多万亩，占该区棉花面积的50%以上，甘肃、陕西、宁夏、内蒙古等省（自治区）的马铃薯、加工番茄、制种玉米及枸杞、葡萄、枣等果树也在应用微灌施肥技术，面积达10万亩以上；蔬菜大棚采用微灌施肥主要集中于北京、河北、山东及沿海地区，面积达50万亩以上；果树微灌施肥已在南方荔枝、杧果、香蕉、柑橘上得到应用，面积约30万亩。现在膜下滴灌施肥技术的应用地区和推广面积不断扩大，正在变成广大农民用得起的技术。

第三节　微灌施肥的主要设备

一、微灌施肥系统的基本设备

微灌按不同灌水方法分为地上滴灌、地下滴灌、微喷灌和涌泉灌等4种。典型的微灌施肥系统通常由水源、首部枢纽、输配水管网和灌水器4部分组成，其基本设备主要有管道与控制设备、过滤设备、施肥施药装置等。

1.管道与控制设备

为了输送含有肥料溶液的有压水和便于安装，要求管道及与其连接部件必须能承受一定的内部压力，耐腐蚀，抗老化能力强，规格尺寸符合标准，价格低廉并且便于施工。常用管道有聚乙烯管（PE管）、聚氯乙烯管（PVC管）等多种类型。控制设备主要包括阀门、流量和压力调节器、流量表或水表、安全阀和进排气阀等，其主要作用是确保微灌施肥系统正常、安全运行，严格控制灌水量、施肥量。

2.过滤装置

微灌施肥系统灌水器的出口孔径很小，很容易被灌溉水和肥料溶液中的污物和杂质所堵塞，因此必须进行过滤处理。过滤设备主要包括拦污栅（筛、网）、沉淀池、过滤器（水沙分离器、沙石介质过滤器、筛网式过滤器）等，选用过滤设施时要注意灌溉水质、肥料溶解性等特点，污物或沉淀物的种类和数量及所选用灌水器规格和抗堵塞性能等。

3.施肥施药装置

这是一种在微灌施肥系统中向压力管道内注入可溶性肥料或农药的设备。通常包括压差式施肥罐（储液罐肥料依靠压力差进入输水管道）、开敞式肥料自压施肥装置（肥料容器在较高位置，肥液依靠压差进入输水管）、文丘里注入器（利用负压向管道吸入肥料溶液的装置）、注射泵（依靠水驱动或机械驱动泵将肥料溶液输入灌水管道）等。

二、文丘里注入器与输水管道连接

文丘里注入器是一种将肥料溶液注入灌水系统的装置，其工作原理是灌水流经缩小断面的喉部时流速加大，产生负压，将肥料溶液吸入灌水系统。文丘里注入器简便实用，其主要缺点是，如果以串联方式直接安装在骨干管道上注入肥料，需要损失7~14m的水头压力才能将肥液吸入微灌管道系统。为克服这一缺点，可采用并联方式安装。

滴灌系统运行压力较低，只能用较小的压力差来吸入肥料，为此可采用管道与2级文丘里管并联的方法，将2级文丘里管的进口连接在1级文丘里管的进口上，其出口连接到1级文丘里管的喉口段上，再将肥料吸入主管道。

三、微灌施肥系统的设备安装必须注意的问题

不管采用哪种微灌施肥装置，为确保灌水施肥效果和防止水源污染都必须做到：

1.化肥或农药注入要放在水源与过滤器之间

为防止管道及灌水器堵塞必须将肥液过滤后再进入灌水管道。

2.施肥或施药后要清洗系统内的残留物

为防止设备被腐蚀或残渣在管道里凝聚，施肥或施药后要用清水将系统内的肥、药等残留物全部冲洗干净。

3.要在肥料或农药输液管出口和水源之间安装逆止阀

为防化肥或农药溶液回流，污染水源，必须在水源与肥、药输出液之间安装逆止阀。

4.因陋就简，因地制宜

具体采用什么样的设备取决于投资条件和生产规模。对规模化经营单位，可选用坚固耐用、自动化程度高，但成本较大的配套设备；对个体农户或分散的温室大棚，可因陋就简，采用价格低廉的滴灌带。有研究者在生产调查时看到，大棚蔬菜用大缸溶解化肥，用滴灌带将有压水输送到田间，进行膜下微灌施肥，也

取得了优质、高产、高效的生产效果。

第四节 微灌施肥的水质和肥料

一、微灌施肥对水质的要求

为防止因藻类滋生和化学沉淀及影响溶液的肥料浓度，微灌施肥对水质有一定的要求，据有关研究资料，水质应达到表17-1的标准。

表17-1 国外微灌水质标准*

检测指标	危害等级（mg/kg）		
	低	中	高
悬浮物	<50	50~100	>100
pH	<7.0	7.0~8.0	>8.0
盐分	<500	500~2000	>2000
重碳酸盐	—	<100	—
锰**	<0.1	0.1~1.5	>1.5
总铁*	<0.2	0.2~1.5	>1.5
细菌数	<10000个/L	10000~50000个/L	>50000个/L

注：盐分电导率1MS/cm=浓度640mg/kg。

*据李久生等资料。

**当测试铁和锰时，取样后立即将水酸化至pH3.5。

据我国农田灌溉水质的国家标准（GB 5084—92），要求悬浮物含量（mg/kg）≤150；全盐量（mg/kg），对非盐碱土≤1000，盐碱土地区≤2000；pH为5.5~8.5；美国的灌水质量指导意见对水中的盐分、钠、氯、硼、碳酸氢盐的不同危害程度都有指导标准，而且对地面灌溉和喷灌用水的钠、氯含量有不同要求。一般灌水与微灌施肥水质的要求基本一致，但后者要求更为严格。应用中要特别注意甘肃“硬水”的碳酸氢钙含量和盐碱土地区地下水的含盐量，以防形成钙盐沉淀和肥料溶液浓度（包括化肥和盐分）过高。还要注意不能用工业废水和不明成分的其他水源。在通常情况下，微灌施肥用水都需要经过物理或化学方法处理后才能使用。

二、微灌施肥对肥料的要求

1. 微灌施肥对肥料的要求

微灌施肥的肥料是以肥料溶液进入微灌系统并施用于作物根区土壤的，所以必须具备以下主要特点：

（1）养分浓度较高且完全溶解

所用的肥料只有完全溶解于所用的灌溉水，才能防止微灌系统堵塞和确保养分浓度和施肥量。有的个体农户在水缸中溶化复合肥作微灌施肥的肥料，也要做到肥料溶解后无残留，如有少量添加物，则必须能在容器中完全沉淀，否则也会造成灌水器堵塞。

（2）能使溶液保持中性至微酸性

中性至微酸性是使肥料能够溶解和不发生沉淀的必要条件。要注意化肥对溶液pH的影响：如硝酸铵、硫酸铵、磷酸一铵、磷酸二氢钾、磷酸等都能使肥料溶液pH降低，而在水中加入钙、镁离子和碳酸根离子则可能使肥料溶液pH升高。为慎重起见，可先用pH试纸检测一下。

（3）不与灌水或其他肥料发生沉淀反应

为防止发生碳酸钙、碳酸镁等沉淀，需要考虑到灌溉水质特点。北方水源的pH和钙离子、碳酸氢根离子含量较高，容易形成沉淀；为防止发生沉淀反应，金属微量元素肥料最好采用螯合物形态。

（4）不腐蚀设备材料

在微灌施肥系统中，有些肥料与设备材料长期接触后会对不同设备材料产生不同程度的腐蚀作用。从表17-2可知，磷酸对各种设备材料除塑料外，都有不同程度的腐蚀作用。在各种设备材料中以塑料和不锈钢最耐腐蚀，但不锈钢成本较高，塑料易于老化，要酌情选用。

表17-2 肥料对设备材料的腐蚀性（浸入肥料溶液4d）*

肥料（溶液pH）	镀锌铁	铝板	不锈钢	青铜	黄铜	塑料
硝酸钙（5.6）	中等	无	无	轻度	轻度	无
硫酸铵（5.0）	严重	轻度	无	明显	中等	无
硝酸铵（5.9）	严重	轻度	无	明显	明显	无
尿素（7.6）	轻度	无	无	无	无	无
磷酸（0.4）	严重	中等	轻度	中等	中等	无
磷酸二铵（8.0）	轻度	中等	无	严重	严重	无

* 据李久生等资料。

三、微灌施肥的肥料特点

微灌施肥的一些常用肥料及其特点见表17-3。在配制肥料溶液时要综合考虑肥料和水质特点及配成溶液的肥料溶解性、溶液酸碱度和沉淀情况。还有些肥料如三元复合肥、有机肥等此表未予涉及，对这些肥料，除了必须遵循上述基本原则外，还必须强调肥料溶液输入灌水系统前充分沉淀和过滤的重要性。

表 17-3 微灌施肥的肥料及其溶解性

肥 料	化学分子式	养分含量（N-P_2O_5-K_2O）	溶解度（g/100mL）
氮肥			
尿素	$CO(NH_2)_2$	46-0-0	100
硝酸铵	NH_4NO_3	34-0-0	18.3（0℃）
硝酸钾	KNO_3	13-0-44	13.3（0℃）
硫酸铵	$(NH_4)_2SO_4$	21-0-0	70.6（0℃）
硫代硫酸铵	$(NH_4)_2S_2O_3$	12-0-0	很高
尿素硝酸铵	$CO(NH_2)_2 \cdot NH_4NO_3$	32-0-0	高
硫酸尿素	$CO(NH_2)_2 \cdot H_2SO_4$	28-0-0	高
硝酸钙	$Ca(NO_3)_2$	15.5-0-0	121.2（16.7℃）
磷肥			
磷酸（绿色）	H_3PO_4	0-52-0	45.7
磷酸（白色）	H_3PO_4	0-54-0	45.7
过磷酸铵	$(NH_4)_5P_3O_{10}$及其他	10-34-0	高
过磷酸铵	$(NH_4)_7P_5O_{16}$及其他	11-37-0	高
磷酸一铵	$NH_4H_2PO_4$	12-61-0	高
磷酸二氢钾	KH_2PO_4	0-52-34	33
聚磷酸铵	$(NH_4PO_3)_n$		高
钾肥			
氯化钾	KCl	0-0-60	34.7（20℃）
硫酸钾	K_2SO_4	0-0-50	12（25℃）

续表

肥　料	化学分子式	养分含量（N-P_2O_5-K_2O）	溶解度（g/100mL）
硫代硫酸钾	$K_2S_2O_3$	0-0-25-17（S）	150
微肥			
硼酸	H_3BO_3	17.5%（B）	6.35（30℃）
硼砂	$Na_2B_4O_7 \cdot 1OH_2O$	11%（B）	2.10（0℃）
硫酸铜（酸化）	$CuS0_4 \cdot SH_2O$	25%（Cu）	31.6（0℃）
氯化铜（酸化）	$CuCl_2$		71（0℃）
硫酸锰（酸化）	$MnS0_4 \cdot 4H_2O$	27%（Mn）	105.3（0℃）
硫酸镁	$MgS0_4 \cdot 7H_2O$	9.67%（Mg）	71（20℃）
硫酸锌	$ZnS0_4 \cdot 7H_2O$	36%（Zn）	96.5（20℃）
钼酸铵	$(NH_4)_6MoO_{24} \cdot 4H_2O$	54%（Mo）	43
锌螯合物	DTPA 和 EDTA	5%~14%（Zn）	易溶
锰螯合物	DTPA 和 EDTA	5%~12%（Mn）	易溶
铁螯合物	DTPA，HOEDTA 和 EDDHA	4%~14%（Fe）	易溶
铜螯合物	DTPA 和 EDTA	5%~14%（Cu）	易溶

*据李久生等资料。

四、肥料混合的基本原则

为获得安全、稳定、不发生沉淀的肥料溶液，肥料混合时必须遵循以下基本原则：

1．物料加入有序

先将需水总量的50%~70%加入混合肥料的容器内，如有液体肥料接着加入，要先加液体肥料再加固体肥料，最后，将其余的水全部加入。这样做有利于肥料溶解，先加液体肥料还可以缓解固体肥料溶解的降温效应。

2．化学品先加入水

一定要将调节溶液所用的酸和消毒所用的氯气等化学药品先加入水，而不要将水加入酸中或氯中，否则会产生严重的安全问题。

3．不要将高浓度肥料溶液或化学药品直接混合

不要将一种高浓度肥料溶液与另一种高浓度肥料溶液直接混合，否则会发生沉淀或其他不良反应；也不要将无水氨或氨水与酸混合，因为它们之间会发生剧烈反应。

4．防止发生沉淀

注意水质和肥料特点，防止混合后发生沉淀反应。例如，北方水源的水含钙量较高，加入硫酸铵后容易形成石膏结晶，堵塞滴头或过滤器。

5．注意肥料相容性

肥料相容性是指肥料混合后施肥会因相互作用而改变肥料溶液的养分浓度、pH和发生沉淀等，如钙、镁、铁、锌等金属离子与磷酸根离子和硫酸根离子结合就会形成沉淀物。肥料之间的相容性可参见图17-1。

6．进行小剂量测试

在批量配制肥料溶液前最好先用较小容器预试一下肥料的溶解性、水肥之间的相互作用和溶液的pH。此点对三元复合肥、有机肥或其他不熟悉的肥料尤其重要。

√—相容
×—不相容

	硝酸铵 NH_4NO_3	尿素 $CO(NH_2)_2$	硫酸铵 $(NH_4)_2SO_4$	磷酸一铵 $NH_4H_2PO_4$	氯化钾 KCl	硝酸钾 KNO_3
尿素 $CO(NH_2)_2$	√					
硫酸铵 $(NH_4)_2SO_4$	√	√				
磷酸一铵 $NH_4H_2PO_4$	√	√	√			
氯化钾 KCl	√	√	×	√		
硝酸钾 KNO_3	√	√	√	√	√	
硝酸钙 $Ca(NO_3)_2$	√	√	×	×	√	√

图 17-1　常用肥料的相容性

第五节　主要作物的微灌施肥制度

一、微灌施肥制度的建立和应用

1. 作物微灌施肥制度的建立

作物微灌施肥制度包括该作物不同生育期的灌水次数、每次灌水量、施肥量和灌水方法等。微灌施肥制度的建立是一个系统的科学研究和生产实践过程，首先根据作物的目标产量、需水和需肥特点，分别建立灌溉制度和施肥方案，再整合成微灌施肥制度并在生产实践中不断检验和优化。至于微灌系统末端的灌水施肥方式，是采用滴灌还是微喷可酌情自定，对微灌施肥制度影响不大。

2. 在实施微灌施肥制度时需要掌握的技术要点

根据我国的农业条件和生产现状，在进行微灌施肥时需注意做好以下几点：

（1）施肥量因产量而异

目标产量越高施肥量越大。例如，山东日光温室越冬黄瓜亩产量高达13000~15000kg，所以施肥量也较高，亩氮、磷、钾养分施用总量为190kg；而日光温室早春茬辣椒的亩目标产量仅为4000kg，所以施肥量也较低，亩氮、磷、钾养分施用总量为62.5kg。

（2）适当调整基肥、追肥比例

微灌施肥提高了追肥的磷、钾施用量，基肥中的磷钾肥可适当减少；反之，为提高肥料溶解性，选用高氮钾型三元复合肥作滴灌肥料后，基肥中的磷肥可适当增加。通过微灌施肥，可以适量提高作物生育期内磷、钾养分供应量，这是微灌施肥的优点。这样做不但对土壤养分供应强度要求较高的蔬菜和周年需要氮、磷、钾养分持续供应的果树都是必要的，对生育期较短的大田作物也有好处，只是在通常条件下，大田作物难以追施磷钾肥而已。

（3）控制好出水口滴灌肥料浓度

滴头或灌水器灌水的肥料浓度过高，就会像盐碱地一样伤害作物，但过低则会降低工作效率或增加灌水量。适宜肥料浓度因作物和生育期不同而异，浓度大小可用袖珍电导仪测定电导率得知。对蔬菜来说，生长前期的灌水电导率一般不超过1mS/cm，生长中后期不大于3mS/cm。电导率和养分浓度的大致换算关系是：

1mS=640mg/kg=0.064%

对未知肥料需做试验，一般浓度可控制在0.1%以下，实践无害后再适当提高浓度。因为化肥多为盐类，在土壤中当盐分含量超过0.1%（1000mg/kg）时就开始对作物生长有抑制作用，当超过0.3%（3000mg/kg）时就会对作物生长产生危害。不论施肥/施药量多少，都要在施肥/施药后再灌半个小时以上的清水，以清洗输水管道并将肥/药带到根区土壤深处。

（4）保证每个生育期的灌水量和施肥量

生产上可以借助于仪器对每一次的灌水量和施肥量进行准确调控。对于缺乏这些条件的个体农户，只要坚持做到将化肥浓度控制在安全浓度以下（一般苗期不超过0.07%，后期不超过0.2%），灌水深度控制在根层范围内（一般不超过100cm深），做到土不干燥、水不渗漏，并完成每个生育期的灌水量、施肥量即可，具体的灌水和施肥次数可以参考各种作物的微灌施肥制度。

二、蔬菜微灌施肥制度

目前我国蔬菜微灌施肥主要在日光温室和塑料大棚中进行，据王兴仁、张福锁资料介绍，甘肃、宁夏、新疆等地区的蔬菜微灌施肥制度见表17-4，另将华北地区的微灌方案列表17-5、17-6供参考。在技术上要注意以下几点：

1. 以产量调控施肥量

表中各作物的目标产量（kg/亩）分别是：黄瓜13000~15000、番茄10000、加工番茄3000~4000、茄子4000、辣椒4000、结球生菜1500~2000、露地芦笋400、西葫芦5000、天津厚皮甜瓜3000、薄皮甜瓜2500、宁夏厚皮甜瓜4000、西瓜4000~5000、草莓2000。

2. 施用腐熟有机肥

蔬菜只有施用有机肥才能保证各种养分的全面供应。不但施肥量应该足够，而且必须事先腐熟，否则容易烧苗和滋生病虫害。

3. 控制坐果前水肥

对瓜类、茄果类蔬菜，定植前特别是初果坐住前，土壤既不能缺水缺肥，又要防止灌水和施氮过量，造成茎叶徒长，导致落花落果。

4．慎用含氯和铵态氮化肥

温室、大棚处于封闭管理条件下，要慎用或不用含氯化肥和铵态氮肥，以防加重土壤盐渍化或造成氨挥发伤苗。

表 17-4 蔬菜微灌施肥制度

作物和生育期	灌水次数	灌水定额［m^3/（亩·次）］	每次灌水加入的养分量（kg/亩）				灌水方法和施肥次数
			N	P_2O_5	K_2O	$N+P_2O_5+K_2O$	
加工番茄（甘肃）							
冬前	1	280	34.2	5.7	16.2	56.1	沟灌
定植前	1	30	0	0	0	0	基施农家肥，膜下滴灌
移栽	1	20	0	0	0	0	膜下滴灌
	2	20~30	3.4	1.0	0.7	5.2	膜下滴灌
开花	1	25	0	0	0	0	膜下滴灌施肥
坐果	2	20	3.4	1.0	0.7	5.2	膜下滴灌
果实膨大	2	20	0	0	0	0	膜下滴灌施肥
采收	2	20	41.0	7.7	17.6	66.5	膜下滴灌
合计		525					
日光厚皮甜瓜（宁夏）							
定植前			7.5	7.5	7.5	22.5	沟灌
定植			0	0	0	0	膜下滴灌
伸蔓期			1.4	0.8	2.5	4.7	膜下滴灌，施肥1次

续表

作物和生育期	灌水次数	灌水定额[m^3/（亩·次）]	每次灌水加入的养分量（kg/亩）				灌水方法和施肥次数
			N	P_2O_5	K_2O	$N+P_2O_5+K_2O$	
膨大期	—	—	2.0	1.1	3.5	8.5	膜下滴灌，施肥1次
成熟期	—	—	0	0	0	0	—
合计	—	—	10.9	9.4	13.5	33.7	—

注：据彭世琪等资料。

表17-5　华北地区设施蔬菜微灌施肥灌溉方案

作物	生育期	灌溉周期（d）	灌溉次数	灌水定额（m^3/亩）	灌水总量（m^3/亩）
黄瓜	苗期 开花—结果 采收期	5~7 5~7 4~6	1~2 2~3 10~15	10 10 12	180~230
番茄	移栽—开花 开花—结果 结果—采收	6~8 6~8 5~7	1~2 1~2 7~9	10 14 14	130~160
甜椒	苗期 花期 结果期	6~8 6~8 5~7	1~2 2~3 5~8	13 13 15	120~140
生菜	苗期 发棵期 结球期	10~12 8~10 8~10	1~2 2~3 3~4	8 10 10	40~70

续表

作物	生育期	灌溉周期（d）	灌溉次数	灌水定额（m^3/亩）	灌水总量（m^3/亩）
茄子	苗期 花期 结果期	6~8 6~8 5~7	1~2 2~3 4~7	12 12 14	120~140
甘蓝	苗期 莲叶期 结球期	7~9 6~8 5~7	1~2 2~3 4~7	8 10 12	100~130
草莓	移栽—开花 开花—膨大 采收期	5~7 5~7 6~8	2~3 2~3 8~12	10 11 12	150~180
西瓜	苗期 伸蔓期 膨大期	5~7 5~7 6~8	1~2 2~3 5~7	10 14 16	120~180

注：据全国农业技术推广服务中心资料。

表 17-6　华北地区设施蔬菜微灌施肥方案

作物	生育期	加肥周期（d）	施肥次数	肥料配方（N：P_2O_5：K_2O）	施肥定额（kg/亩）	施肥总量（kg/亩）
黄瓜	苗期 开花—结果 采收期	10~12 8~10 7~9	1~2 1~2 5~8	25：10：15 25：05：20 20：00：30	8 8 10	125~150
番茄	移栽—开花 开花—结果 结果—采收	10~12 9~11 7~9	1~2 1~2 4~6	25：10：15 25：05：20 20：00：30	10 10 12	100~120

续表

作物	生育期	加肥周期（d）	施肥次数	肥料配方（N：P_2O_5：K_2O）	施肥定额（kg/亩）	施肥总量（kg/亩）
甜椒	苗期	10~12	1~2	25：10：15	8	60~90
	花期	9~11	1~2	25：05：20	10	
	结果期	7~9	3~6	20：00：30	12	
生菜	苗期	15~50	1	25：10：15	5	25~40
	发棵期	15~20	1~2	25：05：20	6	
	结球期	15~20	2~3	20：00：30	6	
茄子	苗期	11~13	1	25：10：15	8	60~90
	花期	10~12	1~2	25：05：20	11	
	结果期	8~10	3~4	20：00：30	13	
甘蓝	苗期	10~12	1	25：10：15	8	60~90
	莲叶期	8~10	1~2	25：05：20	10	
	结球期	8~10	3~4	20：00：30	12	
草莓	移栽—开花	7~10	1~2	20：15：15	10	120~150
	开花—膨大	7~10	2~3	25：05：20	10	
	采收期	9~11	7~10	20：00：30	12	
西瓜	苗期	8~10	1~2	25：10：15	10	60~90
	伸蔓期	8~10	1~2	20：10：20	12	
	膨大期	9~11	3~5	20：05：25	15	

注：据全国农业技术推广服务中心资料。

表 17-7　新疆加工番茄的膜下滴灌施肥量

生育期	N（kg/亩）	P_2O_5（kg/亩）	K_2O（kg/亩）	Ca（kg/亩）
2片真叶	0..52	1.80	1.15	1.23
3片真叶	1.03	1.09	0.69	1.63
6片真叶	1.24	1.09	0.69	1.95

续表

生育期	N（kg/亩）	P_2O_5（kg/亩）	K_2O（kg/亩）	Ca（kg/亩）
初花期	1.45	1.09	0.69	2.28
盛花期	1.45	0.73	0.47	2.28
2cm果实	0.52	0	1.76	0.81
3cm果实	0.52	0	1.76	0.81
4cm果实	0.22	0	0.73	0.81
第一次采摘后	0.52	1.09	1.76	0.81
总计	112.0	103.4	140.4	182.9

说明：在中等土壤肥力条件下，亩产量达8000~10000kg；各元素的浓度上限控制在：每立方米滴灌水中N150~180g、$P_2O_5$30~50g、K_2O200~250g。

注：据庞胜群、危常州资料。

三、果树微灌施肥制度

部分果树微灌施肥制度参见表17-8至表17-12。果树生育期有一生中的生命周期和一年中的物候期。一年之中，采收后落叶前的基肥、萌芽或开花期追肥和果实生长期追肥是施肥重点，对生育期较长的品种还应加施一次追肥。基肥要有机肥与氮磷钾化肥配施和尽可能早施，以利于树体恢复和为下一年开花、结果储备足够养分；花前追肥要适量，既要有助于树体从储备营养向当年施肥营养过渡，满足春枝生长和开花的需要，又要防止氮肥过量，因枝叶旺长或花果“超负荷”而加重落花落果；幼果膨大期的追肥，既要满足当年结果的需要，又要促进花芽分化，为下一年生产打基础。

表17-8各种果树微灌施肥的目标产量（kg/亩）分别是：苹果3000、梨1500~2000、葡萄1500、红提葡萄1100~1200、露地桃1500~2000、油桃3500~4500、大樱桃1000。

表 17-8 果树微灌施肥制度

作物和生育期	灌水次数	灌水定额[m^3/(亩·次)]	每次灌水加入的养分量(kg/亩)				灌水方法和施肥次数
			N	P_2O_5	K_2O	$N+P_2O_5+K_2O$	
幼年苹果							
落叶前	1	30	3.0	4.0	4.2	11.2	树盘灌溉
开花前	1	20	3.0	1.0	1.8	5.8	滴灌
初花期	1	15	1.2	1.0	1.8	4.0	滴灌
开花后	1	15	1.2	1.0	1.8	4.0	滴灌
初果期	1	15	1.2	1.0	1.8	4.0	滴灌
新梢停长期	2	15	1.2	1.0	1.8	4.0	滴灌
合计	7	125	12	10	15	37	—
初果期苹果							
收获后	1	30	3.0	4.0	4.2	11.2	树盘灌溉
开花前	1	25	3.0	1.0	1.8	5.8	微灌
初花期	1	20	1.2	1.0	1.8	4.0	微灌
开花后	1	20	1.2	1.0	1.8	4.0	微灌
初果期	1	20	1.2	1.0	1.8	4.0	微灌
果实膨大期	1	20	1.2	1.0	1.8	4.0	微灌
果实膨大期	1	20	1.2	1.0	1.8	4.0	微灌
合计	7	155	12	10	15	37	—
盛果期苹果							
收获后	1	35	6.0	6.0	6.6	18.6	树盘灌溉
开花前	1	20	6.0	1.5	3.3	10.8	微灌
初花期	1	25	4.5	1.5	3.3	9.3	微灌
开花后	1	25	4.5	1.5	3.3	9.3	微灌

续表

作物和生育期	灌水次数	灌水定额[m^3/(亩·次)]	每次灌水加入的养分量(kg/亩)				灌水方法和施肥次数
			N	P_2O_5	K_2O	$N+P_2O_5+K_2O$	
初果期	1	25	6.0	1.5	3.3	10.8	微灌
果实膨大期	1	25	3.0	1.5	6.6	11.1	微灌
果实膨大期	1	25	0	1.5	8.1	9.6	微灌
合计	7	180	30.0	15.0	34.5	79.5	—
梨树							
收获后落叶前	1	30	0	0	0	0	树盘灌溉，沟施有机肥
萌芽前	1	30	15	7.5	7.5	30	树盘灌溉
开花后	2~3	10	0	0	0	0	滴灌
果实膨大期	2~3	10	5.0	5.0	5.0	15.0	滴灌，加肥2次
合计	7~9	110~130	25.0	17.5	17.5	60.0	—
葡萄							
收获后落叶前	1	30	4.8	6.0	4.4	15.2	沟灌
休眠期	1	15	0	0	0	0	滴灌
萌芽期	1	12	1.6	0.7	1.6	3.9	滴灌
萌芽期	2	10	1.6	0.7	1.6	3.9	滴灌
开花初期	1	10	1.6	0.7	1.6	3.9	滴灌
坐果初期	1	12	2.3	0.7	2.0	5.0	滴灌
幼果至硬核期	1	12	1.5	0.7	2.0	4.2	滴灌
果树上色前期	1	12	1.0	0.9	3.6	5.5	滴灌
果树上色后期	1	12	0	0.9	3.6	4.5	滴灌
合计	10	115	16.0	12.0	22.0	50.0	—

续表

作物和生育期	灌水次数	灌水定额[m^3/(亩·次)]	每次灌水加入的养分量(kg/亩)				灌水方法和施肥次数
			N	P_2O_5	K_2O	$N+P_2O_5+K_2O$	
红提葡萄							
收获后落叶前	1	50	0.2	10.5	0	10.7	沟施基肥
萌芽期	1	24	5.4	2.4	4.0	11.8	膜下滴灌
开花期	2	13	3.2	2.2	1.0	6.4	膜下滴灌
幼果膨大期（前期）	1	15	5.4	2.4	1.2	9	膜下滴灌
幼果膨大期（中期）	1	15	6.8	1.0	0.8	8.6	膜下滴灌
浆果着色前	1	18	5.4	0.6	4.0	10	膜下滴灌
成熟期	1	18	0	0.6	4.0	4.6	膜下滴灌
合计	8	166	21.9	21.9	15	61.1	—
露地桃树							
收获后落叶前	1	30	0	0	0	0	树盘灌溉，沟施有机肥
萌芽前	1	30	12.0	6.0	12.0	30.0	—
硬核期	2~3	12	5.0	5.0	10.0	20.0	树盘灌溉
果实膨大期	2~3	12	0	0	9	9.0	滴灌，施肥2次
成熟期	1~2	8	0	0	0	0	滴灌，施肥1次
合计	7~11	128~160	22.0	16.0	41.0	79.0	—

续表

作物和生育期	灌水次数	灌水定额[m³/(亩·次)]	每次灌水加入的养分量(kg/亩)				灌水方法和施肥次数
			N	P_2O_5	K_2O	$N+P_2O_5+K_2O$	
日光温室油桃							
落叶前	1	30	7.5	7.5	7.5	22.5	沟灌
萌芽前	1	16	4.6	0	0	4.6	滴灌
盛花期	1	14	4.0	3.2	3.6	10.8	滴灌
硬核期	1	14	4.0	3.2	3.6	10.8	滴灌
果实膨大期	1	16	2.9	1.4	6.1	10.4	滴灌
采收前	1	16	0	2.6	4.2	6.8	滴灌
采收后	1	18	4.0	4.0	2.0	0.0	滴灌
修剪整枝后	1	18	3.0	3.0	3.0	9.0	滴灌
合计	8	142	30.0	24.9	30.0	84.9	—
大樱桃							
收获后落叶前	1	30	12.8	10.2	9.4	32.4	沟灌
休眠期	1	20	0	0	0	0	沟灌或滴灌
开花前	1	15	2.3	0.9	2.3	5.5	滴灌
硬核期	1	15	2.3	0.9	2.3	5.5	滴灌
采收前	1	15	3.2	0.9	3.8	7.9	滴灌
采收后	1	15	2.1	1.0	2.8	5.9	滴灌
合计	6	100	22.7	13.9	20.6	57.2	滴灌

注：据彭世琪等资料。

四、大田作物微灌施肥制度

我国耕地的干旱和盐碱地面积较大，特别是西北地区，缺水一直是农牧业发展的限制因子，急需节水节肥的微灌施肥技术。近些年来，国家对推广应用该项技术非常重视，正在把微灌施肥由温室、果园推向田间，变成农民可以用得起的技术，并取得了越来越好的成效。据报道，目前，新疆大田作物滴灌固定设备亩平均一次性投资在500~700元，是国外同类产品投资的1/5。一年更换一次滴灌带，每米还不到0.2元。到2020年高效节水灌溉面积将达到4000万亩。内蒙古也在推广滴灌、喷灌、地膜覆盖等旱作节水技术，计划5年内85%耕地实现节水灌溉。

现在大田作物的微灌施肥资料还比较少，表17–9至17–11是甘肃和新疆等省（自治区）采用的棉花、马铃薯、制种玉米等大田作物的微灌施肥制度。其中每亩的目标产量，甘肃石羊河、黑河籽棉300~350kg；甘肃疏勒河、新疆籽棉350~400kg；马铃薯2300~2500kg；制种玉米650kg。据张福锁等资料，新疆棉花滴灌施肥建议为：亩产皮棉180kg，亩施氮肥（N）25~27kg、磷肥（P_2O_5）10kg、钾肥（K_2O）10kg；亩产皮棉150kg，亩施氮肥（N）21~24kg、磷肥（$P2O_5$）7kg、钾肥（K_2O）0~5kg；亩产皮棉120kg以下，亩施氮肥（N）18~20kg、磷肥（P_2O_5）5kg。该方案与沟灌相比，产量显著提高，施肥量和灌水量显著减少。

相信随着微灌施肥技术的推广，以后会有更多的大田作物微灌施肥制度产生。

表 17-9 几种大田作物微灌施肥制度

作物和生育期	灌水次数	灌水定额[m^3/(亩·次)]	每次灌水加入的养分量（kg/亩）				灌水方法和施肥次数
			N	P_2O_5	K_2O	$N+P_2O_5+K_2O$	
甘肃石羊河、黑河流域棉花							
冬前	1	150	—	—	—	—	—
播种前	0	0	9.6	6.9	5	21.5	小畦灌
现蕾期	1	35	3.7	0	0	3.7	施基肥
花铃期（前期）	1	30	1.4	0	2.3	3.9	膜下滴灌
花铃期（中期）	1	30	1.4	0	0	1.4	膜下滴灌
吐絮期	1	30	0	0	0	0	膜下滴灌
合计	5	275	16.1	6.9	7.5	30.5	膜下滴灌
甘肃疏勒河流域、新疆棉区							
冬前	1	220	0	0	0	0	地面灌溉
播前	0	0	12	3.8	0	15.8	基施农家肥
现蕾期（前期）	1	20~25	0	0	0	0	膜下滴灌
现蕾期（中期）	2	20~25	1.4	0.1	0.1	1.6	膜下滴灌
现蕾期（后期）	1	25~30	1.8	0.2	0.1	2.1	膜下滴灌
花铃期（前期）	1	25~30	1.4	0.2	0.1	1.7	膜下滴灌
花铃期（中期）	2	25~30	0.9	0.2	0.1	1.2	膜下滴灌
花铃期（后期）	1	25~30	1.4	0.2	0.1	1.7	膜下滴灌
吐絮期	3	20~25	0	0	0	0	膜下滴灌
合计	1	465~520	21.2	5.0	0.7	28.9	膜下滴灌

续表

作物和生育期	灌水次数	灌水定额[m^3/(亩·次)]	每次灌水加入的养分量（kg/亩）				灌水方法和施肥次数
			N	P_2O_5	K_2O	$N+P_2O_5+K_2O$	
甘肃马铃薯							
4月中旬	1	50	0	0	0	0	沟灌
种植前	0	0	21.5	15.9	5	42.4	基施
苗期—开花	3	9	2.3	0	0	2.3	膜下滴灌
开花—膨大期	6	11	3	0	0	2.3	膜下滴灌
膨大期—采收	3	12	0	0	0	0	膜下滴灌
合计	13	229	26.1	15.9	5	47.0	—
甘肃制种玉米							
春季	1	225	0	0	0	0	沟灌
播种前	—	—	21	9	6	36	施基肥
定植	1	18	0	0	0	0	膜下滴灌
拔节	2	18	2.3	0	0	2.3	膜下滴灌
抽雄	2	18	4.6	0	0	4.6	膜下滴灌
吐丝	1	20	4.6	0	0	4.6	膜下滴灌
灌浆	3	20	4.6	0	0	4.6	膜下滴灌
蜡熟期	1	18	0	0	0	0	膜下滴灌
合计	11	41	37.1	9	6	52.1	膜下滴灌

注：据彭世琪等资料。

表 17-10　北疆垦区棉花水氮耦合式膜下滴灌施肥制度

播后天数	生育期	灌溉量（m^3）	施氮量（N，kg/亩）	灌溉（占灌溉总量%）	氮肥（占追氮量%）
45	初蕾期	14.5	0	5	0
54	现蕾期	23.2	0	8	0
63	初花期（前期）	34.8	1.7	12	10
70	初花期（后期）	43.5	2.55	15	15
77	盛花期（前期）	52.2	4.25	18	25
101	盛花期（后期）	20.3	1.7	7	10
111	结铃期	17.4	0.85	6	5
121	吐絮期	14.5	0	5	0
131	收获期	8.7	0	3	0
总量	—	290	17	100	100

注：据鲁剑巍等资料。

表 17-11　新疆棉花膜下滴灌施肥建议

皮棉产量水平（kg/亩）	施肥量（kg/亩）		
	N	P_2O_5	K_2O
180 以上	25~27	10	10
120~180	21~24	7	0~5

续表

皮棉产量水平（kg/亩）	施肥量（kg/亩）		
	N	P_2O_5	K_2O
120以下	18~20	5	0

说明：

①秋翻时用秸秆粉碎机粉碎秸秆，并深翻土壤至25cm以下；

②磷钾肥以基肥为主，滴灌专用肥宜选高氮型。其中基肥约占1/4，追肥占3/4。追肥10次，每次滴灌时结合施肥，最好灌溉前段施肥，后段只灌清水，以利肥料到达深层土壤；

③氮肥的25%~30%作基施，70%~75%作追肥，磷钾肥的40%~50%作基施，其余作追肥；依据棉花长势随水滴施，随水施肥次数一般为7~9次，每次肥料用量每亩不超过2kg（纯养分量）；

④使用滴灌专用肥要注意养分配比，避免施用磷、钾含量很高的复合肥料品种，禁止施用溶解度不高的复合肥。

注：据危常州资料。

第十八章　农化服务

第一节　农化服务的概念

一、何谓农化服务

现代化农业的一个显著特征是生产效率高、劳动投入低。农业化学与农业机械一样是农业现代化的重要标志和现代农业生产的主要支柱。广义概念的农化服务主要是指农用化学品（化肥、农药、薄膜、植物激素、土壤调理剂等）的售后服务。狭义的农化服务专指营养物质，特别是植物养分在土壤、植物、肥料体系中的循环及其有效调节。肥料是其最重要的研究对象。

肥料农化服务的现代概念是：以科学技术为主导，以商品肥料为载体，以农业生产、肥料开发和肥料营销的协调发展，互利共赢为目标的社会化农业技术服务系统。

农化服务的内涵主要包括：

（1）产、销、用互利共赢

将肥料产（厂）、销（商）、用（农）视为一体，实现互利共赢。其中肥料的生产和营销等企业是农化服务的主体，农民和农业生产是农化服务的主要对象。

（2）农民是系统的主角

只有让农民买到优质肥料并且合理施用，农化服务系统才能一活全活，一赢全赢，因此要树立全心全意为农民和农业生产服务的思想。

（3）科技是农化服务的主线

科学技术是不断提高肥料等农资产品质量和农化服务（特别是推荐施肥）水平的根本保证，因此要贯穿于产品开发、营销和使用的全过程。

（4）农资营销和农化服务双肩挑

现代农化服务要求一线营销员工乃至决策人员，既要懂得肥料等农资产品的营销，又要胜任农化服务工作，做到“双肩挑”。

二、现代农化服务是一个系统工程，系统中各个部门的关系

现代农化服务系统如图12-1所示，它反映了国内外农化服务的一般规律。该系统有两条主线，一条是通过肥料市场向农户提供优质肥料，另一条是通过农化服务向农户提出科学施肥建议。这些肥料和施肥建议再通过广大基层肥料营销单位或有关人员的具体工作变成农民的生产实践，进而形成生产力。为向农民直观宣传或展示肥料产品质量和农化服务水平，常常需要在农户田里进行必要的肥料示范试验。农化服务是一个不断实践、不断改进、不断提高的滚动过程，即通过服务过程中经验、教训的信息反馈，使肥料产品质量和农化服务水平得到不断提高。

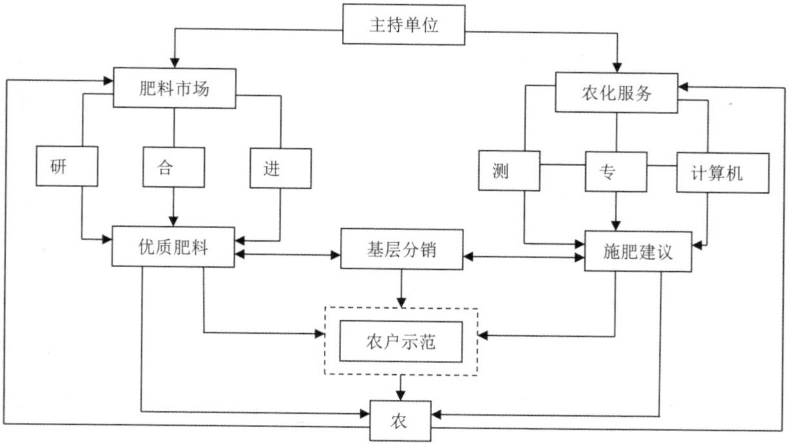

图 18-1 肥料农化服务系统示意图

（据王兴仁等资料）

第二节 我国肥料使用和农化服务发展过程

国际上把一百多年来不同国家化肥生产和使用的发展，划分为三个阶段：第一是引入（或称启蒙）阶段，此时期化肥使用量很低，通常每亩地用量不超过1kg（营养元素）；第二是起飞阶段，这一期间，使用量不断增加，但变幅较大，从每亩施用量不足1kg到20kg不等，而且持续时间较长，作物产量随用量增加得以不断提高；第三是成熟阶段，这一时期内，施肥量在较高的基础上趋于平稳，人们为使作物高产、稳产、优质，同时又能保护环境不受污染，着重发展农化服务，注意科学用肥，实现平衡施肥和提高化肥的经济效益和社会效益。

一、中国肥料使用历史

中国是世界上最古老的农业国，几千年来我国劳动人民在农业生产实践中积累了丰富的经验，尤其在肥料的使用方面，我们的祖先早就认识了它们的重要性。例如“庄稼一枝花，全凭粪当家”“地靠粪养、苗靠粪长”“有收无收在于水，多收少收在于肥”等广泛流传的农谚都非常形象地说明了肥料的重要性。

再从我国历史文献记载，早在两千多年前的商周时代，《礼记》“月令”篇中载有“季夏之月……大雨行时，烧薙行水、利以杀草，如以热汤，可以粪田畴，可以美土疆”，指出了沤制草肥对肥田和改良土壤的作用。《孟子》中曾有“百亩之粪”的说法，后来在明代王象晋所著的《群芳谱》中作出了解释：“积地莫若积粪，地多无粪，枉费人工，故孟不日百亩之田，而曰百亩之粪。”西汉《记胜之书》著于公元前1世纪，开头第一句就是“凡耕之本，在于趣时和土，务粪泽、早锄早获”，提出了不误农时，因土种植，注意施肥灌水、早锄早收获等一系列综合农业技术措施，当时的肥料主要是蚕矢和腐熟的人粪尿，作为基肥混土施用。后魏贾思勰《齐民要术》著于元6世纪，其中记载的肥料种类比过去增加了，有畜粪、厩肥、蚕矢、兽骨等，同时提出“地薄者粪之，粪宜熟，无熟者用小豆底也得”，指出了粪肥宜腐熟后用，没有腐熟的粪可用绿豆、小豆等作底肥用。元代《王祯农书》著于公元14世纪，其中“农桑通诀”的粪壤篇，记载的肥料品种包括有踏粪（厩肥）、苗类（绿肥）、草粪（堆肥）、火粪（熏土）、泥粪（塘泥）、动物残体和石灰等。并指出石灰可以暖土，如“下田水冷，亦石灰为粪，则土暖面苗易发”。这一时期已使用石膏、食盐、硫黄等，可见，当时已开始使用矿质肥料了。

到了公元17世纪，明代王象晋所著《群芳谱》提到了基肥和追肥相结合的施肥方法，如写种稻："犁田须犁耙三四遍，青草或粪穰灰土厚铺于内"，同时代《沈氏农书》对水稻施肥有这样的记载："下接力需在处暑后苗作胎时，在苗色正黄之时。如苗色不黄，断不可下接力，到底不黄，到底不可下也，若苗茂密，度其力短，俟抽穗之后，每亩下饼三斗"。这里"接力"也即追肥，书中明确了追肥的时间和看苗施肥的方法。

到了18世纪中叶，清代编的《授时通考》中引用《劝农书》说："用粪时候，也有不同，用之于未耕之前，谓之垫底，用之即种之后，谓之接力。垫底之粪在土下，根得而愈深。接力之粪在土上，根见之而反土……大部用粪者，要使化土，不徒滋苗，化土则用粪于先，而使瘠者以肥，滋苗则用粪于后，徒使苗枝畅茂而实不繁，故粪田最宜斟酌得宜办善。"这里强调基肥为主、追肥为辅，追肥应斟酌作物生育阶段和植株生长情况而施用。

以上史书的记载充分说明，我国农民在长时期的农业生产实践中，对各种肥料的广泛使用，肥料在培肥和改良土壤上的作用，施肥与其他农业技术措施相配合，基肥与追肥相结合以及看苗合理施肥等都有相当深刻的理解。这些宝贵的遗产直到今天仍有很好的参考价值。

中国传统农业生产的肥料使用历史延续至20世纪60年代人民公社时期，有机肥一直是培肥、改良土壤和增加农作物产量的最主要肥源。但是应该看到，以有机肥料为中心的施肥方式，是一个封闭式的物质循环系统。它主要依靠农作物本身的产物包括籽粒、秸秆等作为人畜的食物、饲料、堆肥材料等以粪便、厩肥等形式归还土壤。据有关资料，我国秦、汉时期（公元前221年至公元24年间）小麦每亩产量为60kg、水稻为40kg，到清代末年，小麦产量为98kg、水稻为195kg，也就是说，2000多年里小麦亩产量增加不到40kg，水稻产量增加155kg。这充分说明，如果不增加投入，不大量施用无机肥料，单靠有机肥料，尽管其他农业技术措施有了改进，短期内大幅度提高作物单位面积产量是不可能的。

随着国家工业化建设的发展和人口的不断增长以及人民生活水平的提高，对农产品的需要量也越来越高。根据国内外的经验，增加农作物产量的出路有两条，一条是垦荒、造田、扩大耕地面积；另一条是提高单位面积产量。然而，地球上的耕地面积正在逐步减少，我国也不例外，据有关部门统计，目前我国的耕地每年减少500多万亩。同时，由于我国人口众多，约占世界人口的21%，而耕地只占世界总耕地的7.3%，每人平均占有耕地不足1.5亩（0.1hm^2），再加上可垦荒地资源不多，因此，增加产量主要靠提高单位面积产量。

肥料是重要的农业生产资料，在补充和平衡土壤养分、提升耕地质量方面起到重要的作用，也是保证全球粮食安全的重要物质基础。自从1908年德国科学家弗里茨·哈伯（Fritz-Harber）和卡尔·波西（Karl Bosch）发明合成氨并实现工业化生产以来，化学肥料快速发展，肥料的作用也进一步提升。目前全球48%的人口依赖于化肥提供的氮素（Errisman et al.，2008）。我国于20世纪初开始从国外引进化肥（硫酸铵），在20世纪30年代建立了我国的第一个氮肥厂，并于20世纪60年代起大规模引进国外成套合成氨设备，至20世纪90年代中期成为国际上生产和使用化肥最多的国家。据协会统计数据，2012年我国化肥产量为6384万吨（纯养分，下同），消费量为5175万吨，均居世界第一位，为保证我国粮食安全作出了巨大贡献。肥料作为关乎经济、资源、环境和影响“三农”的重要物资，需要适应社会经济发展的要求，在实现对农业增产增收的同时保护资源环境安全。

目前我国的施肥情况，从整体上看，正在向讲求施肥技术、提高肥料利用率、减肥增效的成熟阶段过渡，我国农村不仅对化肥的数量，而且对养分结构和化肥品种也有较高的要求，因此开展农化服务，提高科学施肥水平，已受到各方面的重视。

二、我国农化服务发展过程

农化服务是农业化学与现代农业生产发展到一定阶段的产物。它的基本概念是指以化肥产品为中心（在科学用肥方面，还可包括有机肥），以农民和耕地为服务对象，应用系统工程思想和农业化学基本原理，对化肥的生产、销售和使用予以科学地组织、调配和使用，以期最大限度地提高化肥的经济效益、社会效益和生态效益，提高农业劳动生产率，提供社会服务。农化服务体系的完善程度和服务水平，常常可以反映一个国家或一个地区的农业生产现代化发展水平，而受到许多国家的重视。

世界上一些发达国家均已建立专门从事研究合理施肥、指导农业科学施肥的农化服务机构。如美国在二次大战后就在吸收欧洲经验的基础上，逐渐形成了一套完整的农化服务体系。法国也加强了农业化学研究工作，在耕地面积和农业人口逐年减少的情况下，农作物总产量却不断增加。苏联1964年建立了国家农业化学服务总部，并建立近200个农化实验室和1600多个农化实验站。

我国于1980年在河北冀县化肥厂创建了第一个农化服务中心。这个中心从宣传和指导农民科学施肥开始，逐步发展到将化肥生产、销售、技术服务有机结合起来，使企业由单纯生产型转向生产、经营、服务型。服务中心创建后的几年来，冀县粮食总产量由1981年的8.5万吨，增加到1987年的12.5万吨，棉花总产量由0.59万吨增加到2.0万吨。山东楼德化肥厂从生产专用复混肥料入手开展农化服务，他们针对不同土壤和作物的需要确定养分配比，生产出适于各种作物需要的专用肥，受到农民的欢迎。到1989年，全国已有185个化肥企业建立了农化服务中心，另有790个化肥企业与农业和商业部门联合开展农化服务工作。

甘肃省于1998年先后由金昌化工集团公司、刘家峡化肥集团公司建立起了农化服务中心开展农化服务。近几年省内大多肥料生产企业都已开展了农化服务，受到广大农民欢迎，企业也得到了发展。

第三节　农化服务的特点和方式

一、农化服务的特点

社会主义的现代化农业生产是在集体所有制巩固发展基础上形成的商品化、社会服务化农业经济体制。它有别于生产水平低下的小农自然经济，其重要特点是直接参与农业生产劳动的人员逐渐减少，而为农业生产直接或间接服务的部门和人员大量增加，从而促进了农业劳动生产率的快速增长。农化服务系统就是现代农业生产中直接为农民服务的一个重要组成部分。

世界上许多农业发达国家的农化服务组织，虽然名称不同、组织形式不一，但是其基本内容都是为农民提供各种生产服务、技术服务、物资供应或销售服务，把农民相当大一部分生产劳动转变成社会化的服务工作。根据国内外资料，农化服务的特点可概括如下。

（1）要做到化肥的生产、销售和使用三个环节密切结合，使从事上述三个方面的部门，即肥料生产企业、肥料销售商、农业部门经由农化服务这一纽带实现一体化。改变以往肥料生产企业只管生产、销售商只管经销、农业部门只管使用的互不联系的局面。

（2）肥料产品与施肥技术密切结合。通过农化服务，可以做到在一定区域内按照农业生产的需要为农民提供适宜的化肥品种，以及相应的施用化肥的技术，指导农民合理施肥，提高化肥利用率，达到增产增收的目的。由于减少了不必要的流通环节，农民就可以方便地购买到需要的肥料，同时可以方便地获得肥料信息。而生产和销售系统也能及时获得农民对肥料产品使用效果和开发肥料新产品要求的信息。

（3）肥料效应的宏观控制与具体指导密切结合。农化服务可以做到从产、销、用系统地评价肥料的效益，例如，确定单位养分在一定阶段对一定作物增加几个单位农产品的数量。同时进行肥料需求预测，为肥料生产企业组织生产和安排发展规划提供依据，也便于决策部门对肥料的产、销、用进行宏观控制。也可对历史资料数据进行分析，结合施肥现状与养分收支评价，对作物生产与土壤培肥要求予以综合预测。另一方面也可以对作物施肥技术政策的制订给予参谋、实施和示范，并对农民直接进行施肥指导，推广新的施肥技术措施。

二、农化服务的方式

农化服务的方式有多种，但基本上可以分为两类。一类是肥料产品与农化服务分离，即长期以来我国多数地区应用的方式，由肥料销售商销售肥料，由农业部门宣传合理施肥；或由农业部门按施肥要求决定化肥用量和品种，然后由肥料销售商组织货源、供应农民施用。这种方式由于产品和服务分割，农民往往只能凭自己的认识来购买化肥，效果较差。另一种方式是肥料生产企业，同时就是农化服务部门，使合理施肥的技术指导随化肥产品同时到农民手中，农化服务不落实，产品不出门；或者产品本身就包含着合理施肥技术（如专用复合肥料）在内。农业发达国家以及我国当前要提倡后一种方式。例如，德国下萨克森州奥尔登堡地区建立农民协会已有200多年历史，协会下设为农民测土并提供施肥建议的研究所，并在一定范围内建立肥料供应网点，该地区农民每三年对自己经营的土地取土样进行分析，通常每2hm^{2}土地取一个样品，样品交地区研究所进行分析（分析项目有pH、腐殖质、黏粒含量以及氮、磷、钾、镁、铜、铁、锰、锌、硼等元素），由专家根据土样分析结果，参照大量田间试验结果，提出施肥建议书，农民拿着建议书到邻近的肥料供应点购买符合其生产需要的、由几种单一元素混配而成的肥料。为了使取样工作能做到经常化和达到科学的要求，他们在一定范围内指定一家技术水平较高的农户为特约取土技术员，为农民代取土样（收取一定报酬），同时也为其建立田间档案，指导农民科学施肥。

在美国，农化服务系统主要是通过中间商进行的，他们为农民进行测土施肥技术服务，并使用化肥厂的基质化肥（如尿素、磷铵等），按配方进行二次加工后直供农民。全美五千多个二次加工混配车间成了化肥企业与农民间良好的纽带，也是推广农业技术的服务部门。

苏联和部分欧洲国家的农化服务是通过政府部门设立的农化服务中心进行的。它们根据土壤调查分析和肥力分级对农庄进行测土施肥指导，并提供肥料，直至把肥料施到土壤里。由此可见，肥料厂有产品，就具备采用肥料产品与服务结合的有利条件，再结合施肥技术指导。肥料产、销、用三个环节密切结合的重要标志是专业人员的相互渗透。美国目前有70%的化肥厂厂长是农学家，而一半左右的肥料销售商和农化服务人员是化学家。

具体实施农化服务的方式上还有以下几点：

（1）分区建立农化服务网络，以指导农民科学施肥。农业生产因作物种类和土壤条件不同，对化肥的需要存在着差异。因此必须按照农业区划和土壤特点，分类型区建立网点，便于因地制宜地销售和具体指导农民施肥。例如早期的河北省冀县农化服务中心，在全县按行政区划、土质和作物种植情况，分片、分乡建立服务网络。县设农化服务中心，乡建服务站，就近对关键技术和化肥施用知识进行现场宣传和示范。同时搞好咨询服务，农民和生产组织可以随时就科学施肥问题向服务中心和网站，提出并要求给予解答。

（2）服务中心要对全县土壤肥力和作物产量的变化，进行分析测定和观察研究，并在各种土壤和作物上安排肥料品种、用量、配合比例、施用方法等方面的短期和长期定位田间试验，以提供更符合当地需要、能不断提高经济和社会效益的施肥技术参数和指标，以及对各种化学品包括化肥、农药、农用薄膜对农业生态环境长期影响进行定位监测。因此农化服务中心应配备土壤测试和植株营养诊断的化验室及相应的专家咨询机构，其装备可以是常规化验室，也可以是速测系统。

（3）掌握市场信息，宏观控制和预测肥料需求。施肥宏观决策系统是以服务地区为单元，汇集该地区土壤调查分析资料、近年作物产量和化肥投入水平等数据，参照土地利用和改良分区，作出该地区的推荐施肥分区图，并分区布置肥料效应试验。以这些基础工作为依据，结合该地区的作物目标产量，提出各分区各种营养元素（N、P、K为主）的需要量，并从高产、优质、保护农田生态环境和节约成本的角度提出几套决策意见供选用。同时还应考虑年度气候变化规律和可能遇到的自然灾害所造成的损失时的补救措施。宏观决策系统除可以为决策提供科学依据外，还可以在肥料生产和储运等方面提早进行安排，以保证农业生产所需。在此基础上，农化服务中心还可以在每季作物种植前，针对不同类型区，分别发布施肥量、配合比例和施用方法的预报，由农民按其需要采用。施肥预报可在一年生作物种植前发布，让农民按自己的耕地状况“对号入座”，选定施肥量和养分配比，同时农化中心也为其准备所需的肥料，保证及时供应，不误农时。

（4）因土因作物发展专用复混肥料。当前肥料产品的开发，依循着高浓度、复合和液体化方向。发达国家化肥品种的平均浓度（养分含量）在40%左右。世界67个有代表性的国家的复合肥品种有53种，而二次加工品种在5000种以上，复肥的养分配比越来越向有明确作物对象与施用要求的专用复混肥发展。针对一定作物和一定土壤条件下生产的专用复混肥料，是按其农化要求作为依据，进行配方（养分比例、形态、添加成分、剂型等），并将其销售和使用到特定的地区和作物，农民可按说明书标明的施用量、施用时期、施用方法等建议合理施用，因此也是一种农化服务形式。也可以说，各种专用复混肥料的配制不仅体现了产品本身的价值，也体现了施肥技术。目前我国各地都十分重视优化配方施肥，采用这种施肥技术可以消除因某种营养元素过多或过少造成对作物生长的危害和影响，同时可以充分发挥多种元素的交互作用以提高其肥效。由于我国当前肥料供应品种不全，广大农民不能买到优化配方所需的肥料，同时由于我国农民在施肥技术知识方面很不平衡，有的还存在相当大的差距。因此自行混配或使用也有很多困难，迫切要求在一个点上买到具有所需养分的配方肥料。配方适于当地需要的各种作物的专用肥料，是农化服务的重要内容之一。可以通过农化服务成果安排采用最佳的优化配方研制和生产专用复混肥料。配方肥料对基质肥料的要求比较高，肥料生产企业也精选原料发展各种农作物或经济作物（如果树、烟草、药材、茶叶、棉花、花生等）配方专用肥料。

第四节　科学施肥是农化服务的核心

一、有机肥料与化肥配合施用

有机肥可以按照来源、特性和制备方法分为以下几类：

（1）粪尿类：包括人粪尿、家畜粪尿、家禽粪尿。

（2）堆沤肥：包括堆肥、沤肥、沼气池肥。

（3）绿肥：包括秸秆和豆科绿肥。

（4）杂肥：包括泥炭（草炭）、腐殖酸类肥料、饼肥、泥土肥、垃圾肥和其他工农废弃物。

（5）海肥：包括动物性海肥、植物性海肥和矿物性海肥。

（6）草炭类：包括草炭、褐煤和腐殖酸肥料。

（7）工业化程度：农家肥和商品有机肥。

（8）加工工艺不同：商品有机肥、生物有机肥和有机无机复混肥。

其中应用较广泛的是农家肥，它是农村中就地取材、就地积存的肥料。有机肥料在农业上的作用主要有以下几个方面：

（1）有机肥料含有一定量矿质养分，同时在分解过程中还能不断提供作物吸收的养分，并产生二氧化碳，有关资料指出：蔬菜作物吸收从有机肥料分解产生的二氧化碳，可促进光合作用提高产量40%~60%。

（2）有机肥料能改善土壤微生物的生活条件，通过微生物的活动，分解和释放有效养分，同时还能分泌腐殖酸、酶、生长素等生物物质，有利于作物生长。

（3）有机肥料含有大量有机质，在其分解过程中一方面矿质化，释放养分，另一方面进行腐殖质化，有利于改良土壤物理性质，改善作物生长的环境。

（4）有机肥料分解产生的各种有机酸，可使土壤中难溶性物质如磷酸盐等转化为可溶性养分，提高养分的有效性，从而发挥土壤潜在肥力的作用。

有机肥料的以上特点是化学肥料所不具备的。但是有机肥料养分含量少、肥效迟缓、当年利用率低（约20%左右），因此在作物生长旺盛、需要养分最多的时期，单靠有机肥料往往不能及时供给养分，必须配合施用化肥，才能获得高产。有机肥与无机肥结合施用，起到了取长补短、缓急相济的作用。

我国北京、江苏、宁夏、四川、陕西等有关单位研究证明，增施有机肥料可以降低化肥用量30%，可使氮肥效果提高一倍。在等氮量情况下，产量最高者为有机无机各半的处理，并初步提出有机无机氮量比以1∶（0.4~1）为宜。配合的效果还表现在农产品质量的提高，如小麦蛋白质含量比单施者约高1%，面筋高2.3%，籽粒全氮高0.19%。在蔬菜品质方面也有显著效果，如白菜、菠菜的可食部分硝酸盐含量可由1000mg/kg降至600mg/kg，亚硝酸盐下降0.5mg/kg，维生素C含量可由18mg/100g提高到21mg/100g。有机无机配合施用能使土壤有机质含量显著提高，2年内土壤有机质增加0.08%~1.11%，土壤有机无机复合体增加30%~130%。

二、根据土壤养分状况，科学施用肥料

土壤是作物养分的基本来源（肥料主要是施入土壤后供给作

物吸收）。不同的土壤，满足作物整个生育时期对养分要求的能力不同，因而对施肥种类、数量和时期的要求也不相同。肥料施入土壤后的变化以及作物对养分的吸收都直接受到土壤性状的影响，土壤不同，施肥效果也不相同。因此，土壤特性是合理施肥的重要依据。

作物生长所必需的营养元素，除碳、氢、氧主要来自空气和水分外，其余的包括氮、磷、钾、钙、镁、硫、铁、锰、铜、锌、钼、硼等，都要依靠土壤供给。这些元素在土壤中存在的形态不同，按其对作物的有效性，通常可区分为迟效养分和速效养分。迟效养分是作物不能立即利用的养分，以土壤中的有机质和不溶性矿物质养分为主，这些养分要经过分解转化后才能被作物吸收利用，所以也可把它们看作是潜在养分。速效养分可直接被作物吸收利用，以弱酸溶性养分和代换性养分为主。代换性养分是指土壤胶体（一般指直径在1~100nm内的微细土粒，多带负电荷，能吸附阳离子）吸附的养分，如铵离子（NH_4^+）、钾离子（K^+）等。绝大多数化肥和腐熟的有机肥的一部分，其有效成分都是速效性养分。土壤中的迟效和速效养分，常常处于一种动态平衡的过程中，它们在一定的条件下可以互相转化。因此判断土壤养分状况，一方面要看养分含量多少，另一方面还要看养分存在的形态和两者互相转化的难易。掌握好养分形态、转化的条件和规律，就能控制和促使养分朝着有利方向转化，满足作物对养分的要求。

另外，土壤的物理化学性状以及土壤的保肥与供肥性与施肥也有密切的关系。土壤吸收和保持肥分的方式有五种。

（1）土粒孔隙的截留作用。土壤是一个多孔体，当悬浮液通过土壤下渗时，比土壤孔隙大的粒子被截留在土壤中，不致淋失。这种保肥作用只能保住不溶性物质，不能保住可溶性养分。

（2）土粒表面的吸附作用。土壤中的微细颗粒，特别是胶体微粒，具有巨大的表面能，能吸附土壤中的一些分子态物质，如尿素、尿酸、氨基酸、氨和二氧化碳。北方农村用土垫猪圈、盖肥，可以减少肥分损失，防止臭气散发，就是由于土粒表面吸附氨分子的缘故。

（3）代换吸收作用。这种吸收作用是土壤胶体所特有的性质。由于土壤胶体大多带有负电荷，因而能吸收保持各种阳离子态的养料，如硫铵施入土壤后，一部分铵离子（NH_4^+）可与土壤胶体吸收的其他阳离子进行等当量代换，而被土壤胶体吸收保持，免予淋失。如下式：

$$\boxed{\text{土壤胶}}\,Ca^{2+}+(NH_4)_2SO_4=\boxed{\text{土壤胶}}\,NH_4^{+}+CaSO_4$$

这种代换吸收作用对养分的保存和供应具有重大作用。

（4）化学吸收作用。施入土壤中的肥料与某些物质起化学作用，生成难溶性化合物而被保存下来，这种吸收作用虽可减少养分淋失，但降低了养分的有效性，如过磷酸钙施入石灰性土壤中，变成溶解度很小的磷酸钙盐，从而降低了磷肥的有效性。

（5）生物吸收作用。植物和微生物依其生长发育的需要，从土壤中有选择地吸收各种养分，从而使这些养分保存下来。如豆科作物和土壤固氮微生物可固定空气中的氮素，从而增加土壤氮素。一些深根作物可以把土壤下层的养分有选择地吸收积累在表土层，有些土壤微生物和绿肥作物还可以利用难溶性养分，随其残体的腐解而再度释放出来。

以上几种保肥性能，对不同土壤是不同的。一般说来，土壤胶体含量愈多，土壤保肥性能愈强，反之土壤胶体含量愈少，土壤保肥性能愈差。一般土壤质地黏重，腐殖质含量较多，土壤保肥能力较强，施肥多一点儿也不会淋失，土壤质地较轻，腐殖质含量较少，土壤保肥能力较弱，每次施肥量不宜过多，宜采用少量多次的施肥方法，以防止养分淋失。增施有机肥料，增加有机胶体数量，可提高土壤保肥能力。

另一方面，不同土壤具有不同的土壤供肥性能。土壤供肥性主要表现为三个方面，即供应速效养分的数量、潜在养分转化为速效养分的速率和速效养分持续供应的时间。我国农民在生产实践中将土壤供肥性划分若干类型，主要有供肥稳而匀、肥劲足而长；供肥快速、前劲足而猛、后劲差；供肥缓慢、肥劲小，后劲足，供肥力很差、肥劲全期不足等。对于供肥特点不同的土壤应采取相应的施肥措施，做到因地制宜，因土施肥，以提高肥料利用率。

另外，土壤溶液的酸碱度（pH），对离子态养分的吸收有明显影响。一般地说，在偏酸性反应中，作物吸收阴离子多于阳离子。在偏碱性反应中，作物吸收的阳离子多于阴离子。pH过高或过低，都不利于作物吸收养分。pH对养分吸收的影响，因作物不同而有差异。例如，小麦最适宜的pH为6~7，水稻为4.5~5.7，玉米为7，高粱为5.5~7.8，棉花为6.0~8.0。在最适宜的pH条件下，作物能更好地吸收利用养分。相反，在不适宜的pH条件下，即使养分供应充足，作物也难以吸收利用。

甘肃各地区耕种土壤的有机质，根据甘肃省农科院研究员车宗贤《农艺配方资料》：

土壤有机质平均含量：甘南高原牧林区37.23g/kg，居最高水平；陇中黄土高原农林牧区、河西走廊灌溉农业区、陇南山地农林区分别为15.50g/kg、12.42g/kg、14.56g/kg，居中等水平；陇东黄土高原农林牧区为11.23g/kg，居最低水平。

土壤全氮平均含量：陇中黄土高原农林牧区0.97g/kg，最高；

陇南山地农林区0.71g/kg，最低。

土壤碱解氮平均含量：甘南高原牧林区89.32mg/kg，最高；河西走廊灌溉农业区68.85mg/kg，陇中黄土高原农林牧区57.40mg/kg，居中；陇南山地农林区52.89mg/kg，最低。

土壤全磷平均含量：河西走廊灌溉农业区1.16g/kg，最高；陇中黄土高原农林牧区1.05g/kg，陇东黄土高原农林牧区0.75g/kg，居中；陇南山地农林区0.69g/kg，最低。

土壤速效磷平均含量：河西走廊灌溉农业区23. 85mg/kg，最高；陇中黄土高原农林牧区19.26mg/kg，甘南高原牧林区16.44mg/kg，居中；陇南山地农林区15.19mg/kg，陇东黄土高原农林牧区10.52mg/kg，较低。

土壤全钾含量：甘南高原牧林区26.29g/kg，最高；陇东和陇中黄土高原农林牧区分别为25.43g/kg、21.65g/kg，居中；河西走廊灌溉农业区和陇南山地农林区分别为16.32g/kg、12.46g/kg，最低。

土壤速效钾平均含量：陇东黄土高原农林牧区205.82mg/kg，最高；陇中黄土高原区192.43mg/kg，甘南高原牧林区168.87mg/kg，居中；河西走廊灌溉农业区148.54mg/kg，陇南山地农林区135.72mg/kg，较低。

有效铁平均含量：陇东黄土高原农林牧区7.55mg/kg，最低；其他区在10mg/kg左右，处于中等水平。

有效锰平均含量：陇南山地农林区20.8mg/kg，最高；陇东、陇中黄土高原农林牧区分别为16.38mg/kg、14.85mg/kg，居中；河西走廊灌溉农业区7.80mg/kg，最低。

有效铜平均含量：中西部大于1mg/kg，较丰富，东南部较缺。

有效锌平均含量：各区均小于1mg/kg，处于较低水平。

有效硼平均含量：河西走廊灌溉农业区1.05mg/kg，最高；其他区小于1mg/kg，处于较低水平。

有效钼平均含量：均小于0.5mg/kg，处于较低水平。

由此可见，有效态大量元素和微量元素的分布尚有一定的规律。就甘肃省总的趋势看，有机质普遍偏低，土壤有效氮含量分布也是全省普遍偏低，土壤有效磷的分布呈西高东低，有效钾含量分布是东中部高于西南部，有效硼的含量分布是西高东低，北高南低，从西北向东南递减，土壤有效锰的含量分布与土壤有效硼分布相反，东南高，西北地低—土壤有效锌含量全省普遍偏低，土壤有效钼除祁连山地含量稍高外，全省普遍偏低，尤其陇东、甘南更低。

因此，根据土壤中各种营养元素含量高低，因土、因地、因作物施用肥料，就可以避免和减少施肥上的盲目性，做到科学施肥。

三、根据作物需肥规律，确定各种肥料的适宜用量和配合比例

不同作物对营养元素要求的数量是不相同的。例如根茎类作物如马铃薯需较多的钾；以收获叶子为主的作物如蔬菜、茶等需较多的氮，禾谷类作物中小麦需氮较多，高粱、谷子相对较少；豆科作物由于根瘤菌可固定空气中氮素，故需氮较少，而对磷、钾，特别是对磷的需要较多。

另外，不同作物对肥料形态的反应也有差别。例如马铃薯以铵态氮肥较好，硫对马铃薯生长有利，最好施用硫酸钾，施钾肥则以硫酸钾为好，但不宜用氯化钾，因为含氯肥料会降低马铃薯的淀粉含量。甜菜以硝态氮肥较好，甜菜对钠有特殊要求，所以施硝酸钠效果最好。水稻以铵态氮肥，尤以氯化铵、尿素较好。

其他禾谷类作物对铵态氮和硝态氮的反应相近。此外，不同作物对难溶性养分的吸收能力也不同，如油菜、萝卜、大豆、豌豆等吸收利用难溶性磷肥的能力较强，而小麦、谷子、燕麦等则弱。

作物的不同生育时期，所需养分的数量和比例也不完全相同。一般说来，作物苗期吸收养分较少，随着作物生长发育，对养分的吸收数量逐渐增多，至开花结实期达最高值。此后，随着生长的衰退吸收趋于减少。例如冬小麦，越冬前需要一定量养分，但数量较少，其中氮比磷、钾多。返青至拔节期氮、磷、钾吸收量显著增加，吸收强度也加大。拔节至开花期，养分吸收量最多，尤其是磷、钾，有一半是在这一阶段吸收的。开花以后，仍需吸收一定数量的氮和少量磷，而钾的吸收停止。

在整个作物营养期中有两个关键性施肥时期，即作物的营养临界期和最大效果期。作物营养临界期是指作物生长发育中的某一时期，对某种养分要求的绝对数量虽然不多，但很迫切，这时养分若缺少或过多，对作物生长发育所造成的损失，即使以后补施，也无法弥补。

最大效果期是指在作物生长的某一时期施肥，可以获得最大效果。据试验，玉米氮肥最大效果期一般在喇叭口至抽雄初期，冬小麦在拔节至抽穗期，棉花在盛花始铃期，水稻在幼穗形成期，油菜及大豆在开花期。

但是，作物营养虽有阶段性，不能忽视各生育期的连续性。前一段营养的好坏，必然会影响到下一阶段作物的生长和施肥效果。因此，要根据前后期营养的相互联系，灵活运用。

化肥的适宜用量和氮、磷、钾比例因土壤类型及肥力高低、作物种类和品种、灌溉条件和保证程度、年度间天气的变化等因素的影响而不同。

四、因地制宜，采用不同的施肥方法

针对不同的土壤性状、气候特点及化肥特性改进施肥方法可以发挥肥料的最大增产作用，提高肥料利用率。例如农民常用的氮肥碳酸氢铵等容易挥发损失，因此使用时必须将肥料埋入土中，借助土壤胶体对铵离子的吸附作用，减少和防止氨的挥发损失。在石灰性土壤上，由于碳酸钙含量高、碱性强，许多铵态氮肥包括碳酸氢铵、氯化铵、硫酸铵以及经过转化的尿素等施在土壤表面，也会大量损失，因此也要深施入土。又如硝态氮肥和尿素等容易随水流动，所以不宜在水田及沙性土上使用，以防损失。再如磷肥施入土壤后，除一部分被作物吸收外，还有相当一部分与土壤发生化学变化，从而降低了有效性（北方石灰性土壤上与钙作用转变为难溶性磷酸盐），另外，磷在土壤中移动性小，因此使用时应尽量把肥料施在作物根系附近，这样既可有利于作物根系的吸收，又可减少土壤固定。通常磷肥多采用集中施用，条施、分层施或穴施效果最好。

施肥还要考虑温度条件，一般来说，温度大于30℃或小于0℃时，作物吸收速度下降，因为低温时作物呼吸作用和代谢作用缓慢，而在高温时，又易引起体内酶蛋白变性。另一方面，如果土壤板结，作物扎根困难，根系呼吸作用减弱，养分吸收受到严重影响。因此施肥或灌溉后一般结合除草进行中耕，以改善土壤通气状况。

肥料除采用根施（施入土壤）外，还可采用根外喷施。通常在作物生长的中后期，由于根部吸收养分的能力减弱，可及时通过作物的茎叶给予养分补充。特别是当作物根系受到某种伤害，或是土壤条件不利于施肥时，采用根外施肥措施是十分必要的。肥料种类不同，被作物叶吸收的效果不同。例如所有氮肥中，尿素的渗入性能最好，所以喷施尿素效果较好。磷元素及一些微量元素也多在作物生育的中后期用作喷施。根外施肥有如下特点：

（1）叶子直接吸收养分，可避免有效养分被土壤固定而降低肥效。

（2）叶部吸收养分后向其他部分运转，速度快，例如尿素施入土中，一般需要4~5d才能见效，根外喷施仅需1~2d就有明显效果。因此，对消除某些作物缺素症或作物因遭自然灾害需及时补救时有重要作用。

（3）叶面喷施用肥量小，一般仅为土壤施肥量的1/10~1/5，可大大减少投资。尤其对一些微量元素肥料，还有避免因用量过大或施肥不匀而造成的危害。

（4）叶面喷施营养可提高作物光合作用和呼吸作用的强度，作物体内代谢作用加强以后，又能促进根系吸收养分。因此，叶面喷施和根部喷施两者起到互补的作用。但是叶面喷施不能完全代替土壤营养，对于作物需要的大量养分，还需靠土壤施肥来供给。

第五节　国内外农化服务的主要经验

一、当前国内外农化服务的经验

1. 形成肥料产、销、用一条龙

以肥料生产、营销和施用三部分为主，共同组成一个农化服务体系。这个体系以农民为主要服务对象，以科学技术为主导，不管是由商家牵头，还是由政府、肥料商家牵头，都有大专院校或科研机构参与，进行技术指导和培训。

2. 用优质的产品和服务做广告

以肥料效应的示范试验为基础，向农民直观展示肥料质量和施肥技术，结合现场交流、技术培训和商品宣传等工作进行技术推广和扩展肥料市场。

3. 向用户提供土壤、植物测试服务

据技术咨询需要或按农民要求，分析农民送来的样品或由专门技术人员到农户田间取样，通过有偿或无偿服务及时向用户报告土壤、植物分析结果，有的还通过配方施肥进行技术指导或配套服务。

4. 充分利用多媒体

通过计算机、电话、视频等多媒体手段与用户保持联系，及时向用户提供肥料市场、施肥建议、农产品行情、气象和病虫害预测预报等信息，或进行远程科普教育。

5. 进行多层次技术培训

以肥料农化服务为重点，结合农时和农事，对本部门职工、骨干营销商、农场或种植大户及个体农民进行多方面、多层次的技术培训。一些跨国公司甚至还向营销其产品的国家、地区和相关部门的田间试验、科技研讨、人员交流和人才培训等提供免费资助。

二、企业怎样做好农化服务

企业农化服务的主要任务是：以全心全意为农民和农业生产服务为宗旨，通过向农民宣示优良的农资产品（或技术），彰显高尚的农化服务理念，进一步赢得广大农民的信任，在推广农资产品及与此相关的先进生产技术的同时，不断扩展企业农资产品（或技术）的开发空间，并为农业生产作出贡献。其中“让消费者直观感受到产品质量和服务理念”，是农化服务工作的核心目标和基本准则。具体的工作内容主要包括：进行调查研究、开展田间试验、加强技术培训和建立施肥农事四季志和田间档案等。

1．进行调查研究

调查研究的主要目的是了解服务区农业生产的现状、问题和农资市场的发展前景及相关资料，调查内容根据要解决的问题可大致分为两类：①生产和市场状况调查。重点了解农业生产水平、存在的主要问题，农民的科技水平和消费水平；是什么问题限制了农民增产增收；为此企业产品和农化服务需要和能够解决哪些问题等。调查结果直接为农资产品的开发、营销及农化服务决策提供依据。②背景资料采集。内容主要包括：与推荐施肥等相关的背景资料，如服务区的作物种类、种植面积、施肥水平（肥源、施肥量、施肥期、施肥方法等）、企业产品的市场占有率；土壤肥力水平和当地气候特点等。要注意收集历届全国土壤普查资料、相关肥料试验结果及其他有关资料。这些资料主要作为肥料营销和推荐施肥的科学依据。

对所有调查都要事先制订调查提纲，必要时还要制订统一的调查表格。要注意调查方法，坚持实事求是，对调查资料要及时整理，如有缺失要及时补充。要根据不同的调查目标，抓住相应的重点问题，而不要面面俱到。其中对生产和市场状况的调查，要重点了解当前生产发展水平、增产增收的限制因子、农民的消费水平（农资购买力），分析克服这些限制因子的技术突破口及企业产品或技术在其中的作用等。为此要取得农民的信任，引导农民讲心里话。对背景资料的采集要以服务区的主要作物为重点，强调基础资料的长期累积和不断开发；要对相关数据及时整理和分析，建立资料数据库并提出农化服务建议。

2. 开展田间试验

田间试验具有很强的说服力，其主要作用是在生产条件下，直观揭示肥料等农资产品和相关技术的生物效应。按农化服务的目的，可以将田间试验分为简单对比试验、大区示范试验和小区效应试验3种主要类型：

①简单对比试验。主要是个体农民或营销商为检验某个未知肥料产品效应而进行的试验。该试验只需将种植同一作物的一小块地一分为二，其中一半施用待试肥料，另一半不施待试肥料。如果两小块地的作物长势和产量差异显著，说明产品有效，若差异不显著，甚至更差，说明产品无效或有害。

②大区示范试验。主要是企业为彰显其优质肥料等农资产品或先进技术，在生产条件下进行的大区试验。试验根据需要，可在一个或多个地点或地块进行，可采用一种或多种试验作物，设置施肥和不施肥等2~3个简单对比处理，每个处理面积往往不少于0.5亩，其中对照处理的面积可以小一些。农民最看重的是作物能否获得优质、高产，示范试验要在确保高产的前提下彰显推荐产品或技术的效益。为此要尽可能请有实践经验的多学科专家参加，集思广益，与试验农户一起对生产进行综合管理。要认真、如实地记载产量等试验结果，有条件的还可在田间生物效应差异显著时期摄影或摄像。试验应选择有代表性的地块和能认真做试验的农户，并且对试验用工和可能造成的损失予以补偿。如能结合现场进行科普教育，示范效果会更好。

③小区效应试验。此类田间试验是科学研究经常采用的。当企业要推出新型肥料产品时，在产品上市之前必须按国家或行业的有关规定，进行田间小区试验，并将试验结果作为产品申报的科学依据。试验一般设置2~3个处理和3~4次重复，一般要同时进

行多点和几种作物的试验，并对试验结果进行统计检验，具体要求和方法可参阅有关规定。所有试验者特别是承担试验的农户，必须按照试验设计要求去做。为确保试验成功，企业与试验农户需要签订合同，以明确彼此责任和利害关系；必要时可请有关专家帮助进行试验设计和统计分析。

以上各种田间试验在管理上的基本要求是保持措施的一致性和适宜性。一致性就是试验各处理区之间除了施肥外，灌水、耕作、播种、植保等措施都必须相同或一致，以使不同的肥料处理之间具有可比性。适宜性就是要求肥料处理以外的各项措施不但一致，还要在数量上处于当前条件下的适宜水平，以使肥料效应得以充分发挥。试验结束后，要针对生产上需要解决的关键问题，以企业优良产品为依托，在专家指导下，帮助农民建立配套的农业生产综合管理技术或技术规程。

3.加强技术培训

再好的产品和技术只有被广大农民所掌握才能转化为生产力。而技术培训和科普宣传是引导农民接受企业优良产品和先进技术，并应用于生产实践的重要手段。培训中，要注意调动学员的积极性，发挥多方面专家的作用。

①技术培训。培训对象包括企业的农化服务员工、重点客户或骨干农民、一般农民等。对不同培训对象应采取不同的培训方法：对农化服务人员和骨干农民可以在农闲季节请有关专家集中培训，以提高其农业科技水平；对重点客户可以结合农时和农资营销高峰，请当地有关专家进行有针对性的培训，重点讲解当前生产问题及企业产品的使用方法；对广大农民，可结合生产中出现的或亟待解决的问题，在田间进行现场指导或讲解。也可以开办“田间学校”，不断吸收周边农民为学员，将技术培训与现场技

术指导相结合，使他们成为企业优良产品的受益者和农业科技的推广者；或利用农村集市，结合产品营销，以“路演”等形式宣传企业的农化服务理念、企业农资产品的特点和使用方法。

②科普宣传。要通过明白纸和展板等推广示范试验成果，进一步扩展企业产品或技术的发展空间；通过广告、报纸、广播等多媒体形式宣传企业产品的特点、品质和农化服务理念，增加企业及产品的知名度；通过免费咨询电话请农化专家及时解答农民和基层营销商提出的肥料知识、施肥技术和有关的生产问题。宣传形式多种多样，从大企业到基层营销店都可以做好。即使是一个小小的肥料、农药、种子营销点，如果有了为农民服务的思想和优良产品，哪怕是用一块小黑板，三言两语地写上合理施肥、用药常识及天气预报等信息，也会拉近商家与客户的距离，增加农资小店的人脉。

③店面营销。农业生产条件十分复杂，对不同农资产品要采用不同的科普宣传方法。优质农化服务是最好的广告。所有的科普宣传一定要注意两点：一是怀抱全心全意为农民服务、为生产服务的理念；二是营销产品一定要货真价实、在生产中能够收到应有的效果。

以基层农资营销点为例，如果营销肥料，可针对服务区土壤、作物特点及生产条件，结合施肥农时，用施肥技术明白纸并贴在墙上介绍营销肥料的特点和施用技术要点；也可与产品销售或田间培训相结合，在村口、地角用展板、挂图将肥料特点和推荐施肥建议告诉大家。

4. 建立施肥农事四季志和田间档案

作物施肥四季志就是将小到一个地块，大到一个地区的作物施肥，包括不同作物的种植面积、施肥期、施肥量、肥料种类和养分含量等，做成像列车时刻表一样的简明计划或表格档案。它可以显示各地区不同时期主要作物的施肥农事，并根据该地区的农时特点，及时为农化服务提出建议。甘肃陇南、陇东、中部地区和河西走廊各地农时和生产条件十分复杂，各地可在调查研究的基础上，建立自己的肥料施用四季志，用以估算肥料消费量和市场占有率，以作为服务区制订作物生产计划或肥料营销计划的依据。调查范围可以是一户、一村、一乡、一县。调查时间应以当下为主，日积月累，日久年深地坚持下去，一定会对不同范围的农业生产、农化服务乃至政府的农业生产和农资营销的管理决策提供可靠依据并作出重要贡献。

建立田间档案就是对服务区的主要或典型农户，建立以施肥为重点田间农事管理档案及施肥条件等背景资料，其重要性好比医院必须为患者建立病例档案一样。要制定统一的调查表格或手册，鼓励农民及时按要求填写，或由农化服务人员与农民一起完成。国内外的一些先进做法是，利用计算机建立数据库或信息系统供随时查阅，并用于指导肥料营销和农民生产实践。现在我国农业生产正在由个体分散经营向农业生产合作社等规模化经营的方向转变，建立好田间档案的意义就更大；由于建立档案不能临时抱佛脚，应该尽早动手，早建立，早受益。

参考文献

[1]崔增团,顿志恒.测土配方施肥实用技术.甘肃科学技术出版社,2008.
[2]车宗贤,赵秉强.甘肃省作物专用复混肥料农艺配方.中国农业出版社,2014.
[3]王迪轩.新编肥料使用技术手册.化学工业出版社,2014.
[4]鲁剑巍,曹卫东.肥料使用技术手册.金盾出版社,2010.
[5]贾小红,曹卫东,赵永志.有机肥料加工与施用.化学工业出版社,2012.
[6]马玉兰.宁夏测土配方施肥技术.宁夏人民出版社,2008.
[7]杨先芬,梅家训,苏柱林.苹果柿枣石榴板栗核桃山楂银杏施肥技术.金盾出版社,2001.
[8]赵广春,徐俊恒,苏成军.百种作物无公害施肥技术.中原农民出版社,2006.
[9]劳秀荣,杨守祥,李燕婷.果园测土配方施肥技术.中国农业出版社,2009.
[10]林葆.化肥与无公害农业.中国农业出版社,2003.
[11]陆景陵,陈伦寿,曹一平.科学施肥必读.中国林业出版社,2008.
[12]周连仁,姜佰文.肥料加工技术.化学工业出版社,2007.
[13]王兴仁,张福锁,张卫峰.中国农化服务肥料与施肥手册.中国农业出版社,2013.
[14]化工部化肥司.农化服务手册.化学工业出版社,1993.

编 后 语

本书由兰州新融环境能源工程技术有限公司组织编写。

在此出版之际，对引用参考文献中的各位编著者表示敬意。对给予技术指导的车宗贤专家和各位技术审稿的专家再次表示衷心的感谢。

编者

2024年9月